The Post Occupancy Evaluation and Theoretical Study
of Education Building Design
in Lingnan Institutions of Higher Learning

U0201249

郭昊栩 著

华南理工大学 建筑设计研究院
亚热带建筑科学国家重点实验室

岭南高校教学建筑

使用后评价及设计模式研究

国建筑工业出版社

图书在版编目（CIP）数据

岭南高校教学建筑使用后评价及设计模式研究/郭昊栩著. —北京：中国建筑工业出版社，2012.3
ISBN 978-7-112-13994-1

Ⅰ.①岭… Ⅱ.①郭… Ⅲ.①高等学校-教学楼-综合评价-广东省②高等学校-教学楼-建筑设计-研究-广东省 Ⅳ.①TU244.3

中国版本图书馆 CIP 数据核字（2012）第 013152 号

　　本书作者持一种开放的多元评价观，运用以辩证唯物主义为指导，以实证研究法为中心的"结构—人文"评价方法，整合建筑学、环境心理学、社会学、统计学、心理学、环境质量评价学等多学科的研究手段，并从多种维度认知、剖析、发现研究对象，进而通过多任务、多进程的研究共同接近理论目标。这是具有学科综合化特征的建筑设计理论探索和评价实践，研究综合主、客观因素以增进客观性和现实性，结合量与质的方法以增进可靠性和有效性，既区别于传统建筑学研究方法和内容，也与以物质技术标准为核心的客观评价有所不同，不失一般性。本书仅供建筑学专业大中专院校师生及建筑理论研究学者和从业者参阅。

＊　　　＊　　　＊

责任编辑：吴宇江　李　鸽
责任设计：董建平
责任校对：陈晶晶　赵　颖

岭南高校教学建筑使用后评价及设计模式研究
The Post Occupancy Evaluation and Theoretical
Study of Education Building Design in Lingnan
Institutions of Higher Learning
郭昊栩　著

＊

中国建筑工业出版社出版、发行（北京西郊百万庄）
各地新华书店、建筑书店经销
霸州市顺浩图文科技发展有限公司制版
北京建筑工业印刷厂印刷

＊

开本：787×1092 毫米　1/16　印张：18¼　字数：305 千字
2013 年 4 月第一版　　2013 年 4 月第一次印刷
定价：**53.00** 元
ISBN 978-7-112-13994-1
　　（22058）

序

郭昊栩的力作《岭南高校教学建筑的使用后评价及设计模式》一书即将出版，兹聊书数句以作序。

建成环境使用后评价是建筑设计及其理论研究完整链条之重要一环，体现了控制论的核心理念——反馈的原则。反馈是人或机器系统欲越来越精确地达到目标所不可或缺的重要环节。人与机器系统正是通过反馈这一环节，来获取前一行为与欲达目标之偏差信息，从而作出修正，并借此改进下一行为，使之更趋进目标。那么，什么是建筑设计的根本目标呢？著名建筑师贝聿铭说过："建筑的目的是提升生活，而不仅仅是空间中被欣赏的物体，如果将建筑简化到如此就太肤浅了。建筑必须融入人类生活，并提升这种活动的品质。"贝聿铭的这一主张与我们强调建筑设计和规划应当贯彻以人为本的宗旨是相一致的。建筑师的职责在于为使用者设计、建造适用、安全、健康、宜居和可持续利用的建筑物及其环境。因此，建筑设计是否成功，关键在于使用者对该建筑及其环境作何评价。建筑师欲使所设计的建筑及其环境能真正融入人类活动，并提升这种活动的品质，就必须了解使用者在各类建成环境中的行为特性和环境心理，必须了解建筑是如何被使用的，必须了解哪些是符合人类活动的要求，而哪些又是背离人们的实际需要的。使用后评价是建筑师发现其设计方案优劣成败的必要环节，也是建筑理论研究者归纳、总结、制定各类建筑设计规范和导则的不可或缺的程序。如今，建成环境使用后评价已成为发达国家建筑设计及城市规划的重要程序，也是建筑学和规划学理论研究的重要内容之一。然而在我国，建成环境使用后评价尚未引起业界足够的重视。目前国内城乡人居环境出现诸多问题，与不重视使用后评价研究不无关系。因此，重视建成环境使用后评价，是建筑设计学科走向科学化、定量化和理性化发展方向的必由之路。

为了贯彻以人为本的理念，今后的建筑使用后评价，除了继续关注各类人群使用最频繁的建筑类型的使用后评价外，还应着重关注社会上的弱势群体，包括儿童、老龄人、残疾人和妇女对建筑的特殊要求。此外，我们应当意识到，建筑物是巨大的能源和资源的固化物。我国建筑运行能耗已占社会总能耗的 1/4，加上建筑材料的生产和运输能耗，则建筑相关能耗占 46%，二氧化碳排放占 40%。我国欲实现节能减排的目标，欲提升人居环境的品质，若建筑业不作为，是无法达到的。因此，建筑使用后评价，还应当重点关注对绿色建筑的评价，使之真正达到从全寿命周期考量，能达到节能减排和改善人居环境的目标。

大学校园历来被视为从事建筑理论和实践研究的理想实验场，许多关于建筑学的基础理论研究均以高校环境作为实证模板。教学建筑是校园的核心建筑，因此对教学建筑的使用后评价研究无疑具有典型意义。近年来，我国高教事业呈现出跨越式发展的势头。然而，有关高校教学建筑的规范却付之阙如，尤其涉及教学建筑使用主体的行为与环境心理方面的系统研究更是少见。因此，本书的研究工作填补了这一领域研究的空白，具有重要的价值。

本书作者实地走访了岭南地区二十多所高校数十栋教学建筑，掌握了大量第一手资料，以此为研究样本，从建成环境主观评价入手，综合运用统计调查、层次分析、心物评价、行为测量、认知评价、游历评价、专家评价等多种方法，系统地考察了使用者的心理需求和行为倾向，对岭南高校教学建筑的建成环境作了深入的研究。本书是作者对岭南高校教学建筑使用后评价及赖以归纳总结的设计理论的总结。本书所叙述的研究思路、研究方法和研究框架，可供读者今后在作类似评价研究时参考和借鉴。

我期待我国建筑界在使用后评价研究方面，有更多的力作问世，以促进我国人居环境质量有实质性的提升。

中国科学院院士

吴硕贤

2011. 6. 23

前　　言

　　建筑的特质是由发生在其中的事件模式所赋予的，事件的发生因人而异，因文化而异，因空间而异。基于事件研究空间，再透过有形的空间捕捉无形的事件，将有助于使建筑成为有生命力的系统。

　　建筑的设计研究可以类比为对语言的整理，正确的语言能够清晰地表现个体和世界的联系，能够重复使用、重新创造并自行演进。

　　一直以来，大学校园被看作是从事建筑理论和实践研究的理想实验场，许多关于城市规划、城市设计及建筑设计的基础理论研究均以高校环境为实证模板，这可能与校园环境的事件逻辑相对清晰和事件结构相对完整有关。教学建筑是校园的本体功能模块，它在更大意义上主导了校园文化下的事件标准和行为依据，对教学建筑的研究具有典型性和指标性。在高校建设热潮之下，我国高校教学建筑设计规范是空缺的，这种结构性的不和谐不容回避。事实上，在国内外对高校教学建筑设计的专题探讨中，真正触及教学建筑的事件模式和使用者主观因素的系统研究至今仍然留白。

　　基于上述理解，研究者持一种开放的多元评价观，运用以辩证唯物主义为指导，以实证研究法为中心的"结构—人文"评价方法，整合建筑学、环境心理学、社会学、统计学、心理学、环境质量评价学等多学科的研究手段，从多种维度认知、剖析、发现研究对象，进而通过多任务、多进程的研究共同接近理论目标。这是具有学科综合化特征的建筑设计理论探索和评价实践，研究综合主、客观因素以增进客观性和现实性，结合量与质的方法以增进可靠性和有效性，既区别于传统建筑学研究方法和内容，也与以物质技术标准为核心的客观评价有所不同，不失一般性。

　　本书致力于岭南高校教学建筑的设计理论研究。受岭南地域物质条件及文化氛围影响，以传统模式发生教学事件的高校普通教学建筑单体均属于本文的研究范畴。本文以环境使用者的本体价值为依归，充分考察教学建筑使用者的心理需求和行为倾向，试图发现存在的问题，洞察环境行为及心理，权衡设计得失，提出系统的评价指标体系、设计模式和设计导则。

　　按照研究推进过程和论文的行文结构，本书对岭南高校教学建筑使用后评价及设计理论的具体论述，主要涉及四部分内容：

　　第一部分是研究框架的构建部分。一方面系统阐述了课题涉及的关键技术分支的发展现状及特点，厘清研究的社会背景和学术背景，进而确定研究的学科支撑、价值取向和技术路线，明确研究的目的、范围、策略和意义。另一方面通过多侧面、多层次的探索性研究，使评价主体、评价客体、评价旨趣、评价方法得以具体化。第二部分是综合性评价部分，侧重于环境认知方式的研究。以满意度评价和舒适度评价并置的方式，充分考察使用者对教学建筑的显性和隐性需求，并提出相应的评价指标集。第三部分是焦点性评价部分，侧重于环境实现手段的研究。根据高校教学建筑的特点，分别以场所环境质量、课外空间、使用方式评价和教室主观倾向评价为旨趣，探讨了高校教学建筑设计的若干关键技术环节，得出趋于普适的评价结论。第四部分是结论提炼和成果转化部分。当中主要实现了三个方面的理论成果，其一是对综合性评价结论作进一步的整合，提出岭南高校教学建筑综合性评价指标集；其二是研究者根据自身对研究对象的理解和认识，提出与良性的教与学行为相契合的空间模式语言，从而把研究成果落实在建筑设计理念层面；其三是把不同阶段不同深度的研究结论具体化、条理化，进而落实为有利于优化环境品质的设计建议与导向性准则。上述成果是认识层面和方法层面的综合理论建构。

本研究从建成环境主观评价方法入手，首次把建筑的地域性、文化性和时代性特质归结为使用者的主观感受及环境体验，多层次、多角度、多手段地全面探讨了高校教学建筑的评价指标和设计语素（包括模式和导则）。这是对高校设计理论的补充和扩展，具有普适的实践指导价值。

目　　录

第1章 导论

1.1 课题缘起

教学建筑作为大学校园中的知识传播基地，是教学活动的载体。近十余年来，随着中国高等教育改革和高校建设的跨越式发展，高校纷纷通过原地再开发，异地建分校，另建新校，建设大学城等方式扩展校园用地空间。教学建筑是在这一高校发展热潮中建设量较大的校园建筑类型，高教理念和教学方式的变化赋予教学建筑以新的内涵，也对教学建筑的设计提出了更高的要求。积累了丰富的实践经验同时又面临着种种值得研究的课题的高校教学建筑成为学界的研究热点之一。

在交叉学科思想的影响下，建筑设计理论研究正从传统上依靠专家知识和经验的模式向科学化、定量化、综合化方向发展。研究技术的进步带来了研究方法的革新，作为一种设计质量和建设管理的反馈机制，建筑环境的使用后评价研究整合统计学、心理学、社会学、环境质量评价学等多学科的技术优势，从"人—环境"的系统出发研究建成环境，以多元的视角和思路实现建筑学与现代技术科学的结合。使用后评价是以对实体建成环境的使用体验为依据的环境评价技术，借助该技术成体系的设计研究思想和评价方法，非专业的使用者可以参与对建筑环境的绩效评判。使用后评价是对传统建筑评价方法的补充，并极大地拓展了建筑学研究的深度和广度。

在不同学科门类的研究中，"岭南"是获得共识的地域和文化表征。研究选择地处岭南地区的高校教学建筑作为研究对象，是以岭南建筑风格在形式和内容上及建筑使用者在行为及心理上所表现出的共性特质为依据的。在对真实场景的评价研究中，强调以使用者群体的价值取向为基点和依归，通过科学的程序实现研究的真实性与客观性，对设计目标的实现程度进行检验并对主观需求的满足程度进行判断。本研究侧重从主观评价的层面对岭南高校建筑理论研究的扩展，也是对建成环境评价理论体系的补充。

1.2 研究的社会背景

1.2.1 新教育理念下的高教发展趋势

信息社会及知识经济的时代背景对高等教育提出了新的更高的要求。教育为经济和社会服务，应是面向社会的开放式教育，是以学生、教师和社会的网络式交互为特点的素质教育，是以培养社会需要的创新型、复合型人才为目标的终身教育。在新的教育理念驱动下，我国的高教事业呈现出以下发展新趋势：

1）高等教育规模扩大化

1998 年李岚清同志提出"共建、调整、合作、合并"的八字方针；1999 年全国第三次教育工作会议作出高校每年扩招 20％ 的决定；同年，国务院提出 2010 年高等教育入学率要接近 15％ 的发展目标[Z1]。教育部全国教育事业发展统计公报显示：1998 年普通高等学校招生数和在校生数分别为 108.36 万人和 340.87 万人；到 2002 年，普通高等学校招生数和在校生数分别达到了 320.50 万人和 903.36 万人，分别增长了 1.96 倍和 1.65 倍。据 2004 年统计，国内高校毛入学率达 19％，表明我国的高等教育已经从"英才教育"过渡到"大众化教育"阶段[Z1]

2）高等教育结构多元化

教育结构多元化主要表现在两个方面：首先是多种新的办学形式涌现，为政府办学提供补充；其次是教学方式上的改变，主要体现在"教"与"学"关系上的改变。"以学生为中心"，"以问题为中心"的教学新方式和以远程教育、多媒体教学为特征的教学新技术赋予教学空间和教学行为以新的内涵。

3）教育综合化和产、学、研一体化

通过基础教育和专业教育、应用研究和开发研究的教育手段的相互渗透，全面提高学生的基本素质，注重开发人的智慧潜能，注重形成人的健全个性，培养学生适应社会发展的需要和解决复杂问题的能力。大学传播知识、创造知识，并把知识转化为生产力，同时通过高等教育信息化和国际化适应教育的全球化趋势。

高等教育的发展对高校建设提出了新的要求。在连年扩招的情况下，各高校普遍存在校园建设滞后、发展空间不足的状况。资源共享、学科渗透及教学方式的转变也对校园建筑及其环境提出了新的要求。为了适应发展要求，原地再开发，异地建分校，弃老校另建新校，建设大学城成为高校扩展用地空间的主要手段。高校建筑的大量建设推动了有关高校规划与设计的实践和理论研究工作。对这些实践和理论成果的反馈研究显现出迫切性。本书关于岭南高校教学建筑环境的使用后评价研究工作，正是在这样的社会背景之下展开的。理论上，对高校环境的评价研究应以体现高等教育理念和符合高等教育发展趋势为基本价值取向。

1.2.2 高校及高校教学建筑的发展脉络

国外大学发展已有相当长的历史，且主要集中于欧美。纵观其发展历程，西方校园在规划模式方面有着鲜明的时代烙印，受其影响，西方教学建筑也体现出较明显的发展阶段性。各个历史时期的西方校园建设和建筑设计理念分别对特定发展阶段的中国高校建设产生了不同程度的影响。厘清西方高校教学建筑的发展脉络，有助于在我国高校教学建筑评价研究工作中把握建筑的类型、风格、模式等影响因素及选择合理的研究切入点（表1-1）。

西方高校建设及高校教学建筑的发展脉络 表 1-1

	时代背景	校园规划建设特点	教学建筑特点
欧洲中世纪	大学教育是少数贵族的教育,校园与社会相对隔离,校园规模相对较小	大学规划大都仿照巴黎大学的规划模式("修道院式")	建筑主要表现为单一的教学院落
17世纪英国资产阶级革命和18、19世纪初叶的英国工业革命	生产力解放推动了科学技术的发展,近代大学也蓬勃发展,这一时期在欧洲新建了许多工程技术类的院校	校园规划形态基本上仍沿用古典形态,建筑组织的模式仍然是"院落式",在单一院落的基础上延伸发展	此时只是教学楼的单元规模变得庞大,没有形成真正意义上的教学楼组群
18世纪的美国	不受教会制约,强调学习德国普鲁士学术自由的教育体制,提倡灵活的教学方式,强调大学对社会的开放性	民主自由的精神渗透到大学校园的规划建设中,注重师生关系和学生的全面发展,重视校园与自然的融合。形成低密度、开放空间为主体的校园规划模式	多以单幢的院系教学楼单元为主,或沿着某轴线,或相互间组织围合出开放的广场、草坪等,形成了"分散式"的校园教学楼组群模式
二战以后	基于现代建筑理念和建造技术的发展,校园规划更强调功能性、灵活性和时代先进性	提出了现代大学空间体系和教育城体系等理念,如被称为新型大学的英国东安格利亚大学校园	促成了"集合式"教学楼组群模式的出现

资料来源：[D1]、[D2]

国内真正意义上的大学校园出现得相对较晚。1862年，洋务派创办的"京师同文馆"，是我国近代高等教育的开端。1895年在天津设立的"天津西学学堂"，是中国第一所近代大学。19世纪末20世纪初，西方一些传教士在中国兴办教会大学。这些大学引进了西方的教育制度，对中国的高等教育事业起到了推动的作用，它们也成为中国近代大学的重要组成部分。五四运动后，中国教育摆脱传统模式向现代教育迈进，在近百年的发展过程中历经了数次高校建设热潮。

在不同的阶段，我国的高校校园规划与建设以较为一致的步调发展并体现出时代精神和社会意识，从而形成教学建筑的共性特点（表1-2）。在这个层面上，岭南高校的教学建筑现状较为清晰地记录了这一发展及变化过程。不同时期、不同风格、不同建筑技术的教学建筑同时存在并被使用是本研究的评价对象背景。这些建筑共同构成了研究的评价总体。为了使评价趋于客观和全面，评价研究者应理解各个时期教学建筑的共性、差异及其成因。评价对象的选取也应基本反映评价总体的全貌。

我国高校建设及高校教学建筑的发展脉络　　　　　　　　　　表1-2

	时代背景	校园规划建设特点	教学建筑特点
20世纪二三十年代	全国共有各类高校205所，其中不乏著名学府，但更多的高校科系庞杂、条件简陋、师资不全、水平较低	受到西方校园规划新思想与新方法的影响，校园在总体布局上，功能分区明确，各学院自成体系。教学区多围合成三合院或四合院	建筑风格的取向是中西兼容。一种是西洋式风格，建筑多为两层左右，内设天井，入口处设钟塔等；一种采用中国古典建筑样式
20世纪50年代	经过以苏联高校体系为蓝本的院系调整和增加专业设置后，成立了一批各种规模和性质的高等院校，高校总数增至496所	从规划到设计学习前苏联建设经验；分区明确，以强烈的轴线布置方式突出高校的严整、秩序和以系为单位的建筑布局，形成了固定模式	有良好的选址，室内外空间尺度大，讲求宏伟气派、庄严雄伟，中轴线、主楼、大广场、周边式建筑等都成为常用的设计手法
20世纪80年代初	1986年，在校人数增至188万人，高等院校达到1056所	受国外高校的发展和新建筑思潮的影响，校园布局以开放式为主，形成布局灵活、空间富于变化的新型校园环境空间	建筑布局转向了整合型，整体式教学楼在国内开始出现，开始注重空间环境的塑造
20世纪末至21世纪初	通过一系列高校管理体制改革措施，初步实现资源的优化配置和优势互补。截至2003年12月，全国已建和在建的不同规模的大学城有54个	校园规划注重充分与自然环境相结合，校园整体性加强，采用集中式的密集型建筑布局，增大交往、绿化及预留空间。绿色生态和资源共享的观念深入到校园建筑中	新的建筑理论引入到高校教学环境的设计中来，强调环境—行为关系的交互作用。尤其对教学空间环境中的外部空间环境的设计提出了更高的要求

资料来源：[D2]、[D3]

1.2.3　岭南高校的发展概况

岭南地区是全国重要城市密集带之一。改革开放20多年来，岭南地区高等教育事业也顺应经济发展的新形势，在学校数量、校区规模、办学质量、办学特色等方面有了很大发展。以广东省为例，从1983年创办广州大学、深圳大学开始，至2005年，广东省普通高校数量从52所增加到102所，年招生数从12.1万人增加到30.7万人，在校生从29.9万人增加到87.5万人，高等教育毛入学率从11.35%增加到22%，提高了近11个百分点[N1]。按照广东省高等教育发展规划，到 2010 年，高等教育毛入学率将达到 30％左右，普通高校在校生达 130 万人；到 2020 年，高等教育毛入学率达到 50％左右，普通高校在校生达 200 万人左右[N1]。

一方面，广州地区高校集中了较多的教育资源，在广州地区高校就读的学生约占全省的 60％左右[N1]。对此，政府加大教育事业的扶持力度。根据广州大学城指挥部的技术总结报告，新近建成的广州大学城占地 18km²，规划人口 20～25 万，10 所大学校区建筑面积 520 万 m²，中心服务区建筑面积为 200 万 m²，现已入驻的师生约 20 万。另一方面，从创办广州大学、深圳大学开始，各市域中心城市掀起了投资兴办高等学校的热潮，相继兴办江门五邑大学、肇庆西江大学、梅州嘉应大学、佛山科学技术大学、中山学院、惠州大学、韶关大学、东莞理工学院等多所高等院校。有关广东省中心城市高等学校发展的资料表明，上述学校新增校园面积超过 1 万亩，新建建筑面积 160 多万平方米，占全省高校建筑面积的 22.7％，全日制普通高校在校生约占全省普通高校在校生总数的 28％。以上数据为确定本研究的样本选取原则提供了依据，同时折射出高等教育在岭南地区有着广泛、深厚的社会需求基础，高校在岭南地区仍有广阔的发展空间。

1.3 研究的学术背景

1.3.1 国内外研究概况

通过检索中国知识资源总库（1999 年至今）及查阅文本资料等手段了解国内研究概况，共掌握与本研究课题直接相关的高校类研究文献 241 篇，其中硕士、博士学位论文 138 篇，国内建筑、规划、技术类期刊及学术会议上发表的论文 119 篇。对上述文献的分类、阅读及归纳统计显示，当前的研究大体可分为高校规划研究（14 篇）、高教发展研究（26 篇）、高校管理研究（13 篇）、高校文化心理研究（23 篇）、高校校园环境研究（56 篇）、高校建筑研究（77 篇）以及高校评价研究（32 篇）等七个类别。据统计，在 77 篇以高校建筑为主要对象的研究论著中，有关高校教学建筑的研究成果有 58 篇，高校其他建筑类型的研究成果 19 篇，反映出当前高校建筑特别是教学建筑的研究受到了较多的关注。文献研究显示，国内对建筑设计理论研究存在着偏重于理论思辨和经验总结的倾向，研究手段和理论逻辑相对单薄，普遍缺乏对基础理论原则的探讨。研究对使用者在建筑设计中的本体价值重视不足，尤其在理论框架的建构，建筑环境与心理、行为的结合等方面还不够充分。研究成果难以为大量性建设提供普适性的设计依据。

为了把握国外的研究动态，本次研究通过 SCI、ISTP、ISSHP、

INSPEC、DII 等数据库对近十年的相关研究文献进行了检索及查阅。总体而言，"高校"和"高校教学建筑"是当前国外的研究热点之一，分别有1539篇和212篇文献直接针对这两个主题展开研究。涉及高校教学建筑评价的文献共有29篇，其中与"满意度"评价相关的有11篇，与"舒适性"评价相关的有1篇，以教室环境"偏好"研究为主题的有2篇，这些研究大多以教学手段和建筑技术为评价侧重点。另有涉及高校教学建筑模式研究的文献3篇，而与高校教学建筑设计导则相关的研究则较为缺乏。

研究显示，国内外文献中高校评价类的研究覆盖面较广，但更为普遍的是关于校园文化、生活质量、教学质量等范畴的研究，把评价技术与设计理论相结合的研究并不多见，以高校教学建筑为对象作多层次、多角度全面深入评价研究的案例更是十分缺乏。

需要指出的是，当前我国尚没有指导高校教学建筑设计的专门规范标准。设计者在实践中往往需要根据个人经验、专业判断以及类比其他相关规范作出设计决策。受此影响，相关研究中的理论表述也不同程度地存在着概念表述及类型划分的模糊、重叠和随意等现象，从而制约了理论研究的深度和广度，并限制了建设质量的整体提高。这些都有待于通过深入细致的实态调查及基础性研究加以解决。

1.3.2 建筑环境评价的学科发展及其在我国的研究动态

建筑环境评价确立了以科学化的观念和以人为中心的价值取向，并注意吸收相关学科成果。20世纪60年代，使用后评价（POE）和建筑计划中的现状预测评价逐步发展成为一个完整建设程序不可缺少的部分。20世纪70年代末至80年代中，受到系统论、信息论等影响，建筑环境评价在理论上建立起相对完善的一套评价方法体系，评价从定性描述转向精确的系统研究方向，环境心理学的许多理论性的实验结果被应用于评价实践。这一时期的评价实践发展到在客观评价的基础上对多种复杂功能的建筑类型和城市大尺度空间环境的主观评价，评价因素转向注重软硬指标相互关系的研究。使用后评价和设计前期计划阶段的现状评价成为建设过程的标准程序。20世纪80年代后，多元思潮的影响使建筑环境评价在理论上更多地借鉴相关学科的成果，尤其是社会科学的许多方法被更多地运用于实际研究中。研究的范围从建筑扩展至城市空间乃至城市整体环境，并触及可持续发展建筑和生态建筑评价。多种高技术手段被应用于评价实践中，评价工作更趋商业化和专业化。总之，国外建筑环境评价理论正在寻求新理念、新技术的注入，并争取在应用层面和技术适应性上获得突破。

我国学者从20世纪80年代开始涉足建筑环境评价学科研究，大体经历了三个发展阶段。第一阶段是以常怀生[M1][M2]、杨公侠[J1]、饶小军[J2]、胡正凡和林玉莲先生[J3][J4]的研究工作为代表，主要介绍西方环境评价基本原理、评价方法与程序，是结合特定类型环境进行探索性评价实践[M3][M4][J5]的阶段。这一阶段是以质化研究为特征。第二阶段是以俞国良、王青兰、杨治良[M5]、徐磊青[D4]、吴硕贤[J6]和陈青慧先生[J7]关于居住环境的研究工作为代表，评价多采用数理统计方法加以分析，或建立评价模型，或形成评价因素集，这是以量化研究为特征的研究阶段。第三阶段是以吴硕贤、朱小雷先生[D5]的研究工作为代表的建成环境主观评价（SEBE）研究，该研究以使用者需求为基础，确立"结构—人文"评价方法体系，这是量与质相交融的研究阶段。总之，国内的建筑环境评价研究尚处于理论探索阶段，评价研究实践大多集中于设计方案的评价方法、客观物质环境的评价指标及功能需求方面，缺乏对使用者心理与行为的把握，缺乏对社会、文化和建筑技术背景的把握，在一定程度上存在着评价研究与设计脱节的状况。

1.4 研究的学科支撑、研究取向以及技术路线

1.4.1 学科支撑

建筑环境评价在其学科发展过程中，一方面随着建筑学理论和实践研究的深入而不断充实其内涵，另一方面也借助相关学科的成果而扩大其外延。以建筑学、建成环境评价理论（SEBE）为主的建筑设计及其理论组成建筑环境评价的母体学科，居于核心地位。而统计学、数学等科学技术学科以及社会心理学、环境心理学、社会学、行为学等人文社会学科则是居于边缘地位的辅助性学科。这些学科共同形成本研究的主要学科支撑。

1.4.2 研究取向

本书采用具有综合化特征的"结构—人文"方法，因此，在评价主体（包括使用者、参观者、设计者和专家）、评价方法（包括统计调查评价法、层次分析评价法、行为测量评价法、建筑游历式评价法等）和评价对象选择上力求多元化，在评价程序上追求系统化。研究将以辩证唯物主义为方法论指导，充分利用现代科学技术学科和人文社会学科的最新理论与方法成果，坚持科学主义的思想方法，把自然科学的研究方法应用于岭南高校教学建筑的环境评价中；认为人与环境始终处于一个积极的相互作用的过程中，重视外显的现象和行为的实证作用，坚持实证主义和行为主义的基本研究取向；尊重使用者的多元价值观判断，体现价值中立的基本评价原则。

1.4.3 技术路线

本研究强调在研究的不同阶段，针对问题的不同特征和条件，综合利

用结构评价和人文评价的研究优势及特点，从多角度、多视野评价研究客体，整体、全面地把握问题。研究过程力求规范化和标准化，评价方法力求多元化，坚持定量与定性、主观与客观相结合的综合化技术路线，具体包括：

1）在一般研究方法的选择上，兼顾定量测量方法、数理逻辑分析、统计分析、归纳演绎等科学研究的基本方法，以及逻辑推理和人文方法中的定性分析方法。

2）在资料收集方式选择上，既包括适于定量分析的结构化问卷、访谈、观察方法，也有适于人文方法的无结构访谈和观察方法。

3）在具体评价方法和技术选择上，既有结构化程度较高的量化方法，也有人文化程度较高的质化方法，还有介于两者之间的半结构方法。

4）应用计算机及网络技术作为评价工具，获取评价资料及分析样本数据，提高评价的信度与效度。

1.5 研究的目的、范围及策略

1.5.1 研究目的

本研究意图借助综合化和多元化的研究方法，对"使用者—高校教学建筑"这一环境系统作使用后评价，力求兼顾使用者的隐性需求和显性行为以及高校教学建筑的综合层面和焦点层面，提出较为全面的高校教学建筑综合评价指标集和若干较有针对性的高校教学建筑焦点评价指标集，并据此进一步提出关于高校教学建筑的设计导则。由于本研究所选取的样本对象、研究范围及评价方法等方面的局限性，本文只是高校教学建筑环境评价体系中的一个组成部分。

1.5.2 评价对象

对建成环境的评价研究倾向于采用相互作用论的观点，把机体行为与环境看作一个完整的体系，认为人与环境始终处于一个积极地相互作用的过程中。在这一理论出发点的指导下，本书从"人—环境"这一系统出发研究岭南地区的高校教学建筑环境，具体而言，"人"的层面是教学建筑的使用者群体，"环境"的层面则是地处岭南地域的高校普通教学建筑及其所处的特定时空环境。总之，本书的研究对象是岭南高校教学建筑环境与使用者群体之间的相互关系。由于研究将侧重于从使用者主观角度出发评价教学建筑，因此更注重在真实场所和生活情景中研究心理、行为和环境的相互关系，从"人—环境"相互作用的角度全面考察环境是否满足主体需要。

1.5.3 研究策略

1.5.3.1 研究方法

1) 文献研究法：对迄今为止与特定研究问题相关的各种文献进行系统查阅和分析，了解该领域的研究状况。对与研究有关的文献作系统的查询、考察和总结。

2) 通则式解释模式：选择若干有代表性的评价对象作评价研究，忽略特殊的个案因素，发掘可以解释某类行为或事件的最主要因素，以期作出概括性的解释。

3) 分类、比较的逻辑研究法：考虑到研究对象的形式多样性，研究将根据其特点按照较通用的建筑学方式划分类别，使研究条理化、系统化，并通过横向的比较研究，获得基于不同类型的相异点或相同点的评价判断。

4) 归纳、演绎的逻辑推理法：归纳推理从个别出发，力求从一系列具体的研究结果中发现一般性规律或规则，在一定程度上代表所有给定事件的秩序。演绎推理从一般出发，从逻辑或理论上预期模式到观察检验该预期模式是否确实存在。

5) 实证研究法：研究建立在经验观察和科学分析基础上，科学、理性地研究评价客体。

6) 心理及社会统计分析方法：由于分析方法的多元取向，单一的分析工具难以完成较为复杂的分析过程。为此，本研究将结合使用 Excel、SPSS 和 MATLAB 软件进行描述统计和推论统计，对特殊的计算过程将通过自行编写计算程序等方式实现运算简化及准确。

1.5.3.2 研究体系

本书研究的逻辑结构关系如图 1-1 所示。

1.5.3.3 本书章节安排

按照研究的推进，以撰写研究报告的方式形成本书的行文结构。第 1 章是本书的导论部分，该部分首先阐明本评价研究的社会背景和学术背景，对研究加以大致定位，进而明确研究者的观点和立场，使读者对本研究的技术背景有大致的了解。第 2 章是导论部分的延续，主要通过对岭南高校教学建筑的探索性研究，提出本书的研究旨趣，构建研究框架。第 3～7 章是本书的研究分析部分，其中第 3、4 章涉及岭南高校普通教学建筑的满意度和舒适度的综合性评价，前者侧重于非心理因素对评价的影响，后者则侧重于心理因素的影响。第 5～7 章主要涉及岭南高校普通教学建筑的焦点评价，通过对场所环境质量、课外空间使用方式和教室主观倾向三个评价单位的研究，按照与教学关联性及空间特质分别进行定性及定量研究，寻求对同类建筑或同类空间具有普适性的设计建议。第 8 章是结论部分，通过对前面各章

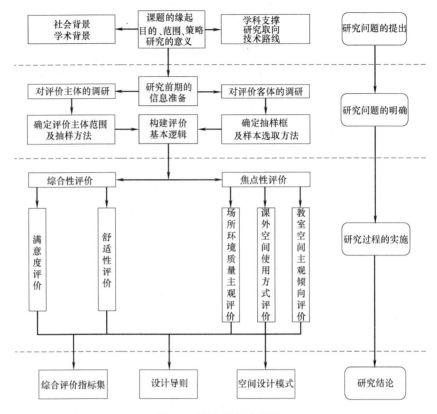

图 1-1　研究框架体系图

研究的技术总结，把环境评价学的研究结论落实到建筑学的设计理论当中，提出系统的评价指标模式、设计模式和设计导则。除了第 1、2 章和第 8 章，其余各章有着类似的行文结构，首先是引言和该章涉及的研究旨趣的介绍，接着应用文献研究法对相关研究加以回顾，涵盖研究理论、研究方法或研究实践的成果；然后是各章的主体部分，由研究设计、研究分析和研究结论等环节组成。另外，各章以小结方式对相关评价作出归纳，突出应用型结论。在此基础上，本书的第 8 章将对上述各章结论作进一步整合、提炼和推广。

1.6　研究的特色、意义及局限性

1.6.1　研究特色

1) 根据探索性研究的初步结论，结合教学楼使用者的切身感受以及教学楼设计者的专业特点设定评价旨趣。本研究分别从综合性评价和焦点评价两个层面对岭南高校教学建筑进行较为全面的使用后评价，据此探索特定类型建筑使用后评价的可操作途径。

2）基于所收集到的关于研究对象的图纸资料，研究者对所研究的命题作定量的统计分析。通过客观数据与主观评价结果的比对，为设计导则的确立提供实态信息依据。

3）评价旨趣针对设计过程中的通用技术环节加以确定，并针对特定的焦点评价个案，就设计者的设计意图作问卷调查，与实地观察及使用者的访谈结果作定性比对，使评价研究与设计过程的结合更为紧密。

1.6.2 研究意义

1）对现有岭南高校建成环境的实态研究和评价，从使用人群与实际环境的相互关系中提取评价信息，运用"结构—人文"方法评判研究对象的合理性，检验设计品质，发现使用中暴露的问题，预判潜在问题和发掘新的使用需求；并通过纵向分析和横向比较，客观地把握该类型建筑的发展步伐。

2）寻求空间的实际使用与设计预期之间的差异，建立评价指标集，为客观评价岭南高校教学建筑建成环境提供理论依据，提高该类建筑的综合绩效。评价指标集把管理和决策要素建立在调查研究和科学分析的基础上，有效地提高了该类型建筑设计管理和决策的科学性。

3）设计导则的提出，将在应用层面上为优化岭南高校教学建筑的建设提供理论借鉴和实际指导，从而使教学环境更切合特定时代和地域的建设条件，更符合特定使用人群的精神需求和行为习惯。其直接结果是使建筑环境给予学习者所需要的唤醒水平（arousal level），从而达到最高的学习绩效。

4）本研究把使用后评价（POE）方法与特定时代、特定地域的建筑类型相结合，是高校教学建筑设计研究理论体系的补充，同时也是使用后环境评价研究在相对独立领域的扩展。

1.6.3 研究的局限性

1）样本的有限性

研究者通过实地走访，资料搜集等方式选定岭南地区 22 所高校 64 幢教学建筑作为样本。但由于研究条件所限，所选样本主要集中于广东珠三角地区，相对于岭南这一地域概念而言，该目标总体有着相对的局限性。

2）抽样问卷方式的局限性

尽管本研究以尽可能严谨的方式实施评价程序。然而，样本、资料及社会条件存在着研究局限，对样本的选取也无法达到理想的研究状态。研究基于研究者的经验进行分层抽样，而不是完全意义上的概率抽样方式。同时，研究主要面向在校学生作评价问卷的资料收集，对教师的评价意见仅在关联性较大的部分章节进行，忽略了校方决策层及物业管理者的评价意见。这也将影响评价结论的完整性。

3）受访者的局限性

社会学调查有赖于公民意识及个体素质，部分受访者对此类研究认识不足或重视不够，直接对数据结果产生若干影响。

4）统计分析的局限性

统计分析方法的选择和应用，将在一定程度上对研究结果的信度和效度产生影响。

5）时效的局限性

研究结论的时效性取决于人、建筑、社会所组成的物质环境及社会环境这一大系统的稳定性。

1.7 几个主要概念

1.7.1 岭南

由于岭南意象的多向性和概念的多元性，理论家们对岭南的地域界定问题提出了各自不同甚至相矛盾的看法。广东人民出版社出版的"岭南文库"丛书中明确界定："广东一隅，史称岭南。"广东是代表岭南地域文化的主要省份。笔者认为援引汤国华博士[M6]关于在建筑研究中"把岭南界定为广东有合理的一面"的观点是中肯而切实的，因此，本书在研究中主要选择地处广东的高校教学建筑作为样本总体。建筑环境的使用后评价强调使用者在建筑中的本体价值，本研究强调建筑设计理论与特定地域的建筑及特定地域的使用者的结合，赋予建筑研究以地域性内涵。岭南作为特定的物质和社会环境系统，其地域特征和文化特征使建筑在形式及功能上，建筑使用者在行为及心理上存在的共性特点，是确定研究对象地域范围的合理假设。

就文献阅读所及，目前国内对"岭南"一词的翻译大体有 Lingnan 或 Five Ridges District 两种，笔者采用的是前一种提法。

1.7.2 高校普通教学建筑

这是由《中国大百科全书——建筑·园林·城市规划》分册所提出的"一般性教学楼"概念所派生出来的概念。《中国大百科全书》在关于学校建筑（school building）的条目中，把学校建筑划分为中小学校和高等学校。又根据教学建筑内容，把高等学校建筑划分为：一般性教学建筑、专业性教学建筑、科研性教学建筑和实习工厂四类[M7]。从建筑空间的组成而言，本书的研究对象和上述的"一般性教学建筑"较为吻合，均是以普通教学单元为主体的公共教学楼，包括供单个班级教学用的小教室，合班用的中型教室和可容纳多个班级的大教室，教室里往往配有电化教学手段，有时教学楼里也安排一些必要的教学辅助用房。需要强调的是，"普通教学建筑"的提法是针对广义上的教与学模式来定义的，它并不排斥专业类教学建筑、科研类教学建筑或其他教学建筑类型，只要建筑在空间组成、行为模式、交通方式、功能流线及物理环境等方面的要求具有一般性，均可认为属于本书研究对象范畴之内。为使表达简洁，行文中大多通称为"高校教学建筑"。

经请教专业人士，"高校"一词主要有 colleges and universities 和 institution of higher learning 两种表达。另，从能查到的文献或语料库来看，国内常见的把"教学建筑"翻译为 teaching building 的用法不是很地道，国外文献中更易于接受的表达为 classroom building 或 education building，本文采用的是 education building 的提法。

1.7.3　使用后评价

建成环境评价（Built Environment Evaluation，BEE）是指按照某种标准对所设计的场所在满足和支持人的外在或内在需要和价值方面的程度判断。作为关于建筑设计和环境管理方面的新型交叉学科，建成环境评价属于建筑环境评价学的学科范畴。概括说来，建成环境评价主要包括建筑设计前期评价（Pre-design Evaluation）和建筑使用后评价（Post-occupancy Evaluation，POE）两个方面[D5]。

使用后评价是对建筑及其环境在其建成并使用一段时期后进行的一套系统的、严格的评价程序和方法。它关注的是建筑的使用情况和使用者的需求，原理是通过建筑设计的预期目的和实际使用情况进行比较，对建筑的效益与相关效益标准比较之后提出反馈意见，为将来的建筑决策提供可靠的客观依据。本研究强调研究是基于对建筑及其环境的正常使用状态，并关注建筑的实际使用状况和切身使用感受，借实时性、时效性与现实性表现研究的时代性特质。

本书主要涉及的是关于岭南高校教学建筑的使用后评价研究，所采用的研究工具主要为建成环境主观评价（Subjective Evaluation of Built Environment，SEBE）方法体系。

1.8　本章小结

本章阐明本课题的社会背景和学术背景，大致确定研究的理论定位，进而渐次阐述高校、高校教学建筑和岭南高校教学建筑的发展现状及特点。通过学科支撑、研究取向以及主要技术路线的系统陈述明确研究者的观点和方法论立场，并进一步阐明了本文的研究目的、内容、方法和策略，据此提出全文的研究框架，最后对研究的特色、意义、局限性及涉及的重要概念加以表述，力求使本研究的技术背景有较为清晰的轮廓。

第2章 评价前期的信息准备及研究架构

2.1 概述

本章将在导论的基础上，对研究问题加以进一步界定和明确。通过针对评价主、客体背景信息的探索性调研，初步了解岭南高校教学建筑使用者的环境态度、行为习惯和主观需求，基本掌握岭南高校教学建筑的建设概况和使用现状，并对评价主体所普遍关注的环境要素以及评价客体所涉及的图纸资料加以搜集整理和归纳分析，明确本研究的评价主体范围及抽样方法、评价客体抽样框及样本选取方法，为研究设计作前期技术准备。

以感性体验和理性分析为基础，通过对评价尺度、功能空间、评价深度的逻辑分析，有针对性地提出评价旨趣和评价方法，形成研究的基本评价逻辑。此工作是评价前期的探索性工作，是评价实施阶段的背景和起点。

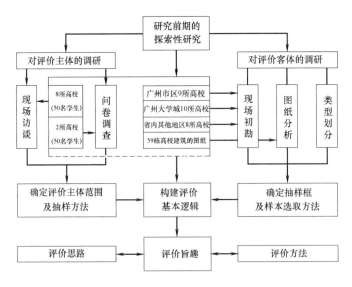

图 2-1 前期研究工作框架

2.1.1 前期研究的目的

1）通过现场走访、图纸分析、文献阅读等，尽可能多地掌握岭南高校普通教学建筑的第一手资料，对研究对象的设计和建设现状有较完整的认识，据此确定样本总体及样本选取方法，为后续研究提供关于评价客体定性分析的依据。

2）了解使用者、设计者等人群的评价态度，为评价旨趣的确定提供依据，为后续研究提供关于评价主体定性分析的依据。

3）通过多层次的分析，确定研究旨趣和评价内容。初步拟定具体研究命题的评价方法及技术策略。

4）研究工作框架如图 2-1 所示。

2.2 对评价客体的探索性调研

2.2.1 评价客体的总体范围

本研究援引汤国华博士关于"岭南"概念的界定[M6]，以地处广东的高校普通教学建筑为样本总体。根据广东省教育厅官方网站提供的广东省普通高校的名录，广东省共有高校 104 所，包括 37 所本科高校和 67 所专科院校。其中，隶属于教育部的有 2 所，国务院侨办 1 所，省教育厅 29 所，市级政府部门 29 所，其他各职能部门（18）或民办/私企学院共 43 所。这些院校大部分集中于广州地区（61 所）及珠三角其他地区（26 所），少量位于省内其他地区（粤东地区 8 所，粤西地区 6 所，粤北地区 3 所）。其中本科高校的建校时间普遍较长，其中 8 所高校有 70～80 年历史，12 所有约 50 年历史，11 所有约 20～30 年历史，16 所本科高校已经建立了分校，并有 7 所高校成为国家"211 工程"重点综合性大学[Z2]。

"普通教学建筑"的提法是针对传统意义上的教与学模式来定义的，在空间组成、行为模式、交通方式、功能流线及物理环境等方面具有一般性的高校教学建筑，均属于本书的研究对象范畴。

2.2.2 对评价客体的现场初勘

这一调研工作包括研究者现场体验，观察使用人群的行为习惯，发现、归纳并记录环境要素，并结合对使用人群的自由式访谈，获取关于评价客体使用状况的第一手资料。现场调研随研究的深入程度分阶段进行，主要包括：

1）2005 年 9 月～10 月期间，对广州市区 9 所建校时间较长并具有一定代表性的高校作实地走访，对教学建筑作详细摄影记录。根据观察和体验的现场笔录，研究者从建筑风格、建成年代、平面类型、交通组织、空间布局、环境特征、辅助设施等方面，对教学建筑的概况列表作了较详细的分析，片断性地建立了对评价对象的初步印象，详见附录4.1。

2）2005年11月～12月期间，对广州大学城内10所高校的10组教学建筑作实地调研。通过对各高校内多幢教学建筑的参观走访，并对新建成的教学建筑进行横向比较，以拟定的先导性问题对学生进行现场访谈，记录教学建筑的实际使用状况及使用者的评价意见。根据走访的相片及文字记录，研究者从单体规模、交通组织、平面类型、场地规划、空间布局、环境特征、周围条件、辅助设施等方面作了较详细的列表分析，初步形成对新建高校在设计和使用方面的概略性了解，详见附录4.2。

3）2006年2月～3月期间，对省内其他地区（东莞、深圳、珠海、梅州、惠州等市）8所高校的教学建筑作实地走访调研，并作摄影记录，本次调研主要关注的是研究对象的地区性差异。

2.2.3 对评价客体的图纸分析

研究者在现场调研的基础之上，通过联系城市规划行政主管部门、高校基建管理部门、大学城建设指挥部、特定高校建筑的设计人员等多种渠道，借阅了部分教学建筑的建筑图纸。据此，从单体规模、交通模式、空间组织、配套设施、规划布局等方面对59幢教学建筑进行读图分析，掌握特定建筑的具体设计信息（对图纸档案的分析篇幅较大，其中的局部见附录4.3）。根据图纸分析，评价客体表现出如下共性特点：

1）教学建筑的图档主要为近5年中建成并使用，也包含有少量已投入使用20年以上的教学建筑（存在立面改造或局部调整的情况）。

2）从建筑规模看，由单体式建筑转化为整体式教学建筑或组成教学建筑群的趋势较为明显。其中，单体规模在5～6层，建筑面积10000～20000m^{2}的居多。

3）交通模式上，各教学楼内部多以走廊过道相连，采用封闭楼梯间或设置电梯实现垂直交通，并设有枢纽性的出入口空间。

4）在平面布局上，调查样本多为以庭院为共享空间的单一核心方式，多个核心空间并存，规模较大的整体式布局也占有一定的比重，板式或线状的单体类型较少。由此反映出，建筑内部空间的多样性和交往性正越来越受到重视。

5）近年建设的教学建筑重视使用者与校园的交流和沟通，突破传统封闭式的教学，强调开放教学的理念。建筑大多设有一个以上的区域景观中心（如庭院、广场等），并通过观景平台、架空底层、钟塔等方式使建筑空间在不同维度上与校园空间相互渗透。

6）教学单元的组合方式以外走廊为主，其次为内外走廊结合的方式。内走廊方式已越来越少被采用。从而，教室周边空间趋于舒适及人性化。

7）新建教学建筑在空间配套方面表现突出，教师休息室、准备间、饮水间等教学性辅助空间以及阳台、交往平台、共享大厅、过渡空间等休闲性辅助空间的设置，使空间更具整体感和层次感。

2.2.4 评价客体表述类型的提出

为了便于研究的明确与论述的清晰，往往需要对研究客体作类型的划分。研究者们根据各自的研究目的及研究对象提出了不同的类型划分维度，至今未达成理性"共识"。但撮其要，较具代表性的有：①按基本平面形态划分，如黄鑫[D6]把教学建筑分为单体式、组群式和整体式，郭钦恩[D7]提出集群式教学楼的概念，张泽蕙[M3]等则把教学建筑划分为走廊式、庭院式及单元式。②按组合方式划分，如陈健[D1]把教学楼组群划分为集合式和分散式。③按空间形态划分，如蔡捷[D3]及张力[D2]不约而同地把整体式教学楼群划分为全校合一式、分组布局式、组团布局式，根据教学楼群不同的布局，他们又把教学空间分为点状、动线型、核心型、网格型、综合型五种教学空间形态。另外，《建筑设计资料集（第三册）》[M8]则根据平面组合关系，把中小学教学建筑划分为一字形、L形、I形、E形、天井型、不规则形和单元组合型。

教学建筑的类型 　　　　　　　　　　　　　　　表 2-1

分类	类型特征	建筑表现形式	与其他分类方式的关联性	类型的图解
排列式	"教室模块"沿纵向展开，两个或两个以上"核心空间"纵向排列	多核心整体式教学建筑	核心型、E形、整体式	排列式 C空间 C空间
并置式	"教室模块"沿横方向展开，两个或两个以上"核心空间"横向并置	多核心整体式教学建筑	工字形、天井型、整体式	并置式 C空间 C空间
单核式	围绕单个"核心空间"组织"教室模块"	单核心的单体式教学建筑	庭院式（三合院或四合院式）、点状、天井型	单核式 C空间
单线式	"教室模块"串联成直线或折线形式，无明确的"核心空间"	线形的单体式教学建筑	一字形、L形、U形、核心型、I形、单元型、走廊式	单线式 复合式 C空间 C空间 C空间 C空间
复合式	"教室模块"沿纵、横向同时展开，多个"核心空间"呈棋盘状分布	多核心整体式教学建筑	网格型、格网式、鱼脊形、王字形、动线型、集群式	

17

整体而言，目前尚没有统一公认的教学建筑分类方法，上述分类方法在分类原则上存在重叠或混淆的情况，并且难以对多样的建筑形式作出较有概括力的划分，不利于对本研究的评价客体作出提纲挈领的表述。为此，研究者以教学建筑关于活跃空间、联系空间、领域空间的空间划分逻辑为基础，参照已有的分类形式及通行的术语，提出"排列式、并置式、单核式、单线式、复合式"的划分原则。这种类型划分方式的逻辑思路是：把带状的教室、走道相应的疏散楼梯抽象为"教室链模块"（A空间＋B空间），并行的模块之间庭院或中庭抽象为"核心空间"（C空间），以"教室链模块"与"核心空间"的组合关系确定建筑的存在特征，具体的类型划分见表2-1。除了功能和空间的考虑，平面类型模式的建立涉及建筑规模的因素。单线式和单核式类型是对单体式教学建筑的概念化表述，而排列式建筑和并置式则是对近年建设量较大的整体式教学建筑的概念化表述。

需要加以强调的是，表2-1所述的类型系统是以功能和空间为划分线索而建立的，是对多样的教学楼加以抽象所获得的分析原型。同时，上述类型划分是以研究者对岭南高校教学建筑的抽样框作出分析后提出的。就研究效度而言，该分类方式所建立的概念符合当前的研究习惯，同时能够较为清晰地描述现有研究样本的特征，有利于研究工作的开展。鉴于"复合式"类型的实际案例很少，在抽样框中也未涉及该类型建筑，故在以下章节中将予以忽略。

2.2.5 抽样框的确定及评价客体样本选取方法

2.2.5.1 抽样框的确定

根据研究所界定的总体范围，通过对评价客体的现场走访和图纸分析工作，形成前期研究所涉猎的全部抽样单位名单，初步建立起由22所高校，62幢教学楼所组成的抽样框。为了使研究过程及行文表述清晰明确，特对样本名单进行统一编号，样本代号的编码格式为：学校代号（学校的字首拼音）-样本序号（该教学建筑的楼号），如：代码"A（HNLG）-1（31～34）"表示的是华南理工大学（HNLG）校本部的第1个样本，教学建筑的楼号为31～34号楼。具体见附录4.4。

2.2.5.2 评价客体样本选取方法

研究样本的选取应兼顾建筑年代和建筑形式的差异性，在一定程度上反映岭南高校教学建筑的全貌。岭南高校普通教学建筑虽然在空间使用方式和使用人群等方面具有同质性，但在具体的空间形式、组合方式、交通组织等方面仍然存在着较大的异质性。基于评价前期对部分岭南高校教学建筑的实地调查和分析总结，采用近似于"分层抽样"的样本选取方法，选取在场地利用、空间构成、平面形式、建设年代、所属地区等特定方面具有一定代表性的高校教学建筑作为初级集合（抽样框）。

结合研究者的专业经验，根据样本资料的丰富程度、样本特点、所在区域、线人条件等因素把研究总体分成同质的次级集合，再针对各章特定的研究旨趣、研究内容从次级集合中抽取适当数量的样本，往往可以提高研究的针对性，并更有实际意义。在特定的研究情境下，难以实现理想的概率抽样。因此，研究者在选择具体的抽样方法时将结合就近法、目标式或判断式抽样法、偶遇抽样法等非概率的抽样方法，以增加研究工作的可操作性。

2.3 对评价主体（使用者）的探索性调研

评价离不开对主体需要及其制约因素的考察，包括使用人群的环境态度、行为习惯及其对评价客体的需求、情感等。因此，本书首先以使用人群为分析单位，对岭南高校教学建筑展开探索性调研，据此确定评价旨趣，选择评价方法。对评价主体（使用者）的探索性调研主要包括以下内容：

1）结合现场初勘，对使用者作实地自由式访谈，初步了解建筑的实际使用状况，从建筑的实际使用感受方面提取使用人群的实态性需求信息。这一阶段的探索研究是以获取物质、行为等方面的显性需求信息为目的。

2）以半结构问卷的方式，了解学生的生活方式、行为习惯，探求使用者对高校教学建筑的环境气氛、环境使用、环境偏好等方面的意象性需求。这一阶段的探索研究是以获取心理、情感等方面的隐性需求信息为目的。

2.3.1 对使用者的现场访谈

2006 年 3 月～4 月期间，笔者对 10 所院校的 44 幢教学楼作了先期实地走访，从专业角度结合使用者需求进行现场体验。在调研现场，研究者对比较有代表性的研究对象（8 所高校 10 幢教学建筑：G（GZMY）-1（A～E）、F（GDGY）-2（A1～A6）、E（GDWY）-3（A～G）、A（HNLG）-5（A1～A5）、R（GDYX）-1、I（GZZY）-2（AB）、D（ZSDX）-2（A～E）、A（HNLG）-1（31～34）、A（HNLG）-3（1）、A（HNLG）-2（27））随机选取了 50 名学生作自由访谈。拟定的问题包括：对所在学校的教学建筑作横向比较（获取使用者对教学建筑的正面与负面的评价词），被访者对将来可能进行的教学建筑的改进建议（提醒记录员注意记录正面与负面的评价词，了解使用者的隐性需求）。访谈围绕研究的潜在性话题（学生大致关心何种环境要素？这些要素的哪些特质得到积极的评价或消极的评价？）随意展开，自由访谈的初步结果见表 2-2 所列。

表 2-2

现场访谈内容分析结果统计

评价范畴	提及的环境因素	积极评价	消极评价	较具代表性的评价意见	典型案例(样本)
交通空间	楼梯(20)	8	12	楼梯转折方式应应便于疏导人流	E(GDWY)-1(A~G)
				路线曲折的楼梯,行走较费时	B(HNSF)-2(1~6)
	电梯(12)	5	7	电梯平时常处于停用状态	D(ZSDX)-2
	过道、走廊(33)	12	6	注重沿路风景,及遮阳遮雨设施,希望连通宿舍楼	I(GZZY)-1(A,B)
		9	6	走廊内可设置作业、作品展示栏	G(GZMY)-1(A~E)
共享空间	休闲平台(12)	5	7	应朝向景观区扩大视野 上下楼层休息平台应注意交流	S(YXDG)
	底层架空(9)	4	5	柱子过密、使用不便	F(GDGY)-2(A1~A6)
	中庭(15)	6	9	应增加可达性,并配置休闲座椅	F(GDGY)-1
	门厅(8)	4	4	应设置告示栏、自动售货机等设施	A(HNLG)-4(A1~A5)
辅助空间	生活性设施(14)	6	8	完善便利的生活设施与课间活动场地	A(HNLG)-4(A1~A5)
	卫生间(10)	7	3	应适当增加女厕位	E(GDWY)-1(A~G)
	自行车停放方式(8)	3	5	在景观绿化场地停车,阻碍交通、影响景观 希望增加保安监控点	D(ZSDX)-2
	教师休息室(5)	2	3	较少使用	I(GZZY)-1(A,B) 普遍现象
场所环境 绿化景观	周围绿化景观(29)	16	13	景观小品有利于营造教学楼的文化意象	G(GZMY)-1(A~E)
	眺望视野(18)	10	8	建筑外围绿化景观有利于形成学术氛围	E(GDWY)-1(A~G)
	楼内绿化(16)	6	10	建筑内部景观较单调	普遍现象
规划布局	选址(20)	8	12	与宿舍、饭堂、图书馆等应有合适的距离	E(GDWY)-1(A~G)
	布局(15)	6	9	建筑布局错落有利于光线和视野	A(HNLG)-2(27)
	朝向(8)	3	5	回字形布局感觉亲切,但相互眺望景观较单调	F(GDGY)-2(A1~A6)
教室环境 空间配置因素	大小(18)	8	10	风速过大、不舒适,大教室自习的气氛好	A(HNLG)-1(31~34)
	形状(8)	5	3	小教室空间习小则感觉压服	F(GDGY)-2(A1~A6)
	数量(8)	5	3	教室过多不便寻找,过少则不满足需求	A(HNLG)-1(31~34)

评价范畴		提及的环境因素	积极评价	消极评价	较有代表性的评价意见	典型案例(样本)
教室环境	设备设施因素	课桌椅(19)	8	11	注重透气性、移动性,宽松感及自如调节	E(GDWY)-1(A~G)
		讲台、黑板(13)	7	6	讲台与课桌椅的距离太远,不利于师生交流	B(HNSF)-2(1~6)
		教学仪器(15)	10	5	电视悬挂过高,仰望太累,不利于教学	C(HNNY)-3(3)
	物理环境因素	声音效果(16)	7	9	电声教学音质效果不好,时有回声	C(HNNY)-3(3)
					电声教学较之人声教学更易产生音声干扰	A(HNLG)-1(31~34)
		通风、采光(18)	10	8	希望配备空调设施	C(HNNY)-1(1)
		视线(12)	6	6	室内转弯弧度处光线有影响,视线受阻	A(HNLG)-4(A1~A5)
		色彩(10)	6	4	清新淡雅的色泽搭配,感觉较轻松	I(GZZY)-1(A,B)
		装饰(10)	4	6	室内张贴画、标语等有利于形成学习氛围	C(HNNY)-1(1)
其他范畴	形式材料选择	造型(15)	6	9	集群式教学楼统一造型,布局缺乏新意	A(HNLG)-4(A1~A5)
		色调(18)	10	8	部分现代设计元素的运用好看却不实用	F(GDGY)-2(A1~A6)
					较倾向于淡雅的色泽	E(GDWY)-1(A~G)
		材料选择(15)	6	9	外墙的材质应注意耐久性	B(HNSF)-2(1~6)
					地面砖应注意雨天防滑	A(HNLG)-1(31~34)
	环境气氛	气氛(18)	8	10	楼间间隔过大,显得空扩、冷清	F(GDGY)-2(A1~A6)
					传统式的院落庭院布局有生活气息	A(HNLG)-2(27)
					建成年代较久的校园学习氛围较浓郁,校园核心凝聚力也较强	A(HNLG)-1(31~34)和 A(HNLG)-4(A1~A5)
	管理维护	开放方式(15)	7	8	较倾向于开放式管理,楼与楼之间能顺畅穿行	G(GZMY)-1(A~E)
		开放时间(18)	10	8	应延长教学楼开灯,关门的时间	I(GZZY)-1(A,B)
		设备维护(10)	5	5	长廊灯晚间时常开不开、水龙头不能及时更换	A(HNLG)-1(31~34)
	配套设施	体育设施(15)	5	10	提议增加休闲座椅,开水设备、体育设备、提款机、磁卡电话机、自动购物机等,提高便利性	普遍反映
		休闲座椅(19)	11	8		
		饮水设备(12)	7	5		

从表 2-2 中可见，对特定对象的总体评价，其积极因素和消极因素大致相当，并没有表现出明显的倾向性。从评价词看，受访学生提及因素范畴较为宽泛，涉及教室、场地（景观、场地绿化和场地活动空间），公共区域（包括交通空间、共享空间）等不同评价维度。尤其对教室空间使用感受较丰富和全面，涉及空间配置因素、设施因素、物理环境因素等不同层面和维度，主动表达带倾向性的观点和见解。其次，学生普遍重视绿化、景观、活动场地和设施，习惯于通过对不同环境的感性描述，在对场所差异的横向比较中表达个人喜好。再次，对教学建筑内交通性和共享性环境的评价语更多地以方便和舒适为价值基准，重视距离、路线、设施等因素。使用者普遍接受对交通与交流空间作整合，营造共享交流的环境气氛，追求完善的设施设备等环境意识。此外，学生对教学建筑的美观性和规划布局合理性等因素提及较少，反映出使用者较少关注与实际使用无直接相关的环境要素。

2.3.2　对使用者的问卷调查

这一阶段的探索性调研侧重于获取心理、情感等使用者隐性需求信息。2006 年 6 月，笔者对广东两所高校（A（HNLG）、U（JYDX））的在校本科生发放半结构问卷（附录 1.1）。问卷主要围绕两方面主题展开，一是初步了解生活状态、作息方式、行为习惯等使用者背景状况。二是获知使用者对理想学习场所的理解、对教学建筑环境气氛的定位以及对不同空间使用的态度，初步了解评价主体在环境气氛、环境使用、环境偏好等方面的意象性需求。共发放问卷 50 份，回收有效问卷 40 份，对回收问卷的频次分析结果见表 2-3 所列。

问卷数据的内容分析结果统计　　　　　　　　　　表 2-3

序号	问　题	回　答	人次
1	影响您对自习地点选择的因素是什么？	距离远近	14
		找座位的难易	8
		学习环境的舒适	17
		学习气氛	24
		开放时间	9
2	您的宿舍有无适合学习的空间？	有	12
		无	12
		凑合	16
3	如果学校的跆拳道协会在教学楼的空地上训练，您觉得合适吗？	合适，我会很乐意看到	7
		不合适，这是读书的地方	21
		无所谓	10
		其他	2

序号	问 题	回 答	人次
4	能代表您对心目中教学环境定位的形容词是什么?	学术的	11
		公共的	10
		安静的	17
		活跃的	11
		交流的	18
		严谨的	5
		轻松的	19
		优美的	7
		先进的	10
		趣味性的	15
5	您平时的学习生活忙碌吗?	很忙	5
		较忙	6
		一般	20
		较清闲	8
		很清闲	1
6	您是否认为与人交流有助于舒缓学习压力?	是	26
		否	2
		不一定	12
7	学习中遇到问题时,您倾向哪种解决方式?	和同学讨论	24
		向老师请教	3
		自己查资料	16
8	学习疲倦或烦恼时,您是否觉得到室外走一走会有好处?	我时常如此	23
		可能是,但我无此习惯	16
		没好处	1
9	您是否觉得在室外的公共区域学习很惬意?	是的,我时常这样做	6
		可能是,但我无此习惯	25
		否	2
		无合适场所,不好说	7
10	晚自习时,您觉得在教学楼的公共区域说话需要压低声音吗?	是的,我时常这样做	25
		没必要,不大声喧哗就行	9
		不一定,经过教室会安静	4
		其他	2

从表中可见:

1) 学习气氛和舒适状况是构成理想学习场所的重要因素,分别有60%的学生和42%的学生在自由选择自习地点时考虑到这两方面因素。同时,近35%的学生关注学习场所的步行距离,因此对教学建筑的评价不能忽视建筑的规划选址因素。

2) 大部分学生(70%)认为宿舍内没有合适的学习空间,部分学生留在宿舍中自习的原因往往是因为设施性(上网条件、找座位的难易程度),

管理性（开放时间）及便利性（步行距离）等因素。

3）大部分学生（70％）认为当前的学习压力和节奏适中，认同（65％的学生）交流有助于缓解压力，愿意以沟通（60％学生）和独立思考（40％学生）相结合的方式面对学习问题，但课外的师生交流显然是较缺乏的。

4）大部分学生偏爱（58％）或认可（40％）教室外部空间的学习调适性功能，77.5％的学生认为有必要设置室外或半室外学习空间。

5）轻松（48％）、交流（45％）、安静（42％）、趣味（38％）等是使用者提及较多的环境气氛关键词，反映出空间行为多样性和静态性的双重需求。

2.3.3 评价主体范围及抽样方法的确定

学生、教师是高校教学建筑的主要使用者。本研究旨在探寻符合高校学生使用需求并有利于产生积极的学习效应的教学建筑环境要素。根据环境类型和研究目的的特点，本研究对使用者群体的构成有所取舍，主要以教师及在读学生这一直接使用人群作为研究总体（尤以学生为重点），较少涉及其他使用人群（如管理决策人群、后勤服务人群等）的主观评价研究。

由于研究条件所限，本研究对具体访谈或问卷学生的选择兼顾性别、年级、籍贯、学科背景等使用者特征因素的差异，一般采用面对面个别访谈和通过线人协助派发问卷相结合的方式获取样本，未采取严格意义上的概率抽样法。线人自身也是使用者之一（不同专业的老师或学生），问卷一般以班为单位派发。相关评价理论认为这一对象选取方式较有实际意义，并具有有效提高问卷回收率及研究信度的优势，是可以达到研究目的的。

2.4 评价逻辑的建立

主观评价方法是由按特定的方法论原则有机组合而成的技术系统，不论具体研究中采用的是量化研究模式还是质化研究模式，评价的内核结构模式都是一致的，都由研究设计法、数据采集法和数据分析法三个方法模块构成。建立本研究评价逻辑的工作实质上就是以上三个方法模块的构建过程。

2.4.1 研究思路的形成

在研究前期，研究者在以下五个方面开展了探索性工作，作为研究的信息和技术准备：

1）对评价主体的问卷调查及面对面的自由访谈；

2）对评价对象的实地观察、走访及现场资料的分类、整理、总结；

3）对部分评价对象相关图纸的搜集、归纳与分析；

4）以设计者及研究者的角色参与岭南高校教学建筑设计与建设活动；

5）对环境评价及高校教学建筑相关文献的阅读。

以此为基础，研究者初步拟定了以下研究思路，为研究旨趣的提出作理论准备：

1）教学建筑的事件模式决定其思想性或精神性特质，对该类建筑的评价应在建筑的物质性和社会性要素的基础上，强调对较细微的环境心理因素作出进一步的探讨。

2）大学校园是具有清晰功能逻辑的环境整体，校园中的教学建筑不是孤立存在的。在这种意义上，教学建筑的设计应该兼顾校园体型环境设计。因此，规划、选址和场地环境等因素对校园内建筑评价的影响往往不能忽视，应从不同的评价尺度研究问题。

3）对高校教学建筑的实态调查，对文献理论的阅读以及对使用者的访谈，均反映公共性空间已经成为教室空间的延伸，其对随意性和多样性教学行为的容纳，使之在当前教学建筑的研究、建设和使用中受到重视。

4）当前高校普遍采用开放的教室管理模式，高校学生往往不使用固定的班级教室。不同教室环境的使用体验差异，促使使用者关注教室环境的细节问题。使用者熟悉并关注教室空间，往往能提出带倾向性的评价意见。

5）对教学建筑设计图纸的分析和对现场的勘察，体现出其在形式上和空间组合上的多样可能性。

选择以空间行为特性划分研究单元，可避免传统以平面形式或功能关系为依据的研究局限，提高研究的适应性。

2.4.2 研究旨趣的提出

确定研究旨趣是一项评价活动的开端。环境评价在很大程度上与使用群体的需求，人群的环境取向、偏好、态度与环境的关系，使用行为对环境的适应及环境对行为的影响，以及环境价值的实现程度等因素相关。

为了在评价实施前就形成较为明确、完整的系统元素，本书通过研究旨趣的选择与确定，厘清与评价对象相关的物质环境因素及其与使用者满意度的关系，并建立起符合评价逻辑并具有现实意义的研究框架。在确定评价旨趣时，研究者注重研究的现实性和可操作性，立足于当前岭南高校教学建筑共性的建设及使用状态等现状条件，以相关使用人群的环境需求、环境态度及行为习惯的实态调查和现场观察为出发点，强调评价对物质要素和社会要素的依托和使用者在环境中的本体价值，力求切中评价主体的社会实际。同时，与当前高校教学建筑设计的理论成果相结合，抓住该类建筑在环境、功能、空间等方面的特性，通过各有侧重的各章研究相互补充，尽可能完整地评价教学建筑，使评价因素集更趋完备化。

以美国学者弗里德曼等人在论述环境评价的"结构—过程"方法时提出的环境评价因素结构信息模型[J8]为逻辑依据，研究者提出反映本研究的评价因素信息及评价旨趣关系的结构模型，如图2-2所示。

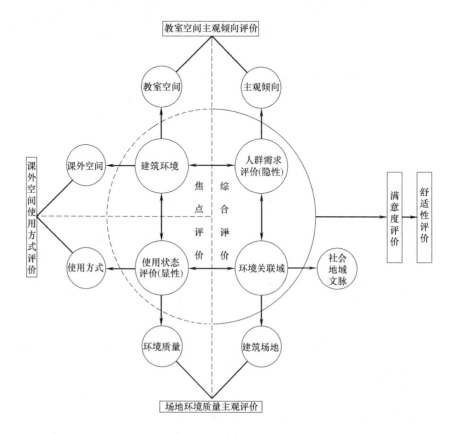

图 2-2　评价因素及评价旨趣关系结构模型

2.4.3　对综合性评价的研究设计

在综合性评价环节，强调把高校教学建筑作为一个整体加以宏观地、全面地评价，实现对建筑环境品质综合绩效的概括。本书的综合性评价包括满意度研究和舒适性研究两方面。

满意度与使用者的需求直接相关，并具有全面性和本质性的研究优势。研究试图通过建立满意度评价因素集，形成对该类建筑相对客观的认知方式和相对全面的评价尺度。舒适性研究则是从人的社会、心理及行为等层面研究使用者对所处物质环境的主观综合感觉，是进行精神性场所综合评价中不可忽视的方面。换言之，教学建筑的舒适与否与教学环境的综合绩效关联性较大，借助舒适性研究有利于考察心理影响因素的特点，研究使用者更高一级的环境需求。满意度评价和舒适性评价各有侧重，并互为补充，共同构成对高校教学建筑较为本质和全面的综合绩效评价。

2.4.4　对焦点性评价的研究设计

焦点评价是对各类建成环境子系统的评价。一般说来，焦点评价较之于综合评价，其分析单位的外延更为明确和具体，其研究旨趣的内涵也更具针对性。具体评价内容应视乎与设计的密切程度、建筑的类型特点以及研究的目的而定。本书的焦点性评价研究工作包括教室空间的主观倾向评价、课外空间的使用方式评价和建筑场所环境质量的主观评价三个层面，具体评价内容的确定思路如下：

1）以空间行为特性为依据划分研究对象的空间单位

透过文献阅读和现场初勘等探索性工作可见，当前教学建筑的各基本空间单位（主要使用空间、辅助使用空间和交通空间）功能关系相对固定和明确，但在空间界限和建筑形式上趋于模糊化和多样化。换言之，建筑设计更多强调教学空间向半室外、室外的渗透以及教室外空间对交通、交流、交往的融合。这种开放的趋势反映出当代高等教育强调随意性交流及多元沟通的理念，同时使得研究对象在空间形态和空间组合方面呈现出不确定性，增加了理论概括的难度。

为此，研究者借鉴庄惟敏先生在建筑策划研究中采用的方法[M9]并加以发展，以活动空间（A空间）、领域空间（B空间）、联系空间（C空间）和区域空间（D空间）划分评价对象。其中，关于A、B、C空间的界定仍沿用庄惟敏先生的界定方式，而D空间则界定为教学建筑功能辐射下的校园宏观环境范围，通常是指建筑的场所环境或总体环境[M10]。在此基础上，本书提出"教室空间"和"课外空间"的概念，前者针对传统教学模式下的室内教学空间（A空间），后者则涉及教室空间以外的交通、交流、休闲、学习等多样空间（B空间＋C空间）。实质上，这种划分方式是以空间中的行为特性而非传统的空间功能特性为依据，以此来划分空间单位，表述空间概念，如图2-3所示。

2）按评价尺度确定研究问题的分析单位

空间尺度的变化对使用者的主观反应有较为明显的作用，有必要从个人的主观视角出发，将小尺度室内环境和大尺度的宏观环境统一起来加以考虑。如果用圈层理论表示环境类型，大体可划分为行为环境、感知环境和使用环境。本文根据研究对象的特点，分别选择教室、课外空间和建筑场所环境作为研究单位，以呈梯度变化的评价空间尺度实现对教学建筑的评价研究。

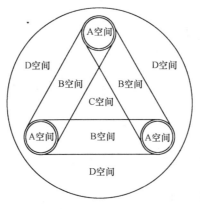

A空间—活动空间（activity）
B空间—领域空间（block）
C空间—联系空间（circulation）
D空间—区域空间（district）

图 2-3 空间的分类及相互关系（参考文献 [M9] 改绘）

（1）微观尺度——对教室空间的主观倾向评价

教室空间形式单一，有确定的界面和布局，给人以完整的场所感和行为意义。在教室中发生的精神交流，以及使用者的精神状态，能够更为细腻地体会和感知环境的细节。教室中的典型教学活动往往有着明确的行为目的和固定的行为模式。场所的物质性与行为的精神性是否一致更为显著地影响到使用者的行为绩效。教室中有限的空间尺度和集中在同一空间中的使用者群体，强化了空间行为的社会性，易于形成集体的环境倾向。

共性的环境审美心理倾向存在于使用者无意识的深层次，影响着人们对审美对象的选择和感知。在行为习惯、文化模式、情趣爱好等合力下，审美主体往往集中表现为一种超越直觉、感性和本能的社会性的心理定向。此种审美的倾向性是人们在社会实践中通过多次重复体验，以有意识或无意识的方式综合、比较积淀而成的评价尺度和美学判断倾向。

（2）中观尺度——对课外空间的使用方式评价

课外空间是教学建筑中的公共领域，可同时容纳多种场所行为。较之于发生在教室中的行为，个体在课外空间中的行为范围更广，并具有一定的动态性和随意性。但个体对该空间的控制力往往较为缺乏，行为表现出适应环境的一面。这种适应倾向表现为行为方式的多元化和选择性。对课外空间的使用方式研究，是通过观察使用人群行为的被动适应和主动选择倾向，发掘空间的多义性内涵，进而通过积极的课外空间的创造提高建筑的整体满意度。

（3）宏观尺度——对建筑场所环境质量的主观评价

探索性阶段的观察与访谈表明，使用者对环境的感知并不限于建筑自身，教学行为也不以教学建筑为起止，还延伸到建筑的宏观环境中。因此，对教学建筑的环境评价不能孤立于微观和中观尺度，还应把握诸如景观、设施、空间、氛围、交通等建筑环境宏观要素。在场所空间的环境尺度中，社会行为和心理、地理区位意义等较之中小尺度更突出，影响着使用者对环境的整体把握。

2.4.5 评价方法的确定

建成环境的多样性与复杂性，使单一评价方法难以全面地了解环境系统的特征。因此，本文在评价方法的选择上力求多元化，根据评价的时空特点和操作特征，交叉使用不同的评价方法，以"结构—人文"评价体系中较为成熟的方法为依据，并根据研究个案的特点及研究条件而加以调整、变通。研究主要以横剖研究为主，适当结合时间序列研究。对各种研究旨趣评价方法的选择如图 2-4 所示。

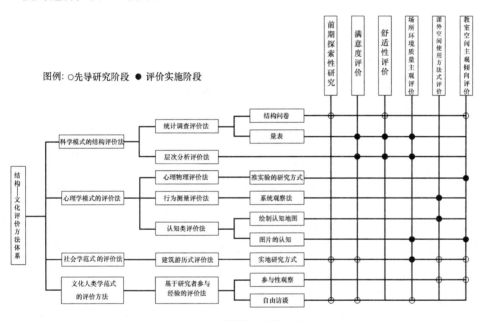

图 2-4 评价方法的确定

2.4.6 分析方法的确定

2.4.6.1 定性分析技术

质化研究方法所收集到的数据资料外延很广，且往往无固定的规范格式，通常利用定性分析方法得出结论。定性分析尽管难以得到量化结论，但目前的趋势是结合更多的量化方法，并通过一个严密系统的分析程序，排除主观性、坚守实证主义的研究立场[D5]。定性分析在本质上可理解为鉴别资料内容的质性[D5]。本文所采用的定性分析方法主要为内容分析法，即根据研究内容展开质性分析，运用研究者的专业知识、洞察力和想象力，把同质的因素归类，根据事件发生的频率、程度、结构、过程、因果寻找隐含的模式和规律，并理清同质内容的时空关系及层次隶属关系，力图将所把握到的事件资料及评价细节拼接整合成为普遍适用的解释逻辑。

2.4.6.2 数理统计分析技术

定量评价方法是科学评价的主要方式。结构化的评价方法依赖于现代数理统计方法、层次分析法、模糊数学方法等分析技术。

定量分析的理论逻辑在于通过对样本信息的统计推断总体，其技术关键在于恰当地选择统计分析方法，并通过多种统计分析方法的反复分析检验结论。本研究主要采用 SPSS 13.0 与 Excel 2003 软件相结合的方式，对所采集的数据作统计分析。为避免滥用或误用统计分析方法，应明确所选择方法的分析效能。各种分析方法的适用前提、判断标准及相应的数学原理见表 2-4 所列。

主要分析方法的判断标准及数学模型 表 2-4

		判断标准		数 学 模 型
单因素方差分析	F 值	显著大于 1	说明观测变量的变动主要是由控制变量引起的，可以由控制变量来解释	$SST = SSA + SSE$ SST:观测变量的总离差平方和； SSA:组间离差平方和，反映了控制变量不同水平对以测变量的影响； SSE:组内离差平方和，反映了抽样误差的程度
		显著接近于 1	说明观测变量的变动是由随机变量因素引起的，不能由控制变量来解释	
	Sig. 值	$<\alpha$	应拒绝原假设，认为控制变量的不同水平对观测变量产生了显著影响	
		$>\alpha$	认为控制变量不同水平下观测变量各总体的均值无显著差异，或没有对观测变量产生显著影响	
相关分析	相关系数 r	$r>0$	表示两变量存在正的线性相关关系	斯皮尔曼等级相关系数： $\gamma_s(rho) = 1 - \dfrac{6\sum D^2}{N(N^2-1)}$ 式中： D 表示各对等级数的差值，$D = R_x - R_Y$ N 表示样本观测对的容量
		$r<0$	表示两变量存在负的线性相关关系	
		$r=1$	表示两变量存在完全正相关关系	
		$r=-1$	表示两变量存在完全负相关关系	
		$|r|>0.8$	表示两变量之间具有较强的线性关系	
		$|r|<0.3$	表示两变量之间的线性相关关系较弱	
	Sig. 值	$<\alpha$	应拒绝原假设，认为两总体存在显著的线性关系	
		$>\alpha$	不能拒绝原假设，认为两总体不存在显著的线性关系	
因子分析	相关系数矩阵		如果大部分相关系数值小于 0.3，不适合进行因子分析	用矩阵形式表示的因子分析数学模型： $X = AF + \varepsilon$ 式中： F 称为公共因子； A 称为因子荷载矩阵； ε 称为特殊因子
	巴特利特球度检验		观测值较大，且 Sig. 值$>\alpha$，则原有变量适合作因子分析	
			观测值较小，且 Sig. 值$<\alpha$，则原有变量不适合作因子分析	
	KMO 检验	≥0.9	原有变量非常适合作因子分析	
		≥0.8	原有变量适合作因子分析	
		≥0.7	原有变量一般适合作因子分析	
		≥0.6	原有变量不太适合作因子分析	
		≤0.5	原有变量极不适合作因子分析	

1）描述性分析

为了把握数据的总体分布特征，本文对数据作描述性统计分析，主要包括刻画集中趋势的平均值统计和刻画离散程度的标准差及方差统计。样本平均值反映了变量所有取值的集中趋势或平均水平，样本标准差表示变量取值距均值的平均离散程度，样本方差则以标准差平方的形式表示变量取值离散程度。

2）方差分析

方差分析从对观测变量的方差分解入手，通过推断控制变量各水平下观测变量总体的均值是否存在显著差异，分析控制变量是否给观测变量带来了显著影响，进而再对控制变量各个水平对观测变量影响的程度进行剖析。本书主要研究单个因素对观测变量的影响，因此采用的是单因素方差分析技术。

3）相关分析

环境评价研究常常要对人的心理属性特征进行等级测量，此类研究所反映的变量之间的共变关系可能存在因果关系，也可能并无因果关系，"相关"就是对这种变量之间相互关联程度的测度。在统计学中，研究相关关系问题的理论和方法称为相关分析。当收集到的资料是两列等级数据时，可以用斯皮尔曼相关系数（Spearman Correlation Coefficient）表示这两列等级数据的相关程度。

需要指出的是，相关系数一般表示相关的性质和强弱。相关系数是一个需要谨慎对待的数量测度，它不像平均数和方差那样可以简便地分解或综合，或可以直接进行相互比较。在一定条件下得到的相关系数，只能说明在同等条件下变量相互之间的关联和性质。

4）因子分析

因子分析的核心是用较少的独立变量（因子）反映原有的绝大部分变量信息。这是一种通过少数潜在公共因子探索因子间内在关系的多元条件分析方法。

本文对因子载荷矩阵所采用的求解方法是基于主成分分析法。主成分分析法能够为因子分析提供初始解，其核心是通过原有变量的线性组合以及各个主成分的求解来实现变量降维，可以说，因子分析是对主成分分析结果的延承和拓展。该方法通过坐标变换的手段，将原有的 p 个相关变量 x_i 标准化后进行线性组合，转换成另一组不相关的变量 y_i。主成分分析的数学模型如下：

$$\begin{cases} y_1 = \mu_{11}x_1 + \mu_{12}x_2 + \mu_{13}x_3 + \cdots + \mu_{1p}x \\ y_2 = \mu_{21}x_1 + \mu_{22}x_2 + \mu_{23}x_3 + \cdots + \mu_{2p}x_p \\ y_3 = \mu_{31}x_1 + \mu_{32}x_2 + \mu_{33}x_3 + \cdots + \mu_{3p}x_p \\ \qquad\qquad\qquad\qquad \vdots \\ y_p = \mu_{p1}x_1 + \mu_{p2}x_2 + \mu_{p3}x_3 + \cdots + \mu_{pp}x_p \end{cases}$$

其中，$\mu_{i1}^2 + \mu_{i2}^2 + \mu_{i3}^2 + \cdots + \mu_i p^2 = 1$，　$i = 1, 2, 3, \cdots, p$。

2.4.6.3　层次分析技术

本研究采用 Excel 2003 软件构筑判断矩阵，采用 MATLAB R2006a 实现具体分析过程。

1）层次分析法

层次分析法（Analytic Hierarchy Process）是一种多因素决策分析方法。其基本分析思路和过程（分解、判断与综合）体现了人面对复杂问题时的决策思维特征，具有实用性和有效性。AHP 法是将决策相关元素分解成目标、准则、方案等层次，并以之为基础进行的一种定性与定量相结合的系统化、层次化分析方法。分析的基本步骤如下：

（1）在确定决策的目标后，对影响目标决策的因素进行分类，建立一个多层次结构；

（2）比较各因素关于上一层次的同一个因素的相对重要性，构造成对的比较矩阵；

（3）通过计算检验成对比较矩阵的一致性，必要时对成对比较矩阵进行修改，以达到可以接受的一致性；

（4）在符合一致性检验的前提下，计算与成对比较矩阵最大特征值相对应的特征向量，确定每个因素对上一层次该因素的权重；计算各因素对于系统目标的总排序权重并决策。

2）标度系统的选择

标度系统的选择是 AHP 应用中的一个基本问题。将人的定性主观判断转换为一个定量的判断矩阵，其合理性完全取决于标度的选择。本文采用张晨光等提出的标度方法[J9]。该方法有利于在指标为数量性函数情况下判断矩阵的构造。标度函数如下：

$$b_{ij} = b^{\frac{\ln(k_{ij}^p)}{\ln k}}$$

其中：k 为全部元素中 C 指标的最大值和最小值之比；p 值为调整系数，选取准则为指标值越大越好时取值为 1，反之为 -1；b 为与 k 相对应的元素的相对重要性程度标度。在具体 b 值选择时，笔者考虑到许多学者撰文指出萨蒂（T. L. Saaty）教授推荐使用的 1—9 标度存在缺陷，故采用受到好评的 10/10—18/2 标度作为标准。

3）层次分析程序的编写

层次分析法包括对判断矩阵的逐列正规化，矩阵的按行加总，计算矩阵的最大特征根及相对应的特征向量，对矩阵进行一致性检验等较为复杂和繁琐的步骤和过程。为了简化计算、判断过程，提高评价质量，笔者采用 MATLAB 高级程序设计技术编写层次分析程序。该工作成果是实施层次分析法的重要技术准备，也是对评价方法的补充。评价程序（AHP.m）的源代码见附录5。

2.5 本章小结

1）本章介绍前期准备工作，包括对评价主体（使用者）和评价客体的探索性调研。前者涉及对使用者的现场访谈、问卷调查、评价主体范围及抽样方法的确定等技术环节；后者则包括评价总体的明确、对评价客体的现场初勘、图纸分析、抽样框的确定以及样本选取方法的确定等技术环节。借助相关背景信息的收集，考察使用者的主观使用感受和环境态度，并对评价对象的实际使用状况，对研究可行性、实际意义及研究的主、客观条件等有了感性认识和初步判断，为研究内容的明确和研究设计作技术准备。

2）以前期探索为依据设计研究方法。一是确定以满意度评价和舒适性评价形成对岭南高校教学建筑的综合性评价，并对两者的研究侧重点作出安排；二是确定以教室空间主观倾向评价、课外空间使用方式评价和场所质量主观评价作为对岭南高校教学建筑的焦点性评价，并从空间划分和空间尺度两个角度分析各焦点评价的理论逻辑关系。

3）根据评价客体的特点及评价方法的性能，选择评价方法和分析方法，明确评价的技术逻辑关系。另一技术准备工作涉及对层次分析法的应用研究。笔者编写计算程序实现对 AHP 繁琐复杂计算分析过程的简化，据此提高研究的信度和效度。

第3章 岭南高校教学建筑的满意度评价

满意度（Satisfaction）评价具有全面性和本质性的特质，适于对评价客体作出整体及综合的评价判断。其对使用者需求实施全方位关注，使这一源自经济学研究的方法很快被引入建筑学领域，并被认为是"实现现代主义建筑人性化方向的研究途径之一"[D5]。近几十年来，建筑环境的满意度评价在许多国家被深入研究并得到推广，积累了一批有借鉴价值的研究案例。

本章旨在借助满意度研究的优势，从使用者需求入手，以使用人群和基本类型划分为线索，对影响研究对象整体质量和综合绩效的诸因素作出梳理、分类、筛选及提炼，初步构建关于该类建筑的客观、完整、综合的评价尺度和认知平台，为教学建筑的综合性评价提供技术依据，同时作为后续章节焦点评价的先导性工作。研究的预期目的是建立较完整的满意度评价因素集，确立整个评价研究的技术背景。本章将侧重于非心理因素的探讨，对心理因素的研究将在舒适性评价一章深入进行。

3.1 满意度评价概述

3.1.1 概念界定

早期的满意度是对生活品质的判断（Campbell，1976)[M11]，随后则是把满意度理解为使用者与环境之间，人的期望、需要与实际使用之间的一种平衡状态（Esther Wiesenfeld，1992)[M11]。更普遍的满意度定义是"为了使顾客能完全满意自己的产品或服务，综合、客观地测定顾客的满意程度"。在现代主义建筑的工业化和高度市场化阶段，满意度研究已成为被广泛接受的评价工具，在建筑设计研究中得到广泛应用。

就建成环境的使用后评价而言，"满意度是衡量使用者需求、理想与现实环境状况间相互关系的尺度"（朱小雷，2003）。满意度评价涉及建筑空间使用者主观感受有关的各种要素，从更为本质、全面的视角了解它们的实际需求，以期设计出人性的生活空间。广义而言，任何主观评价都涉及满意度。满意度关注的是建筑环境的综合效益。满意度评价几乎覆盖了评价的各方面。对评价因子的规律性认识，将随着评价实践的发展而不断深入[D5]。

满意度作为一种心理评价过程，具有以下特性：①客观性，即对于建筑产品或服务的评价是客观存在的；②主观性即评价受到个人各种主观因素的影响；③可变性，即满意是随着社会经济和文化的发展而变化的；④全面性，评价是概括性的而不是针对环境的某一质量特性而言。

3.1.2 满意度评价理论及评价影响因素

建筑学领域的满意度研究发端于西方的居住环境评价研究，并逐步渗透到评价范式、评价模型、评价维度选择等研究区间。目前尚未有普适的满意度评价理论，一系列较有代表性的满意度理论共同形成对满意度评价的理论指导见表3-1所列。

西方满意度理论模型　　　　　　　　　　　　　　　　　表 3-1

代表人物	满意度理论特征
Marans & Spredce meyer (1981)	提出从"客观环境"、"主观环境"、"环境感觉"及"环境与行为的互动关系"的基本维度评价满意度[M12]
Campbell(1976)	提出从"居住者及其环境"、"设计特征"、"对设计的信心"及"管理及经营"的基本维度评价满意度[J10]
Rapoport (1978)	提出从"社会"及"物质"的基本维度评价满意度[M13]
Francescato(1979)	提出"特定设计因子"、"管理因子"、"社会因子"的基本维度评价满意度[M12]
D·Canter (1982)	利用"块面分析"的分类方法建立多变量满意度模型,提出"块面理论"[J10]
Donald(1985)	提出场所评价模型[M12]
Gifford (1987)	强调人口统计特征的区别,提出住宅满意度综合模型[M11]
LevyLeboyer (1990)	提出从"需要"、"空间成分"、"服务设施及其舒适感"的维度评价满意度[J10]
Saegert Winkel (1990)	提出从"环境适应"、"社会构成"、"社会-文化"三种范式研究满意度[J10]

总结上述各种说法，基本上可以认为，因规模、目的、理论出发点的差异，满意度影响因素涉及面较广，研究需要综合考虑特定项目的具体条件和特征。通过对已有研究的总结，笔者从人的因素、物质环境因素、环境心理因素、管理维护因素、社会因素、环境行为因素和其他因素等七个方面对评价影响因素加以归纳，以此作为本研究的技术准备，具体见表3-2所列。

研究范畴	满意度影响因素
人的因素	人口统计特征因素(Michelson,1977)[J10]、(Nasar,1981,1983)[J10],人的经济地位因素(Satting Hanrey,1981)[J10],个人的角色因素(Michelson,1977,Canter&Rees)[J10],人群构成、人口密度、成员的社会关系(William Rohe,1982,Ahrentzen,1989)
物质环境因素	外观、空间、交通、设施设备、绿化(Wellman,Anderson,ufferflek&O'Donnell,1982)[J10],美学品质(Widgery,1982)[J10]
环境心理因素	私密性因素(Mant&Gray,1986),领域感因素(MacDonald&Gifford,1993)[J10],安全感因素(Gifford&Peacock,1979)[M11],偏爱因素(Marans,1986)[J10],社区感因素(Gifford&Peacock,1979)[M11]
管理维护因素	管理因子、社会因子、特定设计因子(Francescato,1979)[J11],安全因素(Gifford&Peacock,1979[M11]),维护因素(Illinois HR&D)[J10]
社会因素	社区文化认同(Rapoport,1985)[M13],社区活动特征(Gifford,1984,1985)[M11],社会纽带因素(Mare,1996),邻里关系因素(Wellman,Anderson,ufferflek&O'Donnell,1982,Rivlin,1982),[J10]
环境行为因素	使用的适应性行为(Canter,1993[M14],Altman,1985[M12])
其他因素	时间因素(Esther Wiesenfeld),噪声因素(Nel Weinstein[J10],Michelson[J12])

3.1.3 国内的满意度评价研究

满意度在国内应用较广。近十年来，此类研究数量有明显增加，质量有明显提高。研究大都始于对特定使用人群的调查，把握使用者内在的"需求标准"，获取改善服务和管理的依据。国内利用满意度进行的环境评价主要是对居住环境的描述性研究，如徐磊青、杨公侠对上海多层及高层 1120 户住宅的调查[J5]，杨贵庆对上海 400 户高层住宅的调查[M15]等。目前，虽然在评价方法及评价模型方面的研究有所进展，但以问卷为工具的定量评价研究仍是主流研究手段，研究多偏向环境心理学或社会心理学方面，并逐步触及重要性影响因子的判断，如尹朝晖博士对基本居住单元的满意度评价[D8]。

3.1.4 高校学生满意度评价研究回顾

高校学生满意度是对高校客观环境及在校园学习和生活等方面带有主观色彩的概括性评价。这一专项研究始于美国教育委员会 1966 年对新生满意度的测量(CIRP)。1995 年 Noel-Levit 制定 SSI 量表测量学生满意度，这一成果对我国学生满意度的研究实践有较大影响。我国这方面的研究起步于20 世纪 90 年代末，目前已有成果包括：王国强、沙嘉祥(2002)对高校学生满意度评价指标体系的研究[J9]；赵国杰、史小明(2003)利用 ACSI(Customer's Satisfaction Index)模型对大学生高校教育期望质量进行的分析研究[J13]；林飞宇、李晓轩(2006)就中美高校学生满意度测量主体、指标体系进行的比较分析[J14]。刘武、杨雪(2007)继承 ACSI(美国顾客满意指数模型）的一些核心概念和架构中，加入新的结构变量，初步提出中国高等教育顾客满意度指数（CHE-CSI）模型[J15]。

国内高校学生满意度研究　　　　　表 3-3

研究范畴	研究主题	研究内容及方法	研究者
实态调查	学生满意度影响因子的差异研究[J16]	运用因子分析、回归分析、Chow 检验、调节回归方程分析等方法建立了满意度模型	常亚平等（2008）
	大学生校园生活满意度的实证研究[J17]	通过自编问卷对某大学 1～3 年级本科生进行校园生活满意度抽样调查	王嘉毅等（2006）
评价方法	中国高等教育顾客满意度指数模型的初步研究[J15]	建立了中国高等教育顾客满意度指数模型，设计了质量因子和通行的满意度测量因子的指标体系	刘武等（2007）
	中美高校学生满意度测量方法的比较研究[J14]	比较和分析了中美两国高校学生满意度测量方法，包括测量主体、测量指标	林飞宇等（2006）
实证研究	深圳大学中心广场环境和使用行为调查[J18]	利用使用后评估体系，以问卷调查为主，借助统计软件，获得使用者对深大校园中心广场的满意度	李媛琴（2003）
	杭州市高教园区大学生对环境的满意度分析[J19]	对 880 名大学生进行关于学习、生活、交通、人际交往和社会实践环境变化满意度的问卷调查	刘婷婕等（2006）
	华中农业大学校园环境质量两级模糊综合评价[J20]	运用方差分析、因子分析及模糊综合评判等方法对校园环境质量主观评价因子进行了具体分析	张卓文等（2004）
	天津大学建筑馆改造用后满意度研究[J21]	利用使用后评估体系，对天津大学建筑馆中庭改造进行了用后满意度调研	张颀等（2006）

　　总体而言，国内有关高校环境的学生满意度专项研究历时较短，在研究范畴和评价因子上亦各有所侧重，研究未能形成体系且深入程度也不足，很少具有推广价值的普适结论产生。表 3-3 对当前国内高校学生满意度研究加以归纳。

3.2　研究设计

3.2.1　研究目的
　　本研究以使用人群和建筑类型为线索，达成以下研究目的：
　　1）检验评价客体在实际使用中的总体满意状况，获取使用者的整体环境态度信息。
　　2）分别以教师人群及学生人群为评价主体作满意度评价研究，寻求两者的满意度取向差异，剖析不同使用人群的需求心理，为改善高校教学环境的设计和管理水平提供信息。
　　3）分别以排列式、并置式、单核式、单线式样本作满意度评价研究，寻求使用者对不同类型教学环境的满意度评价信息，为改善高校教学环境提供参考和依据。

4）对满意度总体评价的影响因素作相关分析。

5）探索岭南高校教学建筑满意度评价的主要影响因素、重要因素排序及相应权重，为建立评价因素集提供客观依据。

3.2.2 研究内容

1）先导性研究：掌握与本研究命题相关的国内外学术成果，亲身体验研究对象的实际使用状况，面对面了解使用者对研究对象的使用感受，通过前期研究工作确保具体研究的现实可行性。

2）研究设计：设计评价问卷并通过研究小组的讨论优化问卷，选择具有代表性的样本对象，联系协助派发及回收问卷的线人。

3）研究实施：第一阶段，以使用者群体（教师样本和学生样本）为控制变量的满意度研究。第二阶段，以建筑类型为控制变量的满意度研究。

4）问卷派发回收及数据分析：借助多种渠道派发问卷，并进行问卷回收后追踪，尽量保证问卷数量与质量。通过"问卷—反馈"环节循环推进，分步骤实施具体研究，逐步加深对所研究问题的理解。以数理统计方法和逻辑为指导，采用专业的分析软件分析量表数据。

5）研究工作框架如图 3-1 所示。

3.2.3 研究方法

1）研究分两阶段进行，第一阶段侧重于考察不同使用人群的环境态度及需求差异，第二阶段侧重考察使用者对不同建筑类型的环境取向差异。两个阶段互为补充，形成对评价主、客体较为全面的剖析。

2）本章主要采用统计调查评价法。首先根据先导研究建立恰当的评价因子模型，通过可比性指标的选择，从管理维护、空间质量、舒适便利、视觉效果、设施设备等多个侧面构建评价要素，以期获得具有可操作性的需求信息；其次抽取恰当的样本（包括评价主体和评价客体），进行问卷（李克特量表）发放及数据收集工作，通过统计分析获取所需的使用者主观评价信息。

3）数理统计分析方法。采用统计分析软件对所采集的数据进行均值分析、单因素方差分析、相关分析及因子分析，求取定量结果，寻求影响教学建筑满意度的相关因素。

4）采用层次分析法进行关于主观满意判断的定量化描述与分析。通过对各评价层次的满意评价元素按两两比较的方法判断相对重要性以构造判断矩阵，再经过运算求得各因素的权向量，实现对末级层次因素的总排序。需要指出的是，为增加研究的可操作性，本章选用评分数据排序分析法构造判

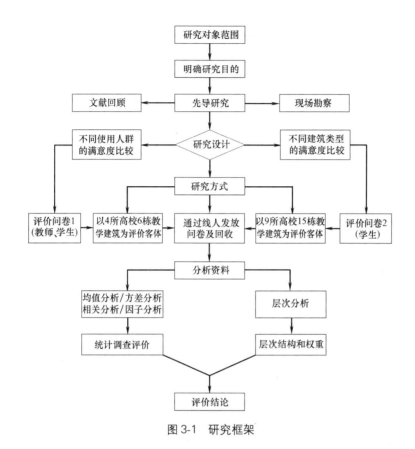

图 3-1　研究框架

断矩阵，并通过用 MATLAB 编写的程序进行层次分析运算。

3.3　先导性调研及研究假设

3.3.1　先导性调研

1）通过对文献的详细阅读，研究者掌握了一些与本研究相关性较大的学术成果。这些成果在研究方法或研究结论方面具有可供类比、引用或借鉴的价值，对研究目标的确定，研究方法的选择以及研究设计等方面有直接或间接的影响，见表 3-4 所列：

2）研究者在大致了解研究对象的背景信息后，对研究对象分别进行现场勘察，从专业角度结合使用者需求进行主观体验，初步拟定了以下几个问题：①你对校园中哪幢教学楼的整体评价最高，为什么？②对你而言，教学建筑哪方面或哪些方面的使用效果最为重要？③请根据你的使用体验，对所处的教学楼的满意和不满意方面，分别作简单描述。④你认为对教学楼作怎样的改进，将是学生最为获益的？就这些问题与 30 名学生及 10 名教师进行

39

范　畴	观点、结论
评价因素	步行空间、休憩空间、草坪空间的满意度与校园广场的满意度具有相关性。其中休憩空间的相关系数最高[J18]
	交通可达性因子、总体环境意象因子、建筑环境因子及物理环境因子等是影响评价的主成分因子[J20]
	学生对高校教育质量的感知主要包括教学质量和校园服务两个方面[J15]
	行政管理满意、教学满意和班级满意是影响大学生校园生活满意度的最主要因素[J17]
	独立学院与国立大学的学生满意度在学校环境氛围、基础设施、教师职业素质和服务、辅导员素质、授课方式 5 个因子的敏感性上存在显著差异[J16]
评价主体	不同性别、不同成长环境的学生对影响校园环境质量的主观评价因子无显著差异[J16]
	不同专业的学生对环境评价因子存在显著差异[J20]
	性别、城乡、民族、学科背景、年级等差异不会对校园生活满意程度产生显著影响[J17]
	农村学生对教学的满意程度和对课余生活的满意程度都显著低于城市学生[J17]
	不同性别学生对外环境需求不同[J19]
	文科生对饮食服务、行政管理的满意程度显著低于理科生[J17]
评价方法	学生主动参与评价指标的制定、评估方式的选择，有利于明确满意度的评价目的[J14]
	学生满意度情况会随着高校环境及学生自身状况的变化而变化，应做连续跟踪研究[J14]
	评价研究应内部测量与外部测量并重[J14]

自由访谈，结果见表 3-5 所列：

（1）被访谈的师生对调查对象的评价在总体上往往比较一致，但两者提及的因素各有侧重。

（2）学生关注教学建筑的交通、教室使用、绿化、服务设施、环境气氛、活动场地等方面。对教学环境作积极评价时，学生往往以绿化、交往空间、休闲座椅、环境气氛、人文关怀、建筑外观等为例，而消极评价则更多地集中在交通（楼梯、电梯、走道等），教室（大小、桌椅），物理环境感受（噪声、通风、隔热等），生活设施（卫生间、饮水间等），选址等方面。

（3）教师在访谈中更多地提及教室的教学适用性方面的问题，包括室内光线、教学仪器设备条件及其维护等；同时对教学建筑内的功能配套也较留意，比较注重教师休息室、设备的存放空间及管理维护等环境因素，而对环境的休闲性和美观性较少主动提及。

3.3.2　研究假设

先导性研究表明，不同背景的评价主体对环境的使用需求有差异，为检验此类结论对于本章研究对象的适用情况，故提出假设一：不同使用人群（教师人群与学生人群）对教学建筑的满意评价无差别。其次，许多关于教学建筑的专题研究都通过横向比较分析各种建筑类型的优劣，为了解各类建筑的实际使用效果，故提出假设之二：不同的类型的教学建筑之满意度评价无差别。

表 3-5

满意度先导性调研的频数分布表

受访者对整体评价较高教学楼的描述	评价描述涉及方面	受访者对所处教学楼的具体评价描述		受访者的改进建议
		正面描述	负面描述	
离教高校较近(15) 安静,有学习氛围(20) 常使用,熟悉这里环境(15) *教室空间舒适(8/3) 体积适中,配有小教室,感觉较亲切(5)	心理及视觉感受	安静(15) 展示栏标语等有人文气息(10) 绿树浓荫,传统书院气息(9) 外观颜色浓雅(10) 造型新颖(6) 门口有宽阔广场,感觉轻松(6)	颜色暗淡,感觉压抑(8) 离运动场太远,沉闷(6) 可观赏性的景观较少(9) 学生少,人气不足(5) 缺少意象性标志建筑(6) 教室过于狭长看不清黑板(5)	1)楼内增加绿化及景观,避免单调色彩; 2)外观颜色亮丽一些,富有朝气; 3)走廊设置作业展示栏,增加人文气息
*大小教室兼备,选择自由(8/3) 停放自行车安全方便(10) 有走廊直通教室(5)	便利性	出入口人口宽敞(6) 配备售货机,磁卡电话(5) 单体间有过道相连,通行方便,有遮雨设施等(9)	离宿舍,图书馆较近(14) 电梯时常不开启或未达(10) 交通线路曲折,教室难找(9) 缺少垃圾筒,休闲座椅(16)	1)增设体育活动设施,售货机,垃圾筒; 2)各单体由走廊相通,标识要清晰
共享空间有休闲座椅(7) *教学仪器先进好用(18/9) *教室内座椅舒服(12/5) *配有教室查询系统(6)	设施设备	设有监控设备(6) *课桌椅舒适(6) *教室设有留言板(7/1) *教学仪器实用(7/2)	桌椅不舒适(10/4) 教学仪器设备后常有故障(8/5) 夏天太热,无空调(8/3) 地面下雨太滑(9)	1)改进教学设备; 2)用防滑地板砖; 3)增加休闲座椅; 4)课桌椅舒适及实用
外观造型新颖好看(7) 面对湖水,景观好(9) 庭院内有小品建筑(8) 有休闲活动场所(7)	空间布局	走廊宽敞,有休息平台(9) 架空层可停车,搞活动(9) 可在庭院进行休闲活动(8) 底层设有咖啡厅读报室(7)	架空层柱子过密(7) 只有大教室无小教室(7/5) 没有设置开水房(8/2) 少休息室,储物空间(8)	1)建筑间对错布局,不要影响视线采光; 2)教学区内有活动场所; 3)增设储物柜
教学信息(包括各类教室的调整讯息)公布及时 较启关灯(设施夜间教室)(12) 有专门的物业管理人员(4) 庭院绿化作修剪护理(4)	管理维护	整体干净,整洁(12) 设有通宵教室方便自习(8) 开放楼梯可以自由出入人(7) 步级有防滑条(5) 停放自行车有安全看守(6)	电梯使用时不正常(12) 走廊灯晚上不开放(8) 楼梯出入口上锁通行不畅(7) 太早关灯,自习不便(10) 卫生间洁具维修不及时(6)	1)开放电梯; 2)走廊声控开关; 3)卫生间保持通风,干爽; 4)增加维修人员

注:*表示教师也有提及该因素,/后的数字是教师提及的频次统计。

3.4 第一阶段研究：以使用者群体为控制变量的满意度研究

根据使用后评价强调使用者本体价值的特点，有必要对研究客体的使用者作进一步的分析和比较，了解不同使用人群的需求共性和差异。因此，结合文献研究及现场调研，本章首先以使用者群体（教师样本和学生样本）为控制变量进行满意度分析。这是第一阶段研究工作，也是支撑后续各章研究结论的基础性工作。

3.4.1 评价对象背景信息

对 A（HNLG）、U（JYDX）两所高校的 4 幢教学建筑进行满意度调研，根据现场走访和资料查询，将有关样本背景信息加以整理归纳，见表 3-6 所列：

满意度评价对象的现场调研记录（第一阶段）　　　表 3-6

样本编号	样本属性				建成时间/所在区域	样本所在学校概况
	建筑规模/功能布局	交通组织/平面类型	环境特征/设施设备	场地品质/周围条件		
A(HNLG)-1(32~34)	排列式（核心型）;5层	呈排列式布局	半围合式庭院以硬铺地为主,有规整几何图案花圃	运动场（北）	2002（广州地区）	以工为主的教育部属综合性大学。2个校区共计在校生 6.6 万人,教职工 4604 人,50 余年历史
		开放楼梯、半围合		图书馆（南）较远		
				湖水（东）		
	34 号多大教室 32 号多小教室	室外广场和构架标识出入口空间	开敞外走道,植有绿化	庭院与走道联系方便,穿行方便		
A(HNLG)-2(27)	单核式:6层	封闭式出入口	庭院有绿化、花圃	邻校园主干道	1986（广州地区）	
		4 个楼梯,外廊式	一楼有咖啡休闲厅、读报栏等,走廊设作业展示栏	周围绿树浓荫		
	中小教室,配有绘图室工作间			行政楼（西）		
		四合院式		图书馆（南）较远		
U(JYDX)-1(GY)	排列式（核心型）;7层	呈排列式布局	走廊宽敞,入口及各层转换平台可作活动场地	运动场（东）	2002（粤东地区）	师范类本科省属普通高校,校本部占地面积 1188 亩,校舍面积 30.6 万 m²。现有教师 570 人,在校生 11000 多人。有 91 年的办学历史
		封闭式入口门厅		建筑周围有草地,邻校道		
	大部分是多媒体教室,中间体块为中、小教室	楼梯、转换平台	各纵列间有绿地	图书馆（东）		
U(JYDX)-3(XC)	单核式:6层	外廊式,四合院式	庭院内设置时钟造型的景观	楼前有宽阔广场,楼后有山势绿地	2000（粤东地区）	
		4 个楼梯				
	多为中型教室,配语音室、机房	封闭式入口门厅	门厅设备简单	其他教学楼（西）		

3.4.2 问卷设计及数据采集

3.4.2.1 评价要素的构建及评价问卷设计

在先导研究的基础上，以定序测量方式设计李克特量表，形成标准的结构问卷（见附录2.1）。量表设立5个一级指标和28个二级指标，分别从管理、功能、舒适、设施设备、社会性等方面建构具体评价要素，能够反映使用者关心的大部分内容。评价等级分为5个等级：很满意、较满意、一般、较不满意、很不满意（分别赋上分值1、2、3、4、5，以转化为主观评价的等级测量层次）。受访者根据评价对象的使用感受，就每个评价指标作出等级判断。每个问题均设备注栏，让使用者自由表达意见，作为对封闭式问卷的修正。评价标准见表3-7所列。

评价定量标准 表3-7

评价值 x_i	评 价 语	定 级
$x_i \leqslant 1.5$	很好	E1
$1.5 < x_i \leqslant 2.5$	较好	E2
$2.5 < x_i \leqslant 3.5$	一般	E3
$3.5 < x_i \leqslant 4.5$	较差	E4
$x_i > 4.5$	很差	E5

3.4.2.2 数据采集

利用就近法、目标式或判断式抽样法、偶遇抽样法等非概率抽样方法抽取被试者。学生问卷的派发方式主要有两种：一是借助学生线人以学生会组织成员为单位派发；二是借助任课教师以班级为单位派发。教师问卷则以现场派发为主。对问卷中出现的漏填、不清晰、非逻辑等情况，采取问卷追踪的方式加以跟进，保证了问卷的质量和数量，提高了研究的信度和效度。

3.4.3 调查结果的统计与分析

3.4.3.1 评价主体基本资料

共发出问卷489份，其中学生问卷389份，教师问卷100份。回收问卷共466份，回收率为95.3%，剔除回答不完整的问卷，得到有效问卷447份。学生评价主体为分布在5个专业，4个年级的本科生。其中，男性279名，女性84名。教师评价主体分布在9个专业，平均年龄32.5岁。其中，男性38名，女性46名。研究者认为，评价主体普遍具有较好的文化素养，对所评价对象已经积累了一定的使用体验及主观感受，且在专业构成、性别比例等方面较为均衡（与评价客体的人口统计资料大致相当）。因此，评价主体构成符合研究的需要（表3-8）。

评价对象	问卷份数			性别		评价主体专业背景	
	派出问卷	回收问卷	有效问卷	男	女	专业背景	学生所在年级/教师平均年龄
学生							
A(HNLG)-2(27)	10	6	5	9	6	建筑学(88),城市规划(7)/	大二(35),大三(48),大四(12)
A(HNLG)-1(31~34)	95	94	92	68	24	建筑学(87),城市规划(5)/	大二(35),大三(46),大四(11)
U(JYDX)-1(GY)	92	92	90	76	14	物理学(48),电子自动化(27),电子信息工程(15)/	大一(90)
U(JYDX)-3(XK)	92	92	86	66	20	物理学(42),电子自动化(25),电子信息工程(19)/	大一(86)
小计	389	374	363	279	84	建筑、规划类(187),电子自动化(176)	大一(176),大二(70),大三(94),大四(33)
教师							
U(JYDX)-1(GY)	21	20	17	5	12	英语部(10)\物理系(7)	
U(JYDX)-3(XK)	21	20	17	8	9	电子学院(5)英语部(12)	
U(JYDX)-4(XZ)	21	20	20	7	13	计算机系(12)\法学院(8)	
A(HNLG)-2(27)	15	12	12	3	9	建筑理论(5)\城市规划(7)	
A(HNLG)-1(31~34)	22	20	18	15	3	自动化(8)\电子信息工程(10)	
小计	100	92	84	38	46	英语\法学文科类(30)\物理\计算机理工类(42)\建筑类(12)	教师平均年龄:32.5 岁

3.4.3.2 均值分析及单因素方差分析

以使用人群为自变量作均值分析，分别就学生人群与教师人群统计各因素主观评分的总体趋势和平均水平，如图 3-2 所示。从平均值统计来看，教师与学生对教学建筑的满意评价均为一般或较好，学生人群的满意度评价均值得分普遍高于教师人群，表明教师人群对教学建筑的使用满意程度低于学生人群，这与两者关于样本的"满意度总体评价"的得分均值是趋于一致的。大部分学生数据的标准差和方差高于教师数据，两者在景观设置、视野感、自行车停放及开放时间方面的均值差异较为接近，而在教室形状大小、辅助空间、教室的规模配套、遮阳遮雨设施、休闲座椅、设备维护等方面有较大的均值差异（均值差异绝对值> 0.4）。

单因素方差分析表明（表 3-9），在 0.05 置信水平下，不同使用者群体

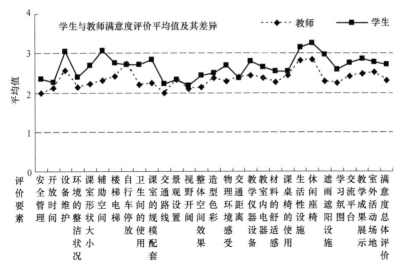

图 3-2　学生与教师的满意度评价平均值及其差异

对 M1、M3～M7、M9、M10、M13、M16、M18～M20、M22～M29 的满意度判断有显著差异，即否定了师生组间评价无差别的原假设 H₀。两者的差别可能与教师和学生对教学建筑的使用方式、使用角色及使用内容的差异有关，也与两者的背景差异有关。在 0.01 置信水平下，不同使用者对 M1、M3～M7、M9、M10、M16、M18、M23～M27、M29 的满意度判断有显著差异。方差分析证实了教师与学生作为不同的使用者群体对高校教学建筑的环境品质和建筑质量判断存在差异。

单因素方差分析数据　　　　　　　　　　　　　　表 3-9

评价因素	F 值	Sig.	评价因素	F 值	Sig.
M1 安全管理	12.004	0.001	M16 物理环境感受	10.481	0.001
M2 开放时间	1.266	0.261	M17 交通距离	0.017	0.897
M3 设备维护	11.978	0.001	M18 教学仪器设备	8.408	0.004
M4 环境的整洁状况	3.958	0.047	M19 教室内电器	4.523	0.034
M5 教室形状大小	12.598	0.000	M20 材料的舒适感	5.250	0.022
M6 辅助空间	32.817	0.000	M21 课桌椅的使用	0.580	0.447
M7 楼梯电梯	7.434	0.007	M22 生活性设施	4.990	0.026
M8 自行车停放	0.054	0.817	M23 休闲座椅	9.242	0.003
M9 卫生间的使用	14.213	0.000	M24 遮雨遮阳设施	29.857	0.000
M10 教室的规模配套	22.004	0.000	M25 学习氛围	7.245	0.007
M11 交通路线	3.406	0.066	M26 交流平台	7.018	0.008
M12 景观设置	0.000	1.000	M27 教学成果展示	7.546	0.006
M13 视野开阔	0.552	0.458	M28 室外活动场地	3.415	0.065
M14 整体空间效果	5.821	0.016	M29 满意度总体评价	15.448	0.000
M15 造型色彩	1.089	0.297			

3.4.3.3 相关分析

相关分析（计算斯皮尔曼相关系数，表 3-10）表明，满意度总体评价与其他各因素之间为正相关关系，其中与教学行为直接相关的环境要素对满意度总体评价影响较显著。

1）教师数据与学生数据的相关因素在整体分布上趋于一致。

相关分析结果 表 3-10

具体评价要素	学 生		教 师	
	Γ	Sig.	Γ	Sig.
M1 安全管理	0.329**	0.000	0.400**	0.003
M2 开放时间	0.257**	0.000	0.480**	0.000
M3 设备维护	0.509**	0.000	0.559**	0.000
M4 环境的整洁状况	0.365**	0.000	0.406**	0.002
M5 教室形状大小	0.360**	0.000	0.426**	0.001
M6 辅助空间	0.385**	0.000	0.309*	0.023
M7 楼梯电梯	0.478**	0.000	0.467**	0.000
M8 自行车停放	0.437**	0.000	0.273*	0.046
M9 卫生间的使用	0.415**	0.000	0.297*	0.029
M10 教室的规模配套	0.458**	0.000	0.592**	0.000
M11 交通路线	0.377**	0.000	0.061	0.661
M12 景观设置	0.390**	0.000	0.214	0.120
M13 视野开阔	0.411**	0.000	0.186	0.178
M14 整体空间效果	0.425**	0.000	0.458**	0.000
M15 造型色彩	0.438**	0.000	0.494**	0.000
M16 物理环境感受	0.307**	0.000	0.377**	0.005
M17 交通距离	0.219**	0.000	0.264	0.053
M18 教学仪器设备	0.441**	0.000	0.575**	0.000
M19 教室内电器	0.500**	0.000	0.455**	0.001
M20 材料的舒适感	0.490**	0.000	0.608**	0.000
M21 课桌椅的使用	0.487**	0.000	0.661**	0.000
M22 生活性设施	0.435**	0.000	0.494**	0.000
M23 休闲座椅	0.491**	0.000	0.545**	0.000
M24 遮雨遮阳设施	0.377**	0.000	0.393**	0.003
M25 学习氛围	0.460**	0.000	0.365**	0.007
M26 交流平台	0.504**	0.000	0.536**	0.000
M27 教学成果展示	0.503**	0.000	0.324*	0.017
M28 室外活动场地	0.543**	0.000	0.565**	0.000

注：Γ 表示斯皮尔曼（Spearman）相关系数，**表示显著性水平<0.01，*表示显著性水平<0.05。

2）对学生数据的相关分析显示，在 0.01 显著性水平下，满意度总体评价与其他各因素存在着显著的线性相关关系，且大部分因素的相关系数均大于 0.3。尤其以 M3（设备维护）、M19（教室内的电器设备）、M26（交流平台）、M27（教学成果展示）及 M28（室外的活动场地）等因素相关性最强（Spearman Correlation≥0.500）。

对教师数据的相关分析显示，除了 M11（交通路线）、M12（景观设置）、M13（视野感）、M17（交通距离）四个因素外，满意度总体评价与其他因素都有显著相关性，其中 M6、M8、M9 和 M27 在 0.05 显著性水平下呈线性相关关系，其余各因素在 0.01 显著性水平下呈线性相关关系。尤以 M3（设备维护）、M10（教室的规模配套）、M20（材料的舒适感）、M21（课桌椅的使用）、M26（交流平台）、M28（室外的活动场地）等因素相关性最强（Spearman Correlation≥0.500）。

相关分析显示，教师数据与学生数据的相关因素在整体分布上趋于一致，但两类使用人群在关注教学环境方面各有侧重。

3.4.3.4 因子分析

1）适用检验

分别针对学生问卷和教师问卷，借助变量的相关系数矩阵、反映项相关矩阵、巴特利特球度检验和 KMO 检验方法进行分析，考察原有变量之间是否适合采用因子分析提取因子。分析显示，原有变量的相关系数矩阵中，两组数据大部分的相关系数都较高，各变量呈较强的线性关系；巴特利特球度检验统计量的观测值均较大（学生数据为 4396.293，教师数据为 1150.844），相应的概率 P 均接近于 0，小于显著性水平 α（0.05），相关系数矩阵与单位阵有显著性差异；同时，两组数据均满足 Kaiser 给出的 KMO 度量标准（学生数据 $KMO=0.939$，教师数据 $KMO=0.783$）。

以上分析表明，学生问卷和教师问卷的原有变量均适合进行因子分析。

2）提取因子

对学生问卷和教师问卷数据统一采用主成分分析法提取因子，首先尝试提取特征根值大于 1 的特征根，因子分析的初始解显示，部分变量的信息丢失较严重，总体效果不理想。进而指定提取 8 个特征根进行因子分析，显示变量的共同度较高，因子提取的总体效果较理想。因子载荷矩阵显示，28 个变量在第一个因子的载荷都较高，变量与第一个因子的相关程度高，该因子很重要。其余因子与各变量的相关性递减，因子的重要性程度也逐渐减少。

3）因子命名

采用方差最大法对学生问卷数据的因子载荷矩阵实行正交旋转，使因子具有命名解释性。指定按第一个因子载荷降序的顺序输出旋转后的因子载荷矩阵。由表 3-11 可见，M23、M25、M22、M24、M26、M28、M27、M21、M20 在因子 1 有较高的载荷，该因子可称为学习场景因子。因子 2 的载荷排序为 M13、M14、M12、M15，称视觉环境因子。因子 3 在 M9、M5、M4、M11 上的载荷较大，可称为组织流线因子。因子 4 在 M3、M10、M18、M19 上载荷较大，称设施设备因子。因子 5 在 M2、M1 上载荷较大，称管理环境因子。因子 6 在 M8、M7、M6 上载荷较大，称配套辅助因子。因子 7 在 M16 上载荷较大，称物理环境因子。因子 8 在 M17 上载荷较大，称建筑选址因子。以上 8 个相互独立的共同因子，共同确定样本对象的整体满意度。因子的组成反映了学生使用者评价教学建筑整体使用绩效的基本心理结构，其中，与行为的休闲性及舒适性相关的环境因素受到使用者更多的关注，对课外空间的环境质量的重视甚至超过了教室内空间。使用者重视教学建筑是否具有清晰的组织层次和合理的流线程序，而对教室的评价则集中在课桌椅、教学设备、教室内电器设备、空间感觉等具象环境因素层面。上述因子均是涉及教学建筑本体功能的核心评价要素，其他如开放时间、安全管理、自行车停放、交通设施、辅助空间、物理环境感觉、交通距离等则与一般性的公建使用行为相关联，也在使用者的满意判断中占较重要位置。

对教师问卷采用相同的因子命名操作获得教师问卷的旋转后因子载荷矩阵（表 3-12）。其中，M27、M26、M25、M28、M20、M10、M3、M21 在因子 1 有较高的载荷，该因子可称为教学场景因子。因子 2 的载荷排序为 M8、M5、M2、M24，称配套辅助因子。因子 3 在 M18、M7、M9、M19 上的载荷较大，可称为设施设备因子。因子 4 在 M16、M17、M13 上载荷较大，称舒适便利因子。因子 5 在 M4、M1 上载荷较大，称管理环境因子。因子 6 在 M22、M23、M6 上载荷较大，称休憩环境因子。因子 7 在 M15、M14 上载荷较大，称视觉环境因子。因子 8 在 M11、M12 上载荷较大，称组织流线因子。

4）比较分析

对教师问卷与学生问卷因子分析的横向比较表明（表 3-13），教学建筑的两种使用人群均把与教学行为过程关系密切的环境要素作为满意度评价中最重要的公共因子。两者的公共因子 1 所涉及的变量大体相同，均涉及学习氛围、交流场所、活动场地、教学成果展示、课桌椅的使用及材料的适用性等方面，各组成变量的权重有所差异。而公共因子 1 组成变量的差异主要表现在，学生更重视教学行为场景中便利性生活设施（饮水机、公共电话、零售等）及遮阳挡雨设施的配备，而教师则倾向于关注大、中、小教室的规模配套及设备的维护状况，这可能与师生的环境角色及使用方式的不同有关。

公共因子的名称		变量	公共因子							
			1	2	3	4	5	6	7	8
1	学习场景因子	M23 休闲座椅	0.707	0.208	0.145	0.193	0.067	0.208	−0.066	0.102
		M25 学习氛围	0.663	0.101	0.145	0.199	0.227	−0.109	0.286	0.020
		M22 生活性设施	0.658	0.094	0.121	0.097	0.008	0.263	−0.115	0.259
		M24 遮阳挡雨设施	0.632	0.048	0.099	0.097	0.138	0.033	0.406	−0.082
		M26 交流平台	0.627	0.220	0.156	0.174	0.257	0.113	0.087	0.140
		M28 室外活动场地	0.570	0.274	0.047	0.073	0.282	0.409	−0.062	−0.003
		M27 教学成果展示	0.564	0.204	0.029	0.105	0.423	0.132	0.074	0.211
		M21 课桌椅的使用	0.536	0.160	0.335	0.036	−0.003	0.226	0.283	0.117
		M20 材料的适用性	0.413	0.340	0.070	0.226	0.184	0.215	0.332	0.072
2	视觉环境因子	M13 视野开阔	0.260	0.763	0.188	0.064	0.198	−0.013	0.069	0.045
		M14 整体空间效果	0.108	0.690	0.174	0.296	0.135	0.036	0.310	−0.018
		M12 景观设置	0.265	0.687	0.113	0.046	−0.013	0.243	−0.021	0.181
		M15 造型色彩	0.101	0.623	0.100	0.393	−0.006	0.120	0.363	−0.005
3	组织流线因子	M9 卫生间的使用	0.193	0.163	0.715	0.131	0.093	0.136	−0.044	0.167
		M5 教室形状大小	0.129	0.101	0.627	0.287	0.061	0.087	0.291	−0.144
		M4 环境整洁状况	0.084	0.153	0.561	0.377	0.419	−0.066	0.034	−0.019
		M11 交通路线	0.240	0.275	0.481	−0.013	−0.166	0.270	0.410	0.063
4	设施设备因子	M3 设备维护	0.207	0.280	0.179	0.653	0.196	0.193	−0.125	0.038
		M10 教室的规模配套	0.270	0.173	0.248	0.532	0.035	0.185	0.389	0.178
		M18 教学仪器设备	0.322	0.123	0.216	0.518	0.001	0.134	0.129	0.475
		M19 教室内电器	0.430	0.216	0.185	0.453	0.004	0.180	0.133	0.036
5	管理环境因子	M2 开放时间	0.189	−0.022	−0.002	0.003	0.801	0.168	0.173	0.041
		M1 安全管理	0.230	0.269	0.244	0.129	0.650	0.010	−0.005	0.127
6	配套辅助因子	M8 自行车停放	0.233	0.144	0.100	0.307	0.040	0.700	0.115	−0.065
		M7 楼梯电梯	0.244	0.191	0.484	−0.057	0.190	0.546	0.144	0.093
		M6 辅助性空间	0.278	−0.012	0.158	0.311	0.318	0.506	0.263	0.147
7	物理环境	M16 物理环境感受	0.072	0.276	0.123	0.032	0.227	0.127	0.639	0.210
8	建筑选址	M17 交通距离	0.169	0.082	0.012	0.064	0.145	−0.016	0.122	0.865
		特征值	4.259	2.809	2.268	2.084	2.022	1.810	1.718	1.362
		方差贡献（%）	15.211	10.031	8.099	7.442	7.221	6.463	6.135	4.863
		累计方差贡献率（%）	15.211	25.242	33.341	40.783	48.004	54.467	60.602	65.465

提取方法：主成分分析法

旋转方法：方差最大法

旋转收敛于 14 次迭代

公共因子的名称		变量	公共因子							
			1	2	3	4	5	6	7	8
1	教学场景因子	M27 教学成果展示	0.884	0.055	0.025	−0.019	0.207	−0.029	0.059	0.079
		M26 交流平台	0.877	0.116	0.054	0.068	0.015	0.190	0.205	−0.003
		M25 学习氛围	0.799	0.175	0.103	−0.170	0.168	0.051	0.250	0.142
		M28 室外活动场地	0.761	0.099	0.144	0.268	0.001	0.391	0.153	0.011
		M20 材料的适用性	0.719	−0.101	0.432	0.091	0.217	0.073	−0.149	0.061
		M10 教室的规模配套	0.622	0.204	0.372	0.201	−0.260	0.194	0.292	0.118
		M3 设备维护	0.534	0.293	0.219	0.027	−0.049	0.352	0.259	0.030
		M21 课桌椅的使用	0.526	0.158	0.110	0.443	0.105	0.292	0.277	0.031
2	配套辅助因子	M8 自行车停放	0.026	0.876	0.024	0.232	0.089	0.118	0.029	−0.003
		M5 教室形状大小	0.186	0.767	0.284	0.188	0.006	0.180	−0.054	0.105
		M2 开放时间	0.259	0.580	0.311	0.049	0.117	−0.096	0.463	0.285
		M24 遮阳挡雨设施	0.256	0.565	−0.111	0.166	0.202	0.471	0.003	0.225
3	设施设备因子	M18 教学仪器设备	0.160	0.176	0.802	0.115	0.094	0.104	0.339	0.103
		M7 楼梯电梯	0.135	0.172	0.691	0.173	0.205	0.222	0.238	−0.108
		M9 卫生间的使用	0.220	0.093	0.625	0.044	0.555	−0.086	−0.082	0.092
		M19 教室内电器	0.463	0.075	0.578	−0.144	0.280	0.291	−0.043	0.276
4	舒适便利因子	M16 物理环境感受	0.002	0.162	0.222	0.810	0.163	0.090	0.058	0.188
		M17 交通距离	0.086	0.332	0.020	0.765	−0.198	0.012	0.123	0.088
		M13 视野开阔	0.000	0.036	−0.109	0.569	0.342	0.090	0.232	0.554
5	管理环境因子	M4 环境整洁状况	0.164	−0.057	0.316	0.055	0.763	0.071	0.195	−0.231
		M1 安全管理	0.102	0.334	0.131	0.026	0.759	0.114	0.186	0.139
6	休憩环境因子	M22 生活性设施	0.433	0.280	0.141	0.069	−0.005	0.684	0.202	0.075
		M23 休闲座椅	0.535	0.081	0.379	0.147	0.069	0.634	−0.035	0.053
		M6 辅助性空间	0.064	0.537	0.181	0.059	0.220	0.586	−0.092	0.311
7	视觉环境因子	M15 造型色彩	0.401	−0.110	0.175	0.102	0.232	0.043	0.718	0.206
		M14 整体空间效果	0.263	0.068	0.241	0.365	0.198	0.092	0.707	0.174
8	组织流线因子	M11 交通路线	0.031	0.196	0.178	0.130	−0.052	0.073	0.095	0.871
		M12 景观设置	0.368	0.070	−0.084	0.289	−0.101	0.169	0.269	0.601
		特征值	5.599	2.990	2.958	2.378	2.200	2.166	2.073	2.016
		方差贡献（%）	19.997	10.678	10.565	8.494	7.856	7.736	7.403	7.200
		累计方差贡献率（%）	19.997	30.674	41.239	49.734	57.590	65.326	72.729	79.929

提取方法：主成分分析法
旋转方法：方差最大法
旋转收敛于 14 次迭代

学　　生			教　　师		
公共因子	评价因素	方差贡献（%）	公共因子	评价因素	方差贡献（%）
学习场景（因子1）	• 休闲座椅　• 学习氛围 • 生活性设施　• 遮阳挡雨设施 • 交流平台　• 室外活动场地 • 教学成果展示　• 课桌椅的使用 • 材料的适用性	15.211	教学场景（因子1）	• 教学成果展示　• 交流平台 • 学习氛围　• 室外活动场地 • 材料的适用性　• 教室的规模配套 • 设备维护　• 课桌椅的使用	19.997
视觉环境（因子2）	• 视野开阔　• 整体空间效果 • 景观设置　• 造型色彩	10.031	配套辅助（因子2）	• 自行车停放　• 教室形状大小 • 开放时间　• 遮阳挡雨设施	10.678
组织流线（因子3）	• 卫生间的使用　• 教室形状大小 • 环境整洁状况　• 交通路线	8.099	设施设备（因子3）	• 教学仪器设备　• 楼梯电梯 • 卫生间的使用　• 教室内电器	10.565
设施设备（因子4）	• 设备维护　• 教室的规模配套 • 教学仪器设备　• 教室内电器	7.442	舒适便利（因子4）	• 物理环境感受　• 交通距离 • 视野开阔	8.494
管理环境（因子5）	• 开放时间　• 安全管理	7.221	管理环境（因子5）	• 环境整洁状况　• 安全管理	7.856
配套辅助（因子6）	• 自行车停放　• 楼梯电梯 • 辅助性空间	6.463	休憩环境（因子6）	• 生活性设施　• 休闲座椅 • 辅助性空间	7.736
物理环境（因子7）	• 物理环境感受	6.135	视觉环境（因子7）	• 造型色彩　• 整体空间效果	7.403
建筑选址（因子8）	• 交通距离	4.863	组织流线（因子8）	• 交通路线　• 景观设置	7.200

总体而言，学生更注重于环境的使用便利性及舒适性，而教师则偏重评价客体的功能完整性。这一评价取向差异反映了不同人群的使用需求差异。因此，学生把环境的视觉效果和环境的有条理使用依次作为较重要的公共因子。而教师则首先考虑建筑配套和辅助方面的完整性以及设施设备的齐备性，而把学生较为重视的视觉性、景观性、休闲性环境因素置于相对次要的位置。

较之于学生，教师的满意度公共因子的方差贡献相对较高，也更为均衡。这也在一定程度上反映两类人群在认知层面及评价倾向上的差异。

3.5　第二阶段研究：以建筑类型为控制变量的满意度研究

第一阶段研究的基础上，笔者对评价策略、样本选择、样本数量及评价问卷等方面均作出调整，进行了以建筑类型为控制变量的第二阶段研究，实现研究的进一步深化。

3.5.1　评价对象背景信息

在这个阶段共选择 9 所高校的 15 幢教学建筑作为评价样本。除了第一阶段的 4 个样本以外，另外还增加了 B（HNSF）、R（GDYX）、P（GZDX）、C（HNNY）、T（BSZH）五所高校的 11 幢教学建筑，新增样本的背景信息补充见表 3-14 所列。

表 3-14

满意度评价对象的调研记录（第二阶段）

样本编号	样本属性				建成时间/所在区域	样本所在学校概况
	平面形式/空间类型	交通组织/功能布局	环境特征/设施设备	场地品质/周围条件		
B(HNSF)-2(2~6)	排列式（核心型）:6层 左边单体大教室；右边单体设中小教室	入口大堂 楼梯、电梯、外廊式 各单体呈排列式，单体间平台相连	楼前硬铺地广场 内庭绿化、硬铺地 庭院内绿化单一，与门厅、走廊缺少视觉及交通联系	图书馆（南） 正对校园主广场 湖水（南） 两单体间形成硬铺地广场，有凉亭	2005年（广州地区）	省属师范类综合性大学,3个校区,在校生近30000人,教师1600多人,有70多年的办学历史
B(HNSF)-1(1)	南(4)层\北(13) 并置式（核心型）南楼大教室北楼中小教室	架空层、封闭入口 楼梯、电梯 北高南低的四面围合式布局	内庭左右对称,有花圃及石凳,与架空层、连廊联系好 各层有教室查阅网系统	与图书馆隔校园主广场相对 楼前广场（草地） 走廊有各类标语	2000年（广州地区）	
A(HNLG)-5(A3)	单核心型:5层 1~3层小室居多,各层转角处设阶梯教室	楼梯、电梯 外廊、半围合庭院 封闭门厅,开放式架空层入口	通过架空层可直接进入底院内绿化空间,有硬铺地及绿化 封闭门厅有磁卡电话,自动售货机	图书馆（南） 湖水小桥（东） 附近多步级坡道,车行不便	2005年（广州地区）	以工为主的教育部属综合性大学,2个校区共计有在校生 66010人,教职工 4604人,50多年办学历史
R(GDYX)-3	并置式（核心型）:5层 A,B,C三区,每区走廊两端设阶梯教室,4层以上大教室；B区多中教室	封闭式门厅,架空层开放式入口及开放式楼梯 外廊、跨度较大开放式的过道	各区以庭院活动场所,B、C区停车 架空层有活动场所,磁卡电话、售货机	湖水（东）、依湖水顺势而列 与图书馆通过二楼道相连 行政楼（东）	2005年（广州地区）	独立建制的高等药科大学,校园占地约190万㎡,计有在校生18494人,49年办学历史
P(GZDX)-6	排列式（核心型）:7层 分东、西楼,东楼教室多为阶梯公共教室,西楼多为中小教室	外廊、电梯、楼梯 底层架空式开放空间 通过架空式围合庭院	庭院绿化景观丰富,有石凳 底庭走廊有绿化 架空层有名人画像、板报等信息栏	图书馆（北） 行政楼（南） 楼前有小品雕塑,通过绿化带与车行道隔离	2005年（广州地区）	由4所高校合并的综合性大学,2个校区共计有工20501人,教职工2391人,20多年办学历史

样本编号	样本属性				建成时间/所在区域	样本所在学校概况
	平面形式/空间类型	交通组织/功能布局	环境特征/设施设备	场地地质/周围条件		
C(HNNY)-3(3)	并置式(核心型):6层；中小教室、走廊两端设扇形阶梯教室	架空层开放式入口空间；半围合式庭院，通过架空空间可直接到达内庭	内庭硬质铺地为主,有喷泉、英语话角；楼内过道植绿化；入口处有告示栏、储物柜	与2、1号楼之间有宽阔草地,门前有石雕小品建筑；入口两侧停放自行车	2002年（广州地区）	以农学为主的全国重点大学,在校各类学生共计3.9万多人,教职工2900多人。有98年的历史
T(BSZH)-1(LY)	并置式(核心型):4层；中小教室居多	开放式入口门厅、半围合式；楼梯、平台、连廊	内庭以人工铺地为主;有宽阔平台；入口两旁有草地、雕像,大台阶	图书馆(南)；底层作室内车库；前邻校园主干道	2000年（珠海地区）	以合作办学形式,按独立学院运作的本科全日制高校。占地约333万m²,建筑面积40余万m²,专任教师700余人,本科生17000余人。
T(BSZH)-2(LZ)	单线型:4层；以阶梯教室为主,并设有阅览室	内外廊混合式,架空空间、封闭门厅；开放式入口、休息平台	楼间有宽阔转换平台、休息平台；门厅有展示栏	楼前有绿化带隔离校道；周围有花圃、绿化	2003年（珠海地区）	
T(BSZH)-3(LY)	单核式:3层；中小教室为主	封闭式入口；楼梯、休息平台	绿化道停放单车；过道设绿化景观	楼前有草地、雕像；湖水、草地(西)	2004年（珠海地区）	
U(JYDX)-2(TS)	单线式:6层；各层分设院系,多为小教室,并设资料室	外廊式,一字形；3个楼梯	入口大厅两侧有展厅、接待室；每层楼梯处设弧形休息平台	其他教学楼(东)；入口有雕塑；楼前停放自行车,邻校道	1999年（粤东地区）	师范类本科省属普通高校,校本部占地面积79万m²,校舍面积30.6万m²,现有教师1000余人,在校生11000人,本科生570人。有90余年的办学历史
U(JYDX)-4(XZ)	单线式:7层；多中小型教室	内廊式,1个楼梯；封闭式入口大堂	走廊、楼梯间有各种黑板报、展示栏	楼前有莲花池；附近绿树浓密	1999年（粤东地区）	

3.5.2 问卷设计及数据采集

根据第一阶段研究的数据分析及初步结论，研究者对评价指标进行了提炼和整合，设定了管理维护、空间质量、舒适便利、视觉心理、设施设备5大类23个评价要素，建立新的满意度问卷（李克特量表，详见附录2.2）。

第二阶段除了沿用第一阶段的数据采集策略外，还增加了由后勤教务人员以学院为单位派发问卷和由图书馆工作人员以偶遇的方式在阅览室内派发问卷等方式。多种方式同期进行，各样本的问卷数量均衡，互为补充，力求消解抽样方法的局限性。

3.5.3 调查结果的统计与分析

3.5.3.1 评价主体的背景

发出问卷783份，回收问卷739份，回收率为94.4%，剔除回答不完整的问卷，得到有效问卷677份，有效率为91.6%。评价主体主要为四个年级的本科生，也包括少量一、二年级的研究生，专业涉及面较广，大致可以分为建筑规划类、经济管理类、计算机自控类、食品化工类、药剂学和师范学六类。其中，男性343名，女性334名。评价主体普遍具有较好的文化素养，对所评价对象已经积累了一定的使用体验及主观感受，且在专业构成、性别比例等方面较为均衡（与评价客体的人口统计资料大致相当）。因此，评价主体构成较为合理（表3-15）。

评价主体背景信息（第二阶段）　　　　表3-15

评价对象	问卷份数			评价主体背景			
	派出问卷	回收问卷	有效问卷	男	女	专业背景	所在年级
T(BSZH)-3(LY)	48	42	50	32	18	房地产经营管理(7)，环境与城乡规划管理(21)，计算机(15)，物流管理(7)	大一(7)，大二(35)，大三(8)
A(HNLG)-1(31~34)	62	58	68	54	14	化学工程(8)，食品质量安全(10)，电气信息(18)，机械自动化(30)	大二(26)，大三(38)，研二(4)
A(HNLG)-5(A1A5)	50	46	42	27	15	计算机科学技术(14)，机械工程及自动化，高分子材料(11)，物流、金融(11)	大一(30)，大三(10)，研二(2)
C(HNNY)-3(3)	70	66	58	32	26	资源环境(33)，植管(10)，服装设计(15)	大三(46)，大二(9)，研二(3)
U(JYDX)-2(TS)	35	35	42	25	17	应用数学教学(42)	大一(42)
U(JYDX)-4(XZ)	51	51	53	15	38	国际经济与贸易(53)	大一(53)
U(JYDX)-3(XC)	40	40	30	17	13	物理学教学(30)	大一(30)
U(JYDX)-1(GY)	49	49	33	19	14	自动化(12)，电信及地理信息系统(21)	大一(13)，大二(20)

评价对象	问卷份数			评价主体背景			
	派出问卷	回收问卷	有效问卷	男	女	专业背景	所在年级
B(HNSF)-2(1~6)	65	55	45	9	36	法学(45)	大一(45)
B(HNSF)-1(1)	41	41	36	6	30	政治学与行政学(36)	大一(36)
R(GDYX)-3	58	55	41	15	26	药剂及药物研究(29),中药学(12)	大一(8),大三(5),研一(28)
P(GZDX)-6(WK)	55	48	33	11	22	工艺及室内设计(20),体育教育(13)	大三(27),大四(6)
T(BSZH)-1(LY)	51	51	50	30	20	房地产经营管理(29),环境与城乡规划管理(20)	大一(50)
T(BSZH)-2(LZ)	60	54	48	30	18	房地产经营管理(28),环境与城乡规划管理(20)	大一(48)
A(HNLG)-2(27)	48	48	48	21	27	建筑(26),城市规划(13),景观设计(9)	大三(48)
小计	783	739	677	343	334	建筑、规划、设计类(145),管理、经济、法律类(205),机械、自控、计算机、电气类(129),食品、化工、环境工程类(78),药学、教学类(120)	大一(362),大二(90),大三(182),大四(6),研一(28),研二(9)

3.5.3.2 均值分析及单因素方差分析

以建筑类型为自变量作均值分析,统计各因素主观评分的总体趋势和平均水平(表 3-16)。平均值统计结果表明,各类型建筑的总体得分平均为 2.70,评价为一般。经计算,各类型 23 个评价因素得分的平均值与总体得分接近,表明总得分较准确地反映了各评价因素的得分概况。对均值的横向比较显示,四类建筑得分状况呈现较明显的规律性:①并置式、排列式、单核式之间的均值差异较小,而单线式类型与其他类型的均值差异较为明显。这可能与前三者均围绕庭院为核心组织空间,而单线式主要是以走道为空间联系有关。②并置式建筑的得分均值普遍较排列式低,且大部分因子得分为较好,表明并置式建筑更受学生为主的使用者欢迎。这可能与其在绿化人文景观、视野感、外观效果、物理环境等方面得到的评价较高有关。③单线式建筑各因素的得分均值普遍比其他三种类型高,尤以空间趣味性、生活性设施、教学设备、辅助空间、日常维护等因素得分偏高。这可能与单线式类型建筑空间较为单调,难以满足大学生对课外空间的使用需求有关。同时,也与单线式建筑大多年代较久,教学设备、生活性设施的配备及教学辅助空间的配套普遍不足有关,维护管理也较薄弱有关。整体而言,均值分析反映出单线式是较不受欢迎的教学建筑类型。

评价因素	平均值				单因素方差分析	
	排列式	并置式	单核式	单线式	F 值	Sig.
M1 保安及教学管理	2.494	2.543	2.376	2.734	3.836	0.010
M2 开放时间	2.500	2.348	2.265	2.245	2.513	0.057
M3 日常维护	2.756	2.587	2.865	3.084	7.890	0.000
M4 教室的空间质量	2.389	2.337	2.418	2.846	10.054	0.000
M5 辅助性空间	2.722	2.647	2.712	3.028	5.161	0.002
M6 教室数量及大小搭配	2.394	2.310	2.488	2.748	7.041	0.000
M7 建筑规模及布局	2.606	2.397	2.424	2.657	2.867	0.036
M8 空间趣味性	3.144	2.918	3.029	3.322	5.852	0.001
M9 方向感和标识感	2.767	2.603	2.682	2.650	0.965	0.409
M10 交通体系顺畅程度	2.717	2.707	2.559	2.678	0.893	0.444
M11 自行车停放	2.894	2.837	3.035	3.175	4.151	0.006
M12 出入口设置	2.611	2.516	2.429	2.441	1.465	0.223
M13 卫生间使用	2.750	2.451	2.688	3.182	11.949	0.000
M14 绿化人文景观	2.822	2.293	2.771	2.427	14.373	0.000
M15 视野感	2.622	2.168	2.547	2.462	8.478	0.000
M16 外观效果	2.550	2.174	2.653	2.650	9.812	0.000
M17 声、光、热及风环境	2.722	2.261	2.559	2.601	8.208	0.000
M18 与相关建筑的交通距离	2.928	2.723	2.535	2.839	4.775	0.003
M19 学习氛围	2.656	2.543	2.647	2.797	2.154	0.092
M20 教学设备	2.722	2.462	2.724	3.231	16.025	0.000
M21 电器设备	2.900	2.636	2.759	2.916	2.670	0.0047
M22 人体工学合理性	2.539	2.462	2.718	2.951	8.549	0.000
M23 生活性设施	3.256	2.902	2.912	3.448	11.464	0.000
M24 总体评价	2.772	2.549	2.618	2.867	6.151	0.000
M1~M23 因素的平均值	2.716	2.514	2.643	2.831		

以建筑类型为控制变量进行单因素方差分析，结果表明，在 0.05 置信水平下，建筑类型对除 M2、M9、M10、M12 和 M19 外的所有评价变量的观测有显著影响；在 0.01 置信水平下，建筑类型对除 M2、M7、M9、M10、M12 和 M19 外的评价变量的观测均有显著影响。总之，单因素方差分析否定了原假设 H_0，其备择假设 H_1 成立，即不同的平面类型下的教学建筑满意评价有差异。

3.5.3.3　相关分析

以评价问卷的一级指标为变量计算皮尔逊相关系数（表 3-17），结果表明，各指标两两之间均呈较显著的正相关关系，说明指标之间并不互相独立。有必要对评价样本按类型作因子分析，以期进一步判断使用者的评价维度。另外，各指标与满意度总体评价之间也分别呈较强的相关性，尤以设施设备要素较突出，与先导性研究的结论一致。

相关分析结果　　　　　　　　　表 3-17

	管理维护	空间质量	舒适便利	视觉心理	设施设备	满意度总体评价
管理维护	1	0.599＊＊	0.544＊＊	0.570＊＊	0.590＊＊	0.575＊＊
空间质量	0.599＊＊	1	0.706＊＊	0.706＊＊	0.707＊＊	0.676＊＊
舒适便利	0.544＊＊	0.706＊＊	1	0.668＊＊	0.610＊＊	0.619＊＊
视觉心理	0.570＊＊	0.706＊＊	0.668＊＊	1	0.682＊＊	0.677＊＊
设施设备	0.590＊＊	0.707＊＊	0.610＊＊	0.682＊＊	1	0.705＊＊
满意度总体评价	0.575＊＊	0.676＊＊	0.619＊＊	0.677＊＊	0.705＊＊	1

注：＊＊表示显著性水平＜0.01。

3.5.3.4　因子分析

1）适用检验

借助变量的相关系数矩阵、反映项相关矩阵、巴特利特球度检验和 KMO 检验方法进行因子分析检验。相关系数矩阵显示，各组数据大部分的相关系数都较高，变量呈较强的线性关系；所获得的巴特利特球度检验统计量的观测值均较大（排列式数据为 2583.104，并置式数据为 1897.595，单核式数据为 1536.752，单线式数据为 1887.855），相应的概率 P 均接近于 0，小于显著性水平 α（0.05），相关系数矩阵与单位阵有显著性差异；各组数据均满足 Kaiser 给出的 KMO 度量标准（排列式数据 $KMO＝0.942$，并置式数据 $KMO＝0.916$，单核式数据 $KMO＝0.884$，单线式数据 $KMO＝0.920$）。

检验结果表明，各组数据均适合进行因子分析。

2）提取因子

采用主成分分析法提取因子。分别对各组数据尝试性地指定特征根个数，根据因子提取的总体效果的比较，最终确定分别按 6 个（排列式）、7 个（并置式）、7 个（单核式）、8 个（单线式）特征根进行因子分析。

3）因子命名及比较分析

采用方差最大法对四类数据的因子载荷矩阵实行正交旋转，使因子具有命名解释性。指定按第一个因子载荷降序的顺序输出旋转后的因子载荷矩阵，形成包括各类数据的公共因子构成、各因子相关的评价要素及相应的方差贡献率等信息的四种教学建筑满意度评价因子模型，见表 3-18 所列。对应于各类数据的相互独立的共同因子，共同确定样本对象的整体满意度，并在一定程度上反映了使用者评价判断四种教学建筑类型的基本心理共性及差异。

对四种类型的教学建筑的满意度评价因子模型数据的横向比较表明，使用者在进行满意度评价判断时所涉及的因子构成大体相同，主要涉及教学环境、设施设备、组织条理、管理、选址、视觉/感官、心理环境、交通等范畴。其中，设施设备因子、管理因子和视觉/感官因子是较为稳定的评价因子。另外，建筑的规模与布局、教室的空间质量、教室的数量及大小教室的搭配等与教学相关的评价变量在满意度评价中占较大的权重，是这四种类型建筑因子分析的共性特点，与第一阶段的分析结果较为一致。

（1）排列式

因子载荷矩阵所显示的排列式教学建筑 6 个公共因子如下：

因子 1：组织条理因子；

因子 2：视觉环境因子；

因子 3：设施设备因子；

因子 4：管理因子；

因子 5：选址因子；

因子 6：心理因子。

对照国内近年多篇论文涉及的整体式教学建筑的相关结论[D1][D2][D3][D6]，排列式教学建筑属于较为典型的多核心型整体式教学建筑。该类建筑整体性、集中性与连续性的特征，使得建筑的规模及布局、功能搭配、交通体系的顺畅程度、建筑中的方位感和标识感等有关组织性与条理性的因素成为建筑有效率使用的关键，受到更多的重视。分析结果表明排列式建筑在空间趣味性方面有所不足，使用者重视此类建筑对视野感、学习氛围、绿化及人文景观等方面需求的满足，这也印证了先导性研究阶段的调研结果。

（2）并置式

因子载荷矩阵所显示的并置式教学建筑 7 个公共因子如下：

因子 1：感官环境因子；

因子 2：教学环境因子；

因子 3：管理因子；

因子 4：设施设备因子；

因子 5：心理环境因子；

因子 6：交通因子；

因子 7：辅助因子。

除样本 R（GDYX)-3 为多核并置类型外，本研究中所涉及的其余研究样本大多为双核并置类型（如 B（HNSF)-1（1）等）。这种空间沿横向伸展的建筑类型有利于形成较佳的外观效果，同时，视野及景观条件较为优越，易于形成良好的采光、通风条件。上述要素是并置式建筑第一公共因子，这也在均值分析阶段中较为理想的得分状况得到验证。但其交通线路较长，难以有效地组织便捷的交通流线体系，集中设置的出入口空间在实际使用中功能不够清晰，学生往往通过疏散楼梯等捷径直接进入建筑的端部。因此，在因子分析中此类因素呈现出对满意度评价方差贡献较低的特点。在研究者对样本对象的现场观察中，这一现象也表现得较为突出。

（3）单核式

因子载荷矩阵所显示的单核式教学建筑 7 个公共因子如下：

因子 1：教学环境因子；

因子 2：设施设备因子；

因子 3：视觉环境因子；

因子 4：交通因子；

因子 5：管理因子；

因子 6：辅助因子；

因子 7：选址与物理环境因子。

（4）单线式

因子载荷矩阵所显示的单线式教学建筑 8 个公共因子如下：

因子 1：设施设备因子；

因子 2：教学环境因子；

因子 3：感官环境因子；

因子 4：心理环境因子；

因子 5：管理因子；

因子 6：交通因子；

因子 7：选址因子；

因子 8：景观因子。

单核式和单线式同属单体式建筑范畴。这是较为传统的教学建筑平面类型，是组成整体式教学建筑的基本单元，具有结构清晰、层次明确的特点，便于交通组织和日常管理。但空间相对单一，难以容纳多元化的空间、设施及功能。相比较而言，单线式建筑因缺乏共享性的核心空间，除了表现出空间趣味性的不足，其绿化人文景观方面的方差贡献也较低。

3.6 应用层次分析法进行岭南高校教学建筑满意度的层次权重评价分析

层次分析法是一种"包含指标设计方法、主观判断测量方法以及独特评价思路在内的评价方法"[D5]。它其实是一种以系统评价思想解决问题的模型，将复杂系统的分析过程条理化、层次化和数量化。

本章的前述研究从满意度概念所涉及的基本维度出发，提出了与高校教学建筑使用满意关系较为密切的影响因子，并对因子进行了理论上的分析、整理和提炼。然而，使用者在面对无法完全定量的复杂问题时的决策分析思维，是包含了分解、判断与综合等多种因素的主观判断过程，仅仅借助量化手段对评价因子的特性作出描述是不够的。为此，研究再借助层次分析法，在简化的层次上进行分析、比较、量化、排序，再逐级进行排序综合，得到兼顾其他层次因素的每一因素的权向量，实现对末级层次上因素的总排序（表3-18）。

3.6.1 建立层次结构

以前一阶段研究所得到的满意度因素影响因子为依据，建立评价因素的递阶层次结构模型。具体而言，是以高校教学建筑的总体满意度评价为目标层，把与目标层相关联的评价项目归结为 5 大类，作为准则层，隶属各准则层因素的 26 个具体评价因素则构成子准则层（方案层）。每一评价因素对上一层次的评价因素的综合评价作出贡献，从而建立起两级的层次分析体系进行综合评价（表3-19）。

3.6.2 对准则层因素的层次权重决策分析

3.6.2.1 利用问卷排序法确定各因素的相对优劣排序

根据 AHP 法的一致性原理："A 优于 B，B 优于 C，必有 A 优于 C"。这一原理使成对比较的简化成为可能。本研究在结构调查问卷中设有判断指标重要性的途径，请受访者对 S_1、S_2、S_3、S_4、S_5 等五个一级评价指标依其所认为的重要性程度排序，以问卷所采集的优劣排序信息，用评分的方法（从最重要到最次要分别记 5、4、3、2、1 分）加以判断评定。从而根据各一级指标得分情况确定准则层各因素的相对优劣排序，结果见表3-20。

数据表明，排在第一位的是舒适便利因素，二至四位依次为设施设备因素、空间质量因素、视觉心理因素和管理维护因素。为了检验该排序结果的可靠程度，研究者把与每个准则层相对应的二级指标的平均值累加求平均值，两者之间的排序对比表明对一级指标的问卷排序结果比较可靠。

表 3-18

四种类型教学建筑的满意度评价因子模型比较

公共因子	排列式 评价因素	方差贡献	并置式 公共因子	评价因素	方差贡献	单核式 公共因子	评价因素	方差贡献	单线式 公共因子	评价因素	方差贡献
组织条理因子	• 方向感和标识感 • 卫生间使用 • 出入口设置 • 交通体系顺畅程度 • 建筑规模及布局 • 自行车停放 • 教室的空间质量 • 教室的数量及大小搭配	17.45%	感官环境因子	• 视野感 • 通风、采光、声音及温度 • 外观效果 • 绿化人文景观	12.86%	教学环境因子	• 教室的数量及大小搭配 • 教室的空间质量 • 辅助规模及空间 • 建筑规模及布局	12.88%	设施设备因子	• 生活性设施 • 电器设备 • 教学设备 • 家具及设施的人体工学 • 卫生间性 • 日常维护	18.62%
视觉环境因子	• 视野感 • 学习氛围 • 外观效果 • 绿化人文景观	16.61%	教学环境因子	• 教室的数量及规模及质量 • 教室的空间质量 • 建筑规模及布局 • 辅助性空间	12.05%	设施设备因子	• 电器设备 • 家具及设施的人体工学 • 合理性	11.90%	教学环境因子	• 教室的数量及空间质量 • 教室的空间质量 • 辅助性空间	12.14%
设施设备环境因子	• 电器设备 • 通风、采光、声音及温度 • 教学设备 • 家具及设施的人体工学 • 合理性	14.21%	管理因子	• 保安及教学管理 • 开放时间 • 日常维护	10.22%	感官环境因子	• 绿化人文景观 • 视野感 • 方向感和标识感 • 外观效果 • 空间趣味性	9.56%	感官环境因子	• 视野感 • 外观效果 • 通风、采光、声音及温度 • 环境	10.11%
管理因子	• 开放时间 • 保安及教学管理 • 生活性设施	9.92%	设施设备因子	• 生活性设施 • 电器设备 • 家具及设施的人体工学 • 合理性 • 教学设备	9.59%	心理环境因子	• 学习氛围 • 方向感和标识感	9.18%	心理环境因子	• 学习氛围 • 建筑规模及布局 • 方向感和标识感	8.28%
选址因子	• 与相关建筑的交通距离	6.49%	心理环境因子	• 绿化人文景观 • 方向感和标识感 • 视野感 • 外观效果 • 空间趣味性	8.69%	管理因子	• 保安及教学管理 • 日常维护 • 开放时间	7.82%	管理因子	• 交通及教学管理 • 保安及教学管理 • 开放时间	8.03%
心理因子	• 空间趣味性	6.12%	交通因子	• 自行车停放 • 出入口设置 • 交通体系顺畅程度	8.20%	交通因子	• 自行车停放 • 出入口设置 • 交通体系顺畅程度	7.52%	交通因子	• 自行车停放 • 出入口设置 • 交通体系顺畅程度	7.69%
			选址与物理环境因子	• 卫生间使用 • 生活性设施	6.45%	选址因子	• 卫生间使用 • 生活性设施	7.15%	选址因子	• 与相关建筑的交通距离	5.89%
									景观因子	• 绿化人文景观 • 空间趣味性	5.72%

61

目 标 层	准 则 层	子 准 则 层
岭南高校教学建筑满意度评价	S_1 管理维护	A1 保安及教学管理
		A2 开放时间
		A3 日常维护
	S_2 空间质量	B1 教室的空间质量
		B2 辅助性空间
		B3 教室数量及大小搭配
		B4 建筑规模及布局
		B5 空间趣味性
	S_3 舒适便利	C1 方向感和标识感
		C2 交通体系顺畅程度
		C3 自行车停放
		C4 出入口设置
		C5 卫生间使用
	S_4 视觉心理	D1 绿化人文景观
		D2 视野感
		D3 外观效果
		D4 声、光、热及风环境
		D5 与相关建筑的交通距离
		D6 学习氛围
	S_5 设施设备	E1 教学设备
		E2 电器设备
		E3 人体工学合理性
		E4 生活性设施

对调查问卷中一级指标的重要性排序　　　　表 3-20

准则层因素	S_1 管理维护	S_2 空间质量	S_3 舒适便利	S_4 视觉心理	S_5 设施设备
得分	1743	1939	2293	1878	2167
排序	5	3	1	4	2
相应二级指标得分均值	2.5664	2.6768	2.7186	2.5813	2.8461

3.6.2.2 构建成对比较判断矩阵及计算准则层指标权重

根据标度函数 $b_{ij} = b^{\frac{\ln(k\frac{p}{ij})}{\ln k}}$ 构造两两比较判断矩阵，计算判断矩阵的最大特征根、最大特征根对应的特征向量，并进行一致性检验。结果见表 3-21 所列：

	S_1	S_2	S_3	S_4	S_5	特征向量 W
S_1	1.0000	0.6525	0.3333	0.7417	0.4180	0.1078
S_2	1.5325	1.0000	0.5108	1.1366	0.6406	0.1653
S_3	3.0000	1.9576	1.0000	2.2250	1.2541	0.3235
S_4	1.3483	0.8798	0.4494	1.0000	0.5636	0.1454
S_5	2.3922	1.5610	0.7974	1.7743	1.0000	0.2580

注：$\lambda_{max}=5$，$CI=0.00000157$，$RI=1.1200$，$CR=0.00000140<0.1$），$k=1.3155$，相对重要性标度=3。

3.6.3 对子准则层因素的层次权重决策分析

3.6.3.1 利用评分数据排序分析法确定子准则层因素优劣排序

由于子准则层因素较多，如果按通常的做法利用专家智慧（Delphi 法）进行两两之间的优劣比较判断，受访专家工作量过大，将影响问卷回收率和信度，缺乏可操作性。故充分利用样本数据为基准来构造判断矩阵，通过各因素的数量性指标得分的平均值作为判断重要性的基本依据。比较研究表明，"专家与普通使用者的环境价值有一定距离，以样本数据作为定权依据比较接近实际[D5]"。

对 9 所高校 15 幢教学建筑的满意度问卷指标值求平均值，获得 5 个准则层变量下的子准则层指标平均值，见表 3-22 所列。

子准则层（C层）指标的平均值　　　　　　　　表 3-22

	指标 1	指标 2	指标 3	指标 4	指标 5	指标 6	K	b
S_1	2.5288	2.3456	2.8065				1.196	2
S_2	2.4786	2.7637	2.4697	2.5140	3.0916		1.252	3
S_3	2.6765	2.6662	2.9734	2.5037	2.7445		1.188	2
S_4	2.5820	2.4461	2.4948	2.5303	2.7548	2.6529	1.126	2
S_5	2.7592	2.7962	2.6499	3.1137			1.175	2

3.6.3.2 构建成对比较判断矩阵及计算子准则层指标排序

通过数量性指标按标度函数 $b_{ij}=b^{\frac{\ln(k_{ij}^P)}{\ln k}}$ 构造两两比较判断矩阵，计算判断矩阵的最大特征根、最大特征根对应的特征向量，并进行一致性检验。据此求得子准则层对准则层的单排序和总排序结果，见表 3-23～表 3-27 所列。

1）子准则层对准则层的单排序

判断矩阵 S_1-A

表 3-23

	A_1	A_2	A_3	特征向量 W
A_1	1.0000	0.7478	1.4957	0.3327
A_2	1.3372	1.0000	2.0000	0.4449
A_3	0.6686	0.5000	1.0000	0.2224

注：$\lambda_{max}=3$，$CI=0.00000293$，$RI=0.5800$，$CR=0.00000506<0.1$，$k=1.196$，相对重要性标度$=2$。

判断矩阵 S_1-B

表 3-24

	B_1	B_2	B_3	B_4	B_5	特征向量 W
B_1	1.0000	1.7033	0.9826	1.0718	2.9477	0.2579
B_2	0.5871	1.0000	0.5768	0.6293	1.7305	0.1514
B_3	1.0178	1.7336	1.0000	1.0909	3.0000	0.2625
B_4	0.9330	1.5892	0.9167	1.0000	2.7501	0.2406
B_5	0.3393	0.5779	0.3333	0.3636	1.0000	0.0875

注：$\lambda_{max}=5$，$CI=0.0000115$，$RI=1.1200$，$CR=0.0000103<0.1$，$k=1.252$，相对重要性标度$=3$。

判断矩阵 S_1-C

表 3-25

	C_1	C_2	C_3	C_4	C_5	特征向量 W
C_1	1.0000	0.9846	1.5282	0.7641	1.1064	0.2048
C_2	1.0157	1.0000	1.5521	0.7761	1.1238	0.2080
C_3	0.6544	0.6443	1.0000	0.5000	0.7240	0.1340
C_4	1.3087	1.2885	2.0000	1.0000	1.4480	0.2680
C_5	0.9038	0.8899	1.3812	0.6906	1.0000	0.1851

注：$\lambda_{max}=5$，$CI=0.00000298$，$RI=1.1200$，$CR=0.00000267<0.1$，$k=1.188$，相对重要性标度$=2$。

判断矩阵 S_1-D

表 3-26

	D_1	D_2	D_3	D_4	D_5	D_6	特征向量 W
D_1	1.0000	0.7295	0.8184	0.8887	1.4591	1.1712	0.1598
D_2	1.3707	1.0000	1.1218	1.2182	2.0000	1.6053	0.2191
D_3	1.2219	0.8914	1.0000	1.0859	1.7828	1.4310	0.1953
D_4	1.1252	0.8209	0.9209	1.0000	1.6418	1.3178	0.1798
D_5	0.6854	0.5000	0.5609	0.6091	1.0000	0.8027	0.1095
D_6	0.8539	0.6229	0.6988	0.7589	1.2459	1.0000	0.1365

注：$\lambda_{max}=6$，$CI=0.00000405$，$RI=1.2400$，$CR=0.00000327<0.1$，$k=1.188$，相对重要性标度$=2$。

判断矩阵 S_1-E

表 3-27

	E_1	E_2	E_3	E_4	特征向量 W
E_1	1.0000	1.0589	0.8405	1.6811	0.2682
E_2	0.9444	1.0000	0.7938	1.5876	0.2533
E_3	1.1897	1.2598	1.0000	2.0000	0.3190
E_4	0.5948	0.6299	0.5000	1.0000	0.1595

注：$\lambda_{max}=4$，$CI=0.00000460$，$RI=0.9000$，$CR=0.00000511<0.1$，$k=1.175$，相对重要性标度$=2$。

2）子准则层对准则层的总排序

根据公式 $W = \sum_{i=1}^{m} b_n^i a_i$，所求得的 W 值即为各评价指标的权重，见表3-28。

层次分析法求出的满意度评价指标权重 表 3-28

		S_1 0.1078	S_2 0.1653	S_3 0.3235	S_4 0.1454	S_5 0.2580	W
对 S_1	A_1	0.3327					0.0359
	A_2	0.4449					0.0480
	A_3	0.2224					0.0240
对 S_2	B_1		0.2579				0.0426
	B_2		0.1514				0.0250
	B_3		0.2625				0.0434
	B_4		0.2406				0.0398
	B_5		0.0875				0.0145
对 S_3	C_1			0.2048			0.0663
	C_2			0.2080			0.0673
	C_3			0.1340			0.0433
	C_4			0.2680			0.0867
	C_5			0.1851			0.0599
对 S_4	D_1				0.1598		0.0232
	D_2				0.2191		0.0319
	D_3				0.1953		0.0284
	D_4				0.1798		0.0261
	D_5				0.1095		0.0159
	D_6				0.1365		0.0198
对 S_5	E_1					0.2682	0.0692
	E_2					0.2533	0.0654
	E_3					0.3190	0.0823
	E_4					0.1595	0.0412

3.6.4 对评价样本的满意度综合分析比较

本章主要利用 AHP 法解决三个方面的问题，一是求取指标权重，提出满意度评价指标集；二是利用所提出的评价指标集对四种类型教学建筑分别作综合评价，检验评价结果与前一阶段研究结果的一致性；三是比较第二阶段研究所涉及的 15 个样本对象的满意度优劣差异，尝试把结论应用于具体评价对象满意度评价。通过指标得分情况的分析，全面地考察对象，实现不同样本指标数据的横向比较，从而较客观地评价各样本的建筑性能，并揭示存在的问题。

根据各指标的权重，分别把 23 项评价指标得分转换为相应权重的百分制得分（利用式 $100-(M-1)\times25$ 转换，其中 M 为指标得分均值），再累加得出四类高校教学建筑的满意度综合得分。结果显示：四类教学建筑的综合得分排序由高到低为：并置式（62.16 分）—单核式（59.31 分）—排列式（57.66 分）—单线式（54.43 分）。综合得分情况与前述的均值分析结论较为一致。这在一定程度上检验了层次分析结论的可靠性，也进一步说明该综合分数较为充分地反映了各指标包含的信息，可以作为岭南高校教学建筑满意度的一个综合评价值。

同理，可获得第二阶段研究的 15 个样本的评价指标得分及综合得分状况（见表 3-29）。从综合得分可知，各样本得分均值为 58.08 分，样本 A（HNLG）-5（A3）、B（HNSF）-1（1）、C（HNNY）-3（3）的使用满意状况较佳，分别得 68.35、65.69 和 65.57 分；而样本 U（JYDX）-4（XZ）和 P（GZDX）-6 的满意度则较不理想，得分为 42.47 和 33.62 分。这与先导研究阶段的调研结果是吻合的，本书的后续各章焦点评价研究将对此差异的成因作进一步的剖析。数据显示，满意度综合得分较高的教学环境普遍在第一、第二公共因子的相应指标得分较为突出。表明与方差贡献率较大的因子有关的评价指标较为显著地影响了满意度评价的综合得分，这也为因子分析结果的合理性提供了佐证。

3.7 本章小结

1）对满意度理论体系、满意度的国内外研究现状、高校学生满意度评价研究等专题进行了文献分析。

2）通过现场走访、问卷调查及自由访谈等前期准备工作确立研究体系，完成研究设计。

3）实施以使用者群体为控制变量的第一阶段研究，并得出如下结论：

（1）均值分析显示，学生与教师对研究对象的满意度评价均为一般或较好，教师对教学建筑的使用满意程度普遍高于学生。教师的评价意见较之学生更为一致和集中。

（2）相关分析显示，影响两类人群的总体满意程度的因素涉及面均较广，使用者对教学建筑具有多方面、多层次的需求，表明实现使用满意应以环境完整性为基础。其中，使用者普遍关注设备维护、教学设施设备、交流平台、教学成果展示及室外的活动场地等环境影响因素。

（3）因子分析显示，两类人群所关注的评价因素各有侧重。整体而言，学生更重视与教学环境的便利性及舒适性相关的因素，而教师则偏重于环境的教学功能完备性。这可能与两者的环境角色及两者对环境的定位存在差异有关。

各样本满意度综合评价结果的比较

表 3-29

具体评价项目	排列式				并置式				单核式				单线式		
各样本综合得分	B(HNSF)-2(2~6)	P(GZDX)-6	A(HNLG)-1(32~30)	U(JYDX)-1(GY)	B(HNSF)-1(1)	R(GDYX)-3	C(HNNY)-3(3)	T(BSZH)-1(LY)	A(HNLG)-2(27)	U(JYDX)-3(XC)	A(HNLG)-5(A3)	T(BSZH)-3(LY)	T(BSZH)-2(LZ)	U(JYDX)-2(TS)	U(JYDX)-4(XZ)
M1 保安及数学管理	2.81	1.20	2.43	2.16	2.32	1.82	2.58	2.00	2.52	1.94	2.78	2.08	1.98	2.24	1.91
M2 开放时间	3.63	1.89	3.16	2.93	3.47	2.58	3.41	3.21	3.78	2.84	3.60	2.81	3.08	3.49	3.37
M3 日常维护	1.53	0.84	1.46	1.36	1.55	1.16	1.56	1.48	1.26	1.10	1.44	1.27	1.51	1.20	0.78
M4 教室的空间质量	3.12	1.52	3.04	3.04	3.08	2.47	2.85	2.96	2.64	2.63	3.02	2.71	2.80	2.56	1.63
M5 辅助性空间	1.76	0.78	1.57	1.31	1.67	1.14	1.55	1.51	1.38	1.27	1.76	1.30	1.41	1.43	0.92
M6 教室数量及大小搭配	3.26	1.61	3.13	2.84	3.29	2.33	3.09	2.95	2.69	2.57	3.13	2.52	2.87	2.61	1.92
M7 建筑规模及布局	2.30	1.18	2.87	2.69	2.87	2.11	2.66	2.70	2.65	2.72	2.89	2.11	2.55	2.65	1.88
M8 空间趣味性	0.71	0.52	0.73	0.67	0.77	0.65	0.81	0.78	0.61	0.73	0.83	0.71	0.75	0.67	0.43
M9 方向感和标识程度	3.68	2.11	4.07	4.53	4.19	3.68	4.09	3.92	3.97	4.03	4.34	3.18	3.87	4.26	3.63
M10 交通体系顺畅程度	3.96	1.99	4.38	4.40	3.60	3.28	3.89	4.50	4.03	4.04	4.97	3.50	4.31	4.21	3.30
M11 自行车停放	2.55	1.57	2.58	2.01	2.35	2.22	2.59	2.14	2.12	2.38	2.40	1.75	1.76	2.27	1.94

具体评价项目	排列式				并置式					单核式				单线式	
	B(HNSF)-2(2~6)	P(GZDX)-6	A(HNLG)-1(32~34)	U(JYDX)-1(GY)	B(HNSF)-1(1)	R(GDYX)-3	C(HNNY)-3(3)	T(BSZH)-1(LY)	A(HNLG)-2(27)	U(JYDX)-3(XC)	A(HNLG)-5(A3)	T(BSZH)-3(LY)	T(BSZH)-2(LZ)	U(JYDX)-2(TS)	U(JYDX)-4(XZ)
M12 出入口设置	4.91	3.15	6.12	5.61	5.72	4.71	5.46	5.62	5.51	5.78	6.24	4.94	5.51	6.04	5.19
M13 卫生间使用	3.16	2.09	3.68	4.27	3.83	3.43	4.42	3.42	3.06	2.95	4.28	3.47	4.18	3.00	1.19
M14 绿化人文景观	1.42	0.72	1.45	1.21	1.69	1.33	1.60	1.65	1.17	1.35	1.39	1.29	1.66	1.63	1.24
M15 视野感	2.22	0.99	2.03	2.09	2.44	1.96	2.20	2.44	1.86	1.86	2.24	1.87	2.23	2.24	1.67
M16 外观效果	1.85	0.93	1.98	1.90	2.21	1.73	1.96	2.14	1.33	1.92	1.96	1.59	2.10	1.78	1.19
M17 声、光、热及风环境	1.55	0.91	1.68	1.57	1.90	1.58	1.74	1.93	1.66	1.48	1.68	1.53	1.77	1.79	1.21
M18 与相关建筑的交通距离	0.78	0.57	0.94	0.90	1.23	0.69	0.93	0.83	1.07	1.07	1.01	0.81	1.00	0.72	0.84
M19 学习氛围	1.22	0.66	1.41	1.06	1.50	0.98	1.34	1.06	1.28	0.99	1.32	1.03	1.07	1.13	1.07
M20 教学设备	4.92	2.20	4.40	3.41	4.52	3.38	4.74	4.73	3.57	3.06	4.90	4.01	4.83	2.97	1.53
M21 电器设备	3.34	2.13	4.04	3.61	3.63	2.91	4.20	4.44	3.20	3.71	4.17	3.66	4.70	3.62	2.07
M22 人体工学合理性	5.72	2.81	5.69	5.14	5.60	4.72	5.46	5.08	4.29	4.60	5.44	4.53	5.32	4.95	2.64
M23 生活性设施	2.33	1.28	1.80	1.58	2.29	1.58	2.45	2.21	2.23	1.44	2.58	2.14	2.42	1.52	0.91
综合得分（100分制）	62.74	33.62	64.64	60.30	65.69	52.42	65.57	63.68	57.88	56.45	68.35	54.81	63.66	58.96	42.47

各样本综合得分

4）实施以建筑类型为控制变量的第二阶段满意度研究，并得出以下结论：

（1）使用者对并置式、排列式、单核式之间的评价均值差异较小。并置式建筑在绿化人文景观、视野感、外观效果、物理环境等方面较为突出；单线式在空间趣味性、生活性设施、教学设备、辅助空间、日常维护等方面较为欠缺。研究表明，平面类型对教学建筑的满意判断有较为明显的影响。

（2）各满意度评价指标之间及各评价指标与满意度总体评价之间呈较强的相关性，说明使用者对教学建筑的环境认知是较为全面而整体的。其中，设施设备因子是较突出的评价影响因子，再次印证了先导性阶段的相关结论。

（3）使用者对不同类型教学建筑的满意度判断的心理标准大体一致，其中，建筑的规模与布局、教室的空间质量、教室的数量及大小教室的搭配与教学相关的评价变量在满意度评价中占较大比重，与第一阶段的分析结果一致。

（4）四种类型教学建筑的满意度公共因子模型大多涉及设施设备因子、管理因子和视觉/感官因子，表明这三个因子是较为确定的满意度评价因子。各种类型的评价因子模型见表3-18。

（5）层次分析法结论：

a. 四类教学建筑的综合得分排序，由高到低依次为：并置式、单核式、排列式、单线式。

b. 准则层的评价指标重要性排序依次为：舒适便利因素、设施设备因素、空间质量因素、视觉心理因素、管理维护因素。

c. 利用层次分析法得出准则层及子准层各评价因素的指标权重值，作为同类建筑研究的评价工具。具体的评价指标集及权重值参见表3-28。

d. 用层次法求得本阶段研究涉及的15个样本的综合评价得分，据此可以对样本的满意状况作横向比较。

第 4 章　岭南高校教学建筑环境舒适性评价

"舒适"是描述建筑特质的重要媒介质[M16]，对环境舒适程度的评价具有指标性。教学建筑容纳教学行为，其环境绩效是与精神及知识的有效传播分不开的。本章针对舒适性评价侧重于使用者主观感受的特点，通过对有助于使用者安全并安心使用，有助于使用者把握场所精神及有助于人们愉快而充满活力地生活与学习的环境要素加以分析、总结，探求对使用者主观舒适感影响较为显著的环境要素，并最终从心理层面达到提高教学建筑环境综合绩效的目的。这一工作是对满意度评价的必要补充。

在很大程度上，舒适性评价涉及使用者的价值观和生活方式乃至使用者的行为习惯。在特定地域背景下，高校在校生具有相近的年龄层、教育背景、物质条件以及对教学建筑共同的使用经验，为舒适性评价提供了较为理想的研究条件。

4.1　环境舒适性评价概述

4.1.1　概念界定

环境舒适性（amenity）评价又称健康度评价。这与从声、光、温度、湿度等物理层面进行的关于"舒适度"（comfort）的客观评价是有所区别的。"amenity"的原意是"宜人"，而"舒适性"的提法已经得到了国内学界的普遍认可。WHO组织在 1961 年的第一回报告书中，对"舒适性"标准的解释是"充分保证环境美观，身心放松"。日本学者浅见泰司把环境舒适性描述为"人们感到乐于身处其中"[M17]；这些表述都强调了"舒适"概念在心理层面的意义。因此，舒适性被认为是满足建筑功能前提下的使用者更高一级的需求，与人对物质环境、心理环境、社会软环境要素的感受有关。舒适性评价从人的社会、心理及行为等层面研究使用者对环境适宜感的主观判断。这种主观感受几乎涉及所有与心理有关的环境要素。

4.1.2　舒适性影响因素

影响使用者舒适感的因素往往较为复杂，个体的舒适差异（如个体的经济地位、受教育程度、职业、物质条件等因素的差异）及由此而产生的物质期望差异、建筑的使用满意程度的差异等均不同程度地影响着人的主观舒适判断。因此，对评价影响因素的确定往往成为环境舒适性研究首先面临的课题。文献所及，关于舒适性影响因素的主张主要有：

常怀生（2000）初步提出了与舒适性主题相关的评价范畴，包括：①生理欲求系的环境因素；②安全欲求系的环境因素；③圆满的人际关系欲求系的环境因素；④自我实现欲求系的环境因素[M1]。

浅见泰司（日，2001）认为舒适性大致受五个因素的影响：一是从生理上五官能够感知的空间状态，即"关于空间性能的因素"；二是关于建筑的集成状态，即"关于空间构成的因素"；三是绿地、水面和土壤等"关于与自然共生的因素"；四是地区的自然、历史文化、街区的意象，以及人与街区的关系等"地区所蕴含的有意义的因素"；五是社区的状况等"关于生活方式的因素"[M17]。

朱小雷博士（2003）则提出应同时从多个层次考虑与舒适评价有关的因素。首先是人体功效意义上的物质舒适要素，如房间的尺度大小、家具的尺度、空间高度、色彩、质感，或设施应符合人体功效学的要求；其次是物理环境和特征引起的主观反应，如声、光、热、空气、阳光、自然要素和周围的人工环境等的实际状况。它们是舒适的客观条件；再者，感知意义上的空间和实体要素；此外，还有诸如人的情绪、价值取向、态度、认知等与心理环境有关的舒适性要素及文化、所属社会群体等与人口统计资料有关的舒适性要素。在社会环境中，安全、管理、拥挤、交往水平、私密感、文化氛围、邻里构成等都是与舒适水平相关的因子[D5]。

4.1.3 环境舒适性评价研究概况

国外舒适性研究首先把关注点聚焦到人的心理舒适性层面，以之作为研究的中心内容，这些研究普遍反映出舒适性评价涉及面较广的共性特点。近年来，国外研究开始转向人的社会属性与心理舒适感受的关联性方面。总体而言，当前建成环境舒适性评价研究，多是实验性或准实验性的，旨在发掘那些与心理舒适性有关的某些特定方面的问题，其中比较有代表性且与本课题相关性较大的舒适性研究举例见表4-1。

国外环境舒适性评价研究举例 表 4-1

序号	研究范畴	相关结论	研究者
1	使用舒适的量化研究	就室内环境舒适而言,温度和空气质量比光线和湿度更重要[J22]	Humphreys, Michael, A（英,2005）

序号	研究范畴	相关结论	研究者
2	使用后评价及热舒适的地域性	室内温度环境的舒适评价随气候而改变	Nicol, ergus(英)
3	被动式太阳能教学建筑的热舒适影响及使用者的控制[J23]	大范围室温整合可使热需求明显降低	Baker, Nick(英,1981)
4	日本学校的热舒适研究	比较自然通风和空调通风的感受差异	Kwok, lison G.(美)
5	城市绿化空间的舒适值模型[J24]	尺度一距离,可达性和绿化率与舒适度相关。	Kong, Fanhua(日,2007)
6	环境舒适与学校建筑[J25]	巴西 Campinas 市 15 所学校关于舒适性 POE 评价	Kowaltowski(西,2002)
7	工作场所窗户选择对环境可持续和舒适性影响的 POE 评价[J26]	工作场所的舒适及生产力状况与设计因子的关联性大于与可持续因子的关联性	Menzies, G.F. (英,2005)
8	基于环境舒适优化的学校建筑评价方法研究(以巴西圣保罗学校为样本)[J27]	关于舒适的等级平均值显示了建筑的平均绩效,尽管舒适参数存在冲突,但多标准的优化手段是创造过程中的有效手段	da Graca, Valeria Azzi Collet(巴西,2007)

国内舒适性研究的态势与国外近似,占较大比重的研究集中在物质层面,如对一些物理技术指标或物质环境要素(特别是热舒适和室内通风方面)的研究,很少涉及心理状态及社会特征方面的要素。其他的研究还有舒适性设计的研究,舒适性评价方法的研究,舒适性实态分析研究等等。这些研究对主观心理舒适方面的指标研究比较薄弱,专项研究少,涵盖面窄,难以形成系统的理论框架。舒适性研究的结论往往只触及政策和原则层面,缺乏关于舒适性影响因素的剖析。表 4-2 是国内舒适性研究较有代表性的成果:

国内舒适性评价研究举例　　　　　　　　　表 4-2

研究范畴	研究主题	研究内容及方法	研究者
物质环境舒适研究	教学楼风环境和自然通风教室数值模拟[D9]	用 CFD 法分析风向及间距对教学楼周围自然通风引入的影响,对自然通风教室内学生的舒适性做出评价	龚波
	湖南某大学校园建筑环境热舒适调查[J28]	采取现场测试与问卷调查相结合的方法分析温度、风速、着衣热阻、相对湿度等参数对热舒适的影响	杨薇等
	中庭建筑的通风和热舒适度[D10]	计算机(Ecotect 和 Airpak 软件)模拟自然通风对中庭室内热舒适性和风环境的影响	赵蓓
评价方法	指数评价法的应用[D6]	以李克特量表建立舒适度评价指数,分别从顾客及职员的角度,对银行营业厅环境的舒适度进行综合评价	朱小雷

研究范畴	研究主题	研究内容及方法	研究者
评价方法	环境舒适度影响因素[J29]	①心理需求；②行为模式；③功能布局；④物理环境；⑤变化空间	任彬彬等
	舒适度指标模糊分析[J30]	用模糊统计法，以空气温度为指标，考虑空气相对湿度等多种约束条件，建立室内热环境舒适度指标体系	张宽权
设计研究及实态调查	基本居住单元舒适度[D8]（以4个城市为例）	建立由室内心理感受、室内物理环境、室内视觉环境、室内行为环境和室内陈设与设施组成的舒适度评价指标集	尹朝晖
	环境舒适度度量及环保对策[D11]（以北京市为例）	用灰色关联分析法和灰色预测法，划分出自然环境、经济环境、社会环境和消费者/使用者四个系统舒适度层次，建立环境舒适度指数的灰色预测模型	杜婷
	特殊人群生活环境舒适度研究[J31]	对老年人居住环境舒适性的实现原则、解决措施、通则设计及国外经验作了分析	英涛
	城市人居环境舒适度评价（以泰安市为例）[J32]	用统计调查法对硬环境和软环境进行综合评价，建立城市人居环境舒适度评价的基本框架	郭海燕等

4.2 研究设计

4.2.1 研究目的

教学建筑的综合绩效不仅关系到教学流程的连贯和教学功能的完备与否，还关系到教学效果和教学效率问题。一般而言，心理舒适与人的思考状态或交流情绪具有相关性，本章所探讨的是影响教学效果和效率的环境宜人问题，以求从理论上对教学建筑的综合性评价作出补充。拟解决的具体命题包括：

1）以实态调查为基础，探讨当前岭南高校教学建筑的整体舒适状况，寻求教学建筑的环境舒适性评价影响因素，初步提取该类型建筑的舒适性评价因素集及因素重要性排序。

2）对不同类型的教学建筑的使用舒适状况作横向比较，了解类型与整体舒适性之间的关联性。

3）通过进一步的量化分析，建立舒适性评价模型及相应的因子权重，为建立评价因素集提供客观依据。

4.2.2 研究内容

本章主要探讨涉及岭南高校教学建筑舒适性评价的三个层面的问题，即物质环境层面、社会环境层面和心理环境层面。其中，物质环境层面的研究包括：①人体工程学意义上的舒适，如窗台、栏杆、步级、桌椅、讲台及卫生洁具的尺度等；②物理环境所引起的主观反应，如教室内的声音环境、自然通风状况、光线照明、室内空间的热舒适度等；③空间或实体要素，如空间的尺度、空间的趣味性、空间的完备性、设施设备的配套设置等。社会环境层面的研究包括使用者在环境清洁状况、建筑环境总体气氛、建筑的安全感、人文气息等方面的感受。而心理环境层面的研究则侧重从人的视觉舒适（如环境视野感、室内环境的形象与色彩，景观配置）和行为舒适（如交通距离、交通便利性等）两个方面切入。

具体的研究内容包括：

1）通过问卷（李克特量表）调查，建立使用者关于岭南高校教学建筑舒适性影响因素指数。

2）通过采集到的高校普通教学建筑的环境舒适性信息，考察研究对象的舒适性水平，获得关于使用者对教学环境舒适程度的评价信息，寻求环境舒适性评价的因素集。

3）积累原始数据，为进一步提出空间设计导则寻求环境心理学依据，以期为教学建筑的设计提供有关舒适性的设计依据和合理建议。

研究工作框架如图 4-1 所示。

4.2.3 研究方法

1）以李克特量表为工具进行教学建筑的舒适性影响因素调查，为舒适性评价研究作先导性的信息准备。

2）以语义差异量表为工具进行教学建筑的舒适性评价研究。

语义差异量表（Semantic Differential，SD）由 Osgood 在心理检验中发展起来[M18][M19]，是国内运用较多的主观测量方法。该方法具有测量层次高，设计简便，利于对人群的评价强度进行分化等优点。而准确地设计量表中的反应维度是应用中的难点。SD 量表的设计方法为：确定评价环境的维度→选择正反形容词意对→确定标度方法[D5]。

3）数理统计分析方法。

采用统计分析软件对所采集的数据进行均值分析、单因素方差分析、相关分析及因子分析，以统计分析求取定量结果，找寻影响教学建筑舒适性评价的相关因素。

4）采用层次分析法进行主观舒适判断的定量化描述与分析。

通过对各评价层次的舒适评价元素按两两比较的方法判断相对重要性以构造判断矩阵，再经过运算求得各因素的权向量，从而对末级层次上的因素进行总排序。需要指出的是，为增加研究的可操作性，本章选用评分数据排

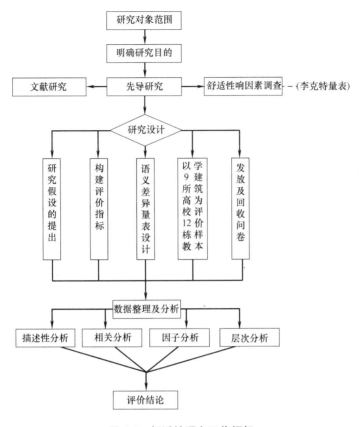

图 4-1 舒适性研究工作框架

序分析法构造判断矩阵，并通过在 MATLAB 编写程序进行层次分析运算。

4.3 先导性调研及研究假设

4.3.1 先导性调研

1）通过对文献的详细阅读，研究者掌握了一些与本研究相关性较大的学术成果，对研究目标的确定、研究方法的选择以及研究设计等方面有直接或间接的影响，见表 4-3 所列：

2）舒适性影响因素涉及面广，研究首先面对的问题是：何者是影响使用者的高校教学建筑舒适感受的主要因素？为了提高研究的信度与效度，为评价实施阶段的问卷设计提供依据，研究者结合现场访谈和实地考察，以李克特量表的形式，收集使用者对舒适影响因素的主观信息（见附录 1.2）。问卷初步拟定了 31 项与教学建筑环境主观舒适判断相关联的因素，按照三个等级的定序测量尺度（"有影响、无所谓、无影响"，赋值 1、2、3）征集使用者意见。

对舒适性评价较重要的因素　　　　　　　　表 4-3

影响因素	观点/结论
物理环 境因素	风向、间距、主导风向的庭院侧底部架空、围合空间形成的庭院微气候等是影响教学楼自然通风的因素[D9]
	温度、风速、着衣热阻等参数对校园热舒适有明显的影响,相对湿度影响不大[J28]
	体量相同的不同方位朝向的多层中庭建筑,南向中庭建筑的年耗热量和耗冷量最小,而且,将进风口设置为垂直于夏季主导风向,可以增强风压通风的舒适效果[D10]
场地环 境因素	绿地垂直结构、绿地面积、绿地几何形状对绿地生态环境的舒适度产生影响
	对于大学城交通的舒适性评价中,道路路段(路幅分配、自行车道、机动车道等);交叉口渠化;道路设施(公交车站、人行过街);街道空间景观(街道尺度、街道绿化景观)等是较为主要的影响因素
心理环 境因素	心理需求(满足心理、拥挤心理、归宿心理);行为模式;功能布局;物理环境(光、热、色彩、装饰);变化空间是影响空间环境舒适度的有关因素[J29]
	室内舒适度评价指标集:心理感受、物理环境、视觉环境、行为环境和陈设与设施等[D8]
	墙体材料、窗型设计、遮阳设施是高舒适度节能设计的三个考虑因素
研究方法	1. 以李克特量表的方式建立舒适度评价指数,利用问卷进行综合评价。 2. 指数评价法是一种易于横向比较、操作简便的建成环境主观评价方法[D11]
	1. 专家调查法与层次分析法相结合,建立一套环境舒适度指标体系; 2. 并通过灰色关联分析得出影响环境舒适度的关键因素[D11]
	用社会调查统计法对城区内有代表性的居住地域进行综合评价,从人居硬环境和人居软环境两方面建立关于人居环境舒适度评价的指标体系[J32]

　　共发出问卷 50 份,回收问卷 45 份,回收率为 90%,剔除回答不完整的问卷,得到有效问卷 34 份。其中男性 11 名,女性 23 名。受访者主要为就读于 T(BSZH)高校不动产学院房地产经营管理专业四个年级的本科学生(大一:4;大二:2;大三:21;大四:7)。结果统计见表 4-4 所列:

舒适性影响因素调查结果　　　　　　　　表 4-4

评价因素	平均值	中位数	众数	评价因素	平均值	中位数	众数
S1 家具、设施	1.50	1.00	1.00	S17 教室的开放时间	1.29	1.00	1.00
S2 空气质量	1.35	1.00	1.00	S18 楼内的整洁状况	1.29	1.00	1.00
S3 上课时的声音	1.39	1.00	1.00	S19 设施、设备的维修	1.35	1.00	1.00
S4 学习时的照明亮度	1.35	1.00	1.00	S20 楼层高度	1.65	1.50	2.00
S5 遮雨设施	1.44	1.00	1.00	S21 饮水设施的设置	1.24	1.00	1.00
S6 楼梯、走道	1.24	1.00	1.00	S22 自行车的停放	1.15	2.00	2.00
S7 公共空间是否嘈杂	1.32	2.00	2.00	S23 教师休息空间	1.74	2.00	2.00
S8 卫生间使用	1.38	1.00	1.00	S24 环境视野	1.59	2.00	2.00
S9 休息及交流场所	1.62	2.00	2.00	S25 教学楼造型	1.53	2.00	2.00
S10 绿化景观	1.44	1.00	1.00	S26 材料的质感	1.65	2.00	2.00
S11 楼层及教室的位置	1.41	1.00	1.00	S27 教室内的温度	1.26	1.00	1.00
S12 地面是否湿滑	1.56	1.00	1.00	S28 坐席与讲台间的视线	1.29	2.00	2.00
S13 到顶层教室方便程度	1.53	2.00	2.00	S29 教室的大小	1.56	1.00	1.00
S14 遮阳设施	1.44	1.00	1.00	S30 教学楼的交通便利性	1.35	1.00	1.00
S15 提供残疾人的设施	1.76	2.00	2.00	S31 室内空间色彩	1.47	1.00	1.00
S16 建筑的装修	1.79	2.00	1.00	S32 室内环境总体气氛	1.90	2.00	2.00

（1）使用者对教学建筑的舒适性评价多关注习惯、便利、人体感受、设施设备使用、视觉等几个方面，并表现出以所使用教学建筑的物质条件和环境状况为参照的特点。

（2）结合现场访谈记录，发现学生在视觉舒适方面的判断尺度相对简单，对室内环境的舒适感受则较为敏感（例如教室内的装修、声光热、采光通风、桌椅等设施设备）。这可能与使用者的停留时间有关。

（3）众数分析结果显示，除 S7、S15、S20、S22、S23、S28、S32 因素外，其余因素均被认为对教学建筑的舒适度有影响，体现了舒适性影响因素涉及面较广的特点。

（4）学生对辅助空间的概念较为模糊，但对与生活性相关的配套设施还是表示出较多的需求。平均值分析显示，使用频率较低（如无障碍设计、教师休息空间等）或影响力较小的环境因素（如建筑及家具材料的质感、坐席与讲台间的视线等）往往在舒适性判断中被忽略。

（5）对量表项目进行相关分析（求斯皮尔曼相关系数），把在 0.01 的显著水平下相关性较高（以大于 0.8 为高相关性）的指标合并，简化评价维度。合并的项目有：（S5＋S12＋S14＋S15），（S17＋S18＋S19），（S6＋S9＋S20＋S30）。

4.3.2　研究假设

本书第三章对四类教学建筑的满意度研究显示，建筑类型因素作为控制变量，其不同的类型状态对教学建筑的综合绩效产生影响。本章先导性研究显示，与类型差异相关的环境因素同样与使用者的舒适感有关系。为此，从统计检验的角度提出本研究的无差假设（H_0）：认为不同类型的教学建筑在舒适性评价方面无差别。

4.4　使用者对岭南地区 9 所高校 12 幢教学建筑的舒适性评价

4.4.1　评价对象背景信息

本书的综合性评价把岭南高校教学建筑作为一个整体，分别从满意度和舒适性两个角度加以研究。舒适性研究参照满意度研究阶段的情况，选取该阶段较有代表性的样本作为评价对象，使研究结论具有可比性和一致性。评价对象的背景信息见表 3-6 和表 3-14。

4.4.2　问卷设计及数据采集

4.4.2.1　评价要素的构建及评价问卷的设计

根据文献研究和先导性研究所得，拟从以下五个方面考察使用者对普通高校教学建筑舒适性的评价因素：

环境空间——包括空间构成和空间性能等；

环境行为——包括使用便利性和人体工学合理性等；

环境视觉——包括外界环境景观引入、建筑内部景观设置、建筑内部人文气氛营造、建筑内部装饰等；

环境心理——包括教学环境的人文气息、学习氛围等；

环境物理——包括使用者在建筑内感受到的声、光、热、通风条件、湿度等。

采用语义差异量表设计结构问卷，确定5个一级指标和26个二级指标，并另设"舒适性总体评价"及"重要性因素排序"问题，对5所高校（10幢教学建筑）的使用者进行调查。问卷使用对称标度：2、1、0、−1、−2，负值表示反向语义（见附录2.3）。需要说明的是，基于由高校在校生组成的评价主体，在个人经济地位、物质生活条件水平等方面具有相似性，因此，本研究忽略此类因素对舒适感受的影响。测量的评价标准见表4-5。

评价定量标准

表4-5

评价值 x_i	评价语	定级
$x_i \geqslant 1.5$	很好	E1
$0.5 \leqslant x_i < 1.5$	较好	E2
$-0.5 \leqslant x_i < 0.5$	一般	E3
$-1.5 \leqslant x_i < -0.5$	较差	E4
$x_i < -1.5$	很差	E5

4.4.2.2 数据采集

问卷的派发主要循四种途径进行，一是借助学生线人以学生会组织成员为单位派发，二是借助后勤教务人员以学院为单位派发，三是借助任课教师以班级为单位派发，四是借助图书馆工作人员以偶遇的方式在阅览室内派发。四种派发方式同期进行，派发数量基本均等，互为补充，使整体抽样效果接近于概率抽样。对于出现漏填、不清晰、非逻辑等情况，研究者采取问卷追踪的方式加以跟进，从而在程序上保证问卷的质量和数量，提高研究的信度和效度。

4.4.3 调查结果的统计与分析

4.4.3.1 评价主体基本资料

共发出问卷787份，回收问卷763份，回收率为97.0%，剔除回答不完整的问卷，得到有效问卷702份，有效率为92.0%。评价主体主要为四个年级的本科生及部分一、二年级的研究生，专业涉及面较广，大致可以分为建筑及艺术设计、管理经济及人文社科、计算机自控、路桥及环境工程、药剂学及教育学等五类。其中，男性338名，女性364名。评价主体构成与3.4.3.1节所述相仿，符合研究的需要。

评价主体背景信息

表4-6

评价对象	问卷份数			评价主体背景			
	派出问卷	回收问卷	有效问卷	男	女	专业背景	所在年级
P(GZDX)-6(WK)	65	59	56	49	7	艺术设计(30)，教育学(26)	大一(7)，大二(13)，大三(36)
T(BSZH)-3(LY)	60	60	55	30	25	管理、人文社科(55)、教育学(26)	大一（10），大二(44)，大三(1)
T(BSZH)-1(LY)	75	75	68	36	32	房地产经营管理(68)	大一(68)
A(HNLG)-2(27)	55	50	47	26	21	建筑规划(47)	大三(47)
A(HNLG)-1(31～34)	66	64	64	51	13	人文类(4)、电气、自动化、高分子(32)食品、化工、制药(28)	大一(2)，大二(18)，大三(41)，大四(3)
A(HNLG)-5(A3)	62	59	57	23	34	动漫设计(3)、国贸及外语（32）、软件工程(12)、给排水(10)	大一（20），大二(11)，大三(20)，大四(4)，研究生(2)
U(JYDX)-1(GY)	55	55	48	33	15	自动化、高分子(15)、师范类物理学(33)	大一(48)
U(JYDX)-2(TS)	61	61	60	12	48	小学教育(60)	大一(60)
C(HNNY)-3(3)	75	73	68	26	42	艺术设计(20)、人文社科(2)、农业资源(32)、农学(14)	大一(2)、大三(44)，大四(15)，研究生(7)
R(GDYX)-3	70	64	56	25	31	药学(56)	大一(16)、大三(9)、研究生(31)
B(HNSF)-1(1)	56	56	51	12	39	行政管理(51)	大一(51)
B(HNSF)-2(2～6)	87	87	72	15	57	法学(72)	大三(72)
小计	787	763	702	338	364	建筑、艺术设计类(98)、管理、金融、人文社科类(286)、电气、自动化、高分子(59)、机械、路桥、环境工程(70)、药学、农学、教育学(189)	大一(284)，大二(86)，大三(270)，大四(22)，研究生(40)

4.4.3.2 均值分析及单因素方差分析

以建筑类型为自变量作均值分析（表4-7），统计结果表明，各类型建筑的总体得分平均为0.559，评价为较好。经计算，各类型26个评价因素得分的平均值与总体得分接近，表明总得分较准确地反映了各评价因素的得分概况。对均值的横向比较显示，四类建筑得分状况呈现较明显的规律性：

评价因素	平均值				单因素方差分析	
	排列式	并置式	单核式	单线式	F 值	Sig.
a1 家具及设施的人体工学	0.825	0.942	0.808	0.412	8.409	0.000
a2 教学仪器设备的使用	0.698	0.954	0.625	0.505	7.216	0.000
a3 卫生间的使用	0.292	0.581	0.706	0.044	8.669	0.000
a4 生活性设施的配备	−0.079	0.266	0.077	−0.439	9.235	0.000
a5 建筑设施对人的关怀	0.183	0.234	0.250	−0.148	3.501	0.015
b1 环境的管理与维护	0.435	0.693	0.827	0.456	5.042	0.002
b2 环境总体的怡人气氛	0.636	1.008	0.873	0.798	7.362	0.000
b3 环境的学习气氛	0.492	0.695	0.718	0.301	5.072	0.002
b4 环境人文气息	0.105	0.525	0.346	0.439	7.342	0.000
b5 方位感及楼层教室标识	0.633	0.510	0.874	0.482	3.681	0.012
c1 教室的采光及照明	0.726	0.891	0.923	0.757	1.551	0.200
c2 教室声环境清晰度	0.650	0.813	0.961	0.814	3.140	0.025
c3 教室无噪声干扰	0.167	0.614	0.471	0.279	8.479	0.000
c4 室内气温	0.261	0.488	0.392	0.441	1.894	0.129
c5 公共空间的采光及照明	0.600	0.803	0.798	0.614	2.345	0.072
c6 空气质量及通风	0.542	0.629	0.673	0.442	1.201	0.309
d1 交通空间的休闲与交流	0.510	0.700	0.731	0.460	3.147	0.025
d2 交通空间的形式与尺度	0.565	0.690	0.861	0.482	3.576	0.014
d3 教室的空间感	0.743	0.831	0.932	0.540	3.696	0.012
d4 共享空间的实用性	0.462	0.707	0.500	0.570	2.542	0.055
d5 共享空间的趣味性	0.047	0.274	−0.170	0.054	5.121	0.002
d6 不同空间的联系与转换	0.385	0.556	0.775	0.394	4.591	0.003
e1 室内装修效果	0.215	0.535	0.356	0.080	7.225	0.000
e2 视野感	0.542	0.813	0.673	0.478	5.017	0.002
e3 景观效果	0.243	0.813	0.260	0.609	16.749	0.000
e4 建筑外观效果	0.475	0.811	0.394	0.426	6.792	0.000
总体环境舒适性	0.366	0.731	0.606	0.532	9.363	0.000
a1～e4 的平均值	0.437	0.668	0.601	0.396		

1）各类建筑的变量均值差异较小，但在总体上仍反映出舒适性水平按并置式—单核式—排列式—单线式的序列呈下降趋势。其中，前两者的变量均值和总体评价均较好，而排列式的总体评价为一般，单线式的变量均值评价为一般，反映了使用者的一般评价心理。

2）并置式建筑的大部分舒适性评价因素均值均较高（有 18 个评价因素得分均值＞0.6），评价普遍较好。与其他类型相比较，该类建筑其中较为突出（均值差异＞0.3）者集中在环境心理感受方面（如 b2、b3、b4、c3）和环境视觉感受方面（如 e1～e4）。并置式建筑有 4 个环境因素评价为一般，分别为 a4、a5、c4 和 d5，但得分均值也是在四类建筑的相同因素中最高的。分析表明，并置式建筑在舒适性方面较其他三种类型突出，更受使用者欢迎，这与满意度评价结果取得一致。

3）对数据的横向比较显示，单线式建筑的各因素得分普遍偏低（有2/3的因素得分低于0.5），尤以 a3、a4、a5 因素得分较低。这与该类建筑大多年代较久，教学设备及生活性设施的配套存在不足，维护管理也较薄弱有关。而获得较高评价的环境因素则集中在与受类型划分影响较小的因素，如教室相关因素（a2、c1、c2 和 d3）等。整体而言，均值分析反映出单线式建筑空间较为单调，舒适性评价较低。

4）单核式与排列式的舒适性均值大体一致，但表现出单核式建筑各项舒适性因素的得分均值高于相应的排列式因素的共性特点。这可能与后者随规模增加而导致的组织、管理难度有关。为数不多的例外情况反映在共享空间的趣味性方面（d5），排列式建筑不同庭院核心之间的差异在一定程度上弥补了视觉焦点区的单调感。

5）值得注意的是，均值差异分析暴露了单线式和并置式建筑方位感较弱的问题。这可能与两者的线性交通组织方式导致交通节点和标志物效果不明显有关。另外，外围的校园景观往往是单线式建筑和并置式建筑的主要景观资源，两者均具备外向型的平面布局特质，其景观效果评价明显高于核心型的排列式和单核式建筑。

以建筑类型为控制变量进行单因素方差分析，结果表明，在 0.05 置信水平下，控制变量（建筑类型）对除 c1、c4、c6 和 d5 外的 22 个观测变量各总体的均值有显著差异；在 0.01 置信水平下，控制变量（建筑类型）对除 a1、b5、c1、c2、c4、c6、d1～d3 和 d5 外的 16 个观测变量各总体的均值有显著差异。分析说明，观测变量的变动主要是由控制变量引起的，可以由控制变量来解释。总之，单因素方差分析否定了原假设 H_0，其备择假设 H_1 成立，即不同平面类型下的教学建筑舒适性评价有差异。

4.4.3.3 相关分析

相关分析计算斯皮尔曼相关系数，表 4-8 表明，教学建筑的总体舒适状况分别与其他评价因素之间存在正的线性相关关系，且所有舒适性评价因素的斯皮尔曼相关系数均大于 0.3。其中，与课外空间（b2、b3、d1～d5、e2、e4）或教学设施设备（a1、a2、b1、c1）联系较紧密的环境要素对总体舒适状况的影响较显著。在 0.01 显著性水平下，教学建筑的总体舒适状况与其他各因素均存在着显著的线性关系。

具体评价要素	Γ	$Sig.$
a1 家具及设施的人体工学	0.429＊＊	0.000
a2 教学仪器设备的使用	0.420＊＊	0.000
a3 卫生间的使用	0.347＊＊	0.000
a4 生活性设施的配备	0.385＊＊	0.000
a5 建筑设施对人的关怀	0.349＊＊	0.000
b1 环境的管理与维护	0.422＊＊	0.000
b2 环境总体的怡人气氛	0.491＊＊	0.000
b3 环境的学习气氛	0.432＊＊	0.000
b4 环境人文气息	0.321＊＊	0.000
b5 方位感及楼层教室标识	0.353＊＊	0.000
c1 教室的采光及照明	0.425＊＊	0.000
c2 教室声环境清晰度	0.341＊＊	0.000
c3 教室无噪声干扰	0.341＊＊	0.000
c4 室内气温	0.387＊＊	0.000
c5 公共空间的采光及照明	0.379＊＊	0.000
c6 空气质量及通风	0.366＊＊	0.000
d1 交通空间的休闲与交流	0.416＊＊	0.000
d2 交通空间的形式与尺度	0.435＊＊	0.000
d3 教室的空间感	0.456＊＊	0.000
d4 共享空间的实用性	0.451＊＊	0.000
d5 共享空间的趣味性	0.400＊＊	0.000
d6 不同空间的联系与转换	0.398＊＊	0.000
e1 室内装修效果	0.516＊＊	0.000
e2 视野感	0.456＊＊	0.000
e3 景观效果	0.353＊＊	0.000
e4 建筑外观效果	0.498＊＊	0.000

注：Γ 表示斯皮尔曼（Spearman）相关系数，

＊＊表示显著性水平＜0.01。

4.4.3.4 因子分析

本章因子分析的目的是检验学生在教学建筑的使用舒适方面的内在心理标准与所预设的指标体系是否吻合，并研究评价指标相互间的重要性，找到不同类型教学建筑的舒适评价逻辑及可能的负面评价成因。

1）适用检验

借助变量的相关系数矩阵、反映项相关矩阵、巴特利特球度检验和KMO检验方法进行因子分析检验。相关系数矩阵显示，各组数据大部分的相关系数都较高，变量呈较强的线性关系；巴特利特球度检验统计量的观测值均较大（排列式数据为2524.912，并置式数据为2595.440，单核式数据为1065.703，单线式数据为1369.492），相应的概率 P 均接近于0，小于显

著性水平 α (0.05)，相关系数矩阵与单位阵有显著性差异；各组数据均满足 Kaiser 给出的 KMO 度量标准（排列式数据 $KMO = 0.935$，并置式数据 $KMO = 0.919$，单核式数据 $KMO = 0.789$，单线式数据 $KMO = 0.867$）。

检验结果表明，各组数据均适合进行因子分析。

2）提取因子

采用主成分分析法提取因子。分别对各组数据尝试性地指定特征根个数，根据因子提取的总体效果的比较，最终确定分别按 6 个（排列式）、8 个（并置式）、6 个（单核式）、7 个（单线式）特征根进行因子分析。

3）因子命名解释及分析比较

采用方差最大法（Varimax 法）对四类数据的因子载荷矩阵实行正交旋转，使因子具有命名解释性。指定按第一个因子载荷降序的顺序输出旋转后的因子载荷矩阵，形成包括各类数据的公共因子构成、各因子相关的评价要素及相应的方差贡献率等信息的四种教学建筑舒适性评价因子模型，见表 4-9 所列。从因子构成可以看到，原设计指标独立性较好。对应于各类数据的相互独立的共同因子，共同确定样本对象的整体舒适性，并在一定程度上反映了使用者在评价判断四类教学建筑的舒适性时基本心理结构的共性及差异。

对四种类型的教学建筑的舒适性评价因子模型数据横向比较，结果显示：使用者在进行舒适性评价判断时所采取的因子构成方式比较一致，大体涉及空间感受、视觉感受、物理感受、使用维护、舒适便利及心理感知等方面。其中，前四种因子是较为稳定的公共因子，各种类型均有所涉及。这与满意度评价时的因子分析结论是基本一致的。同时，各公共因子的分布规律与舒适性调查问卷的评价维度存在较为明显的对应关系，表明原问卷设计中指标的独立性较强。各建筑类型的公共因子命名解释及分析如下：

（1）排列式

因子载荷矩阵所显示的排列式教学建筑 6 个公共因子的解释如下：

因子 1 在 d1~d5、b2~b4 上荷载大，可称为空间氛围因子，包括空间质量和环境氛围两类因素，对原有变量的总方差具有 18.8% 的解释能力。

因子 2 在 c5、c1、e4、e1、b5 上荷载大，可称为视觉感知因子，解释采光照明、美感及方位提示等方面的可视的舒适评价因素，解释了 13.18% 的原有变量总方差。

因子 3 在 c4、c3、c2、c6 上荷载大，可称为物理环境感知因子，含声音舒适、空气洁净、热舒适等舒适评价因素，具有 9.72% 的方差贡献。

表 4-9

四种类型教学建筑的舒适性价适性价因子模型比较

排列式

公共因子	评价因素	方差贡献
空间氛围因子	d1 交通空间的休闲与交流 d2 交通空间的形式与尺度 d5 共享空间的趣味性 d4 共享空间的实用性 d3 教室空间的恰当性 d6 不同空间的联系与转换 b2 环境总体对人的怡人气氛 b4 建筑设施对人文气息 b3 环境的学习气氛	18.81%
视觉感知因子	c5 公共空间的采光及照明 c1 教室的采光及照明 e4 建筑外观效果 e3 室内装修效果 b5 方位感及楼层教室标识	13.18%
物理环境感知因子	c4 空气质量及室内气温 c2 教室环境清晰度 c6 室内声环境声光及通风	9.72%
人本因子	a3 卫生间的使用 a1 家具设施对人的人体工学 a5 建筑设施对人的关怀	9.29%
使用维护因子	a4 生活性设施的配备 a2 教学仪器设备的使用 b1 环境的管理与维护	9.04%
景观因子	e3 景观效果 e2 视野效果	8.52%
累计方差贡献率（%）		68.56

并置式

公共因子	评价因素	方差贡献
物理环境感知因子	c2 教室声环境清晰度 c1 教室的采光及照明 c6 空气质量及室内气温 c4 公共空间的采光及照明 c5 公共空间的实用性 c3 教室无噪声干扰	13.90%
视觉感知因子	e3 景观效果 e2 视野效果 e4 建筑外观效果 e1 室内装修效果	10.22%
环境心理因子	b4 环境人文气息 b3 环境的学习气氛 b2 环境总体对人的怡人气氛	9.70%
空间感知因子	d1 交通空间的形式与尺度 d2 交通空间的休闲与交流 d3 教室空间的恰当性 d4 共享空间的实用性	9.57%
条次层级因子	d6 不同空间的联系与转换 b5 方位感及楼层教室标识 d5 共享空间的趣味性	6.56%
使用维护因子	a3 卫生间的使用 b1 环境的管理与维护	6.52%
设施设备因子	a2 教学仪器设备的使用 a1 家具设施对人的人体工学	6.00%
舒适便利因子	a5 建筑设施对人的关怀 a4 生活性设施的配备	5.97%
累计方差贡献率（%）		68.44

单线式

公共因子	评价因素	方差贡献
环境心理因子	b3 环境的学习气氛 b4 环境人文气息 a5 建筑设施对人的关怀 b2 环境总体对人的怡人气氛 b5 方位感及楼层教室标识	13.57%
使用维护因子	a3 卫生间的使用 a4 生活性设施的配备 a2 教学仪器设备的使用 a1 家具及设备的管理与维护 b1 环境的管理与维护	12.32%
视觉感知因子	e3 景观效果 e2 视野效果 e1 室内装修效果 e4 建筑外观效果	12.02%
物理环境感知因子	c6 空气质量及室内气温 c4 室内气温 c5 公共空间的采光及照明	11.03%
空间感知因子	d5 共享空间的趣味性 d6 不同空间的实用性 d3 交通空间的实用性 d1 交通空间的休闲与交流 d2 交通空间的形式与尺度	10.97%
教学感受因子	c2 教室声环境清晰度 c3 教室声环境声光及照明 c1 教室的采光及照明	10.04%
累计方差贡献率（%）		69.95

单线式

公共因子	评价因素	方差贡献
空间感知因子	d3 教室空间的空间感 d2 交通空间的形式与尺度 b2 建筑总体对人的怡人气氛 c6 环境质量及室内气温 d1 交通空间的休闲与交流 d6 不同空间的联系与转换	14.56%
使用维护因子	a4 生活性设施的配备 a2 教学仪器设备的使用 a1 卫生间的使用 b1 家具及设施的人体工学 a5 建筑设施及设备对人体的维护	12.37%
物理环境感知因子	c1 教室及设备的采光及照明 b5 方位感及楼层教室标识 c4 室内气温 c5 公共空间的采光及照明	10.69%
视觉感知因子	e3 景观效果 e2 视野效果 e4 建筑外观效果 e1 室内装修效果	9.12%
学术人文因子	b3 环境的学习气氛 b4 共享空间的实用性	7.48%
共享空间因子	d5 共享空间的趣味性 d4 共享空间的实用性	7.35%
教学声音因子	c3 教室无噪声干扰 c2 教室声环境清晰度 c1 教室声环境采光及照明	6.81%
累计方差贡献率（%）		68.38

因子 4 在 a3、a1、a5 上荷载大，可称为人本因子，从设施的人体工学合理性到设施的完备性、安全性体现对使用者的关怀，该因子的方差贡献率为 9.29%。

因子 5 在 a4、a2、b1 上荷载大，可称为使用维护因子，主要关注的是以设备设施的完整配套及适用达成使用的舒适，也涉及环境管理问题，其方差贡献占 9.04%。

因子 6 在 e3、e2 上荷载大，可称为景观因子，其方差贡献为 8.52%。

排列式教学建筑的优势在于树状的交通组织形成层次分明的空间组织关系，并在较大的建筑体量中均衡布置核心型空间（庭院）。第 1 公共因子按交通空间、共享空间、教室空间、环境气氛的序列组成舒适因子，整合了原设计指标中的"空间感受"项目下的全部因素和"环境心理"项目的下的大部分因素，体现出该类教学建筑的上述特点。

排列式空间组织模式也带来了景观和视野环境质量方面的缺失。从排列式教学建筑的因子模型可以看到，尽管视觉感知因子是较重要的舒适性评价因素，但景观效果与视野感并没有如原设计指标那样并入环境视觉要素当中，而是独立为方差贡献较低的第 6 公共因子。这在一定程度上代表了使用人群的一般心理，反映出该类教学建筑在景观资源和视野条件方面的局限性，也表明在排列式建筑设计中应重视景观和视野感的优化。

需要指出的是，关于排列式建筑的上述舒适性因子分析与该类建筑在满意度评价阶段所取得的结论是一致的。

（2）并置式

因子载荷矩阵所显示的并置式教学建筑 8 个公共因子的解释如下：

因子 1 在 c1～c6 上荷载大，可称为物理环境感知因子，具有原有变量的总方差 13.9% 的解释能力。该因子与原设计指标中的"环境物理感受"项目相对应，说明原设计指标独立性较好。

因子 2 在 e1～e4 上荷载大，可称为视觉感知因子，解释了原有变量总方差的 10.22%。该因子与原设计指标中的"环境视觉感受"项目相对应，说明原设计指标独立性较好。

因子 3 在 b2～b4 上荷载大，可称为环境心理因子，具有 9.70% 的方差贡献率。该因子与原设计指标中的"环境心理感受"项目基本对应，说明原设计指标独立性较好。

因子 4 在 d1～d4 上荷载大，可称为空间感知因子，其方差贡献率为 9.57%，着重解释交通空间、共享空间和教室空间的整体空间感。

因子 5 依次在 d6、b5、d5 上荷载大，可称为条理层次因子，其方差贡献率为 6.56%，解释空间层次、标识及方位提示等方面的舒适评价因素。

因子 6 与环境的维护管理及正常使用有关，可称为使用维护因子，解释了 6.52% 的变量总方差。

因子 7 可称为设施设备因子，解释了 6.00% 的变量总方差。

因子 8 可称为舒适便利因子，解释了 5.97% 的变量总方差。

并置式教学建筑旋转后的因子载荷矩阵（表 4-10）显示，8 个公共因子共解释了 68.44% 的变量总方差，可基本满意。这些公共因子之间是相互独立的，且可作以下合并：因子 4、因子 5 合并为环境空间因子，与原设计指标中的"环境空间感受"项目相对应；因子 7、因子 8 合并为功能设施因子，与原设计指标中的"环境行为感受"项目相对应。

并置式教学建筑的公共因子模型显示，物理环境感知因子是解释整体舒适状况的第 1 公共因子，视觉感知因子和环境心理因子分别是第 2、第 3 公共因子。这一分析结果与第三章对该类建筑的满意度评价所得结论是一致的，再次为该类型建筑外观效果较佳，视野及景观条件优越，易于形成良好的采光、通风的特点提供了佐证。该类建筑空间沿横向串行展开，往往导致空间感与层次感的欠缺。使用者把空间感知方面的评价因素置于相对次要的位置，正是反映了使用者共同的体验感受。

（3）单核式

因子载荷矩阵所显示的单核式教学建筑 6 个公共因子的解释如下：

因子 1 在 b2～b5、a5 因素上荷载大，可称为环境心理因子，具有 13.57% 的方差贡献率。该因子解释了环境的学习气氛、人文气息、总体氛围、方位感、人性关怀等共性因素，与原设计指标中的"环境心理感受"项目基本对应，说明原设计指标独立性较好。

因子 2 在 a1～a4、b1 因素上荷载大，可称为使用维护因子，与原设计指标中的"环境行为感受"项目相对应，解释了原有变量 12.32% 的总方差贡献。

因子 3 在 e1～e4 因素上荷载大，可称为视觉感知因子，解释了原有变量总方差的 12.02%。该因子与原设计指标中的"环境视觉感受"项目相对应，说明原设计指标独立性较好。

因子 4 在 c4～c6 因素上荷载大，可称为物理环境感知因子，主要解释采光、照明、气温、空气质量、通风等人体生理舒适性因素，具有 11.03% 的方差贡献率。

因子 5 在 d1～d6 因素上荷载大，可称为空间感知因子，解释了原有变量总方差的 10.97%。该因子与原设计指标中的"环境空间感受"项目相对

表 4-10

旋转后的因子载荷矩阵（并置式）

公共因子的名称	变量	公共因子							
		1	2	3	4	5	6	7	8
1 物理感受因子	c2 教室声环境清晰度	0.730	0.141	0.185	0.145	0.113	0.125	0.202	-0.112
	c1 教室的采光及照明	0.725	0.103	0.123	0.083	0.231	0.094	0.113	-0.140
	c6 空气质量及通风	0.720	0.147	-0.026	0.093	0.083	0.060	0.122	0.182
	c4 室内气温	0.680	0.116	0.049	0.017	0.012	-0.064	0.121	0.466
	c5 公共空间的采光及照明	0.647	0.210	0.062	0.199	0.152	0.122	-0.086	0.243
	c3 教室无噪声干扰	0.563	0.084	0.287	0.422	-0.073	-0.011	0.089	-0.078
2 视觉感受因子	e3 景观效果	0.138	0.770	0.067	0.134	0.022	0.189	0.060	0.115
	e2 视野感	0.254	0.752	0.023	0.104	0.211	0.042	0.155	0.189
	e4 建筑外观效果	0.228	0.641	0.322	0.258	0.084	0.181	0.021	-0.096
	e1 室内装修效果	0.047	0.515	0.507	0.236	0.141	-0.051	0.119	-0.015
3 环境心理因子	b4 环境人文气息	0.066	0.144	0.726	0.150	0.238	0.076	0.159	0.139
	b3 环境的学习气氛	0.181	0.076	0.683	0.124	0.104	0.246	0.072	0.249
	b2 环境总体的怡人气氛	0.376	0.249	0.440	-0.078	0.066	0.369	0.319	0.052
4 空间感受因子	d1 交通空间的休闲与交流	0.151	0.150	0.125	0.764	0.204	0.257	0.056	0.097
	d2 交通空间的形式与尺度	0.140	0.190	0.064	0.752	0.251	0.229	0.197	0.112
	d3 教室的空间感	0.301	0.311	0.217	0.528	-0.148	-0.144	0.229	0.191
	d4 共享空间的实用性	0.252	0.336	0.267	0.473	0.278	-0.124	0.181	0.159

| | 公共因子的名称 | 变量 | 公共因子 | | | | | | | |
			1	2	3	4	5	6	7	8
5	条理层次因子	d6 不同空间的联系与转换	0.214	0.282	0.119	0.236	0.709	-0.026	0.073	0.107
		b5 方位感及楼层教室标识	0.256	-0.005	0.305	0.106	0.608	0.366	0.100	-0.060
		d5 共享空间的趣味性	0.154	0.308	0.387	0.358	0.437	-0.128	0.036	0.286
6	使用维护因子	a3 卫生间的使用	0.037	0.160	0.060	0.140	0.142	0.731	0.168	0.101
		b1 环境的管理与维护	0.221	0.101	0.436	0.140	-0.183	0.602	0.045	0.261
7	设施设备因子	a2 教学仪器设备的使用	0.321	0.007	0.259	0.275	-0.025	0.045	0.695	0.069
		a1 家具及设施的人体工学	0.158	0.340	0.043	0.125	0.185	0.287	0.670	0.052
8	舒适便利因子	a5 建筑设施对人的关怀	0.110	0.151	0.256	0.182	0.034	0.221	0.032	0.741
		a4 生活性设施的配备	0.007	0.038	0.329	0.171	0.321	0.191	0.427	0.497
		特征值	3.614	2.657	2.523	2.489	1.705	1.695	1.561	1.553
		方差贡献（%）	13.901	10.220	9.704	9.574	6.557	6.520	6.006	5.971
		累计方差贡献率（%）	13.901	24.120	33.825	43.399	49.955	56.475	62.481	68.452

提取方法：主要分析法
旋转方法：方差最大法
旋转收敛于14次迭代
以变量均值替代工作变量的所有缺失值

应，说明原设计指标独立性较好。

因子 6 在 c1~ c3 因素上荷载大，可称为教学感受因子，主要解释教学行为下的物理环境舒适感受，具有 10.04％的方差贡献率。

单核式教学建筑的 6 个公共因子总共解释了 69.95％的变量总方差，可基本满意。这些公共因子之间是相互独立的，且因子 4、因子 6 可合并为物理环境因子，与原设计指标中的"环境物理感受"项目相对应。

单核式建筑以庭院空间为视觉共享区域，具有较强的向心性。环境心理因子成为舒适性因子模型当中的第 1 公共因子。这与同为核心型的排列式建筑相类似。使用者把建筑设施对人的关怀与原设计指标中的"环境心理感受"项目（学习气氛、人文气息、总体氛围乃至方位感）相合并，反映出以人为本的设施设计有助于改善环境心理的舒适感。而使用者把对环境的管理与维护与原设计指标中的"环境行为感受"项目（卫生间使用、生活性设施、教学仪器设备、家具设施）相合并。这表明，尽管行为环境因素主要是与便利性、吸引力有关的功能性设施因素，但也不能忽略管理与维护等功能性保障因素的作用。

（4）单线式

因子载荷矩阵所显示的单线式教学建筑 7 个公共因子的解释如下：

因子 1 在 d1~d3、b2、c6、d6 等因素上荷载较大，可称为空间感知因子，含教室空间、交通空间、总体气氛等有关空间质量的因素，解释了 14.56％的变量总方差。

因子 2 在 a1~a5、b1 因素上荷载较大，可称为使用维护因子，与原设计指标中的"环境行为感受"项目相对应，解释了原有变量 12.37％的总方差贡献。

因子 3 在 c1、b5、c4、c5 因素上荷载较大，可称为物理环境感知因子，其关注室内气温、采光、照明、方位标识等人体生理舒适性因素，具有 10.69％的方差贡献率。

因子 4 在 e1~e4 因素上荷载较大，可称为视觉感知因子，与原设计指标中的"环境视觉感受"项目相对应，解释了原有变量 9.12％的总方差贡献。

因子 5 在 b3、b4 因素上荷载较大，可称为学术人文因子，主要涉及学习气氛与人文气息方面，具有 10.69％的方差贡献率。

因子 6 在 d4、d5 因素上荷载较大，可称为共享空间因子，主要与共享空间的趣味性与实用性有关，具有 7.35％的方差贡献率。

因子 7 在 c3、c2 因素上荷载较大，可称为教学声音因子，主要涉及教学环境中的声音质量，具有 6.81％的方差贡献率。

单线式教学建筑的 7 个公共因子总共解释了 68.38％的变量总方差，基本满意。该类型建筑具有空间与功能布局紧凑的特点，是一种比较有效率的建筑类型。因此，涉及交通空间、教室空间、空间联系与转换、总体气氛等强调实用性的空间感知因素被使用者加以合并，作为单线性建筑的第 1 公共因子。追求效率带来的是舒适性的流失，表现在以下几点，一是学术人文因子被单独提出，并且置于第 5 公共因子；二是共享空间因子与上述空间感知因子分离，成为方差贡献率较低的第 6 公共因子；三是教学声环境的不足在以内廊式为主的单线式研究样本中被强调，并以第 7 公共因子的形式给予明确。被调查的单线式建筑普遍缺乏共享空间，影响了环境心理舒适感，设计时应给予重视。

4.5 应用层次分析法进行岭南高校教学建筑舒适性的层次权重评价分析

在第 4.4.3.4 节，已对与使用者的舒适性感受较为密切的影响因子作出分析、整理和提炼，并建立了舒适性因子模型。为了进一步揭示使用者在舒适性感知与评价判断中所具有的决策分析思维特点，有必要借助层次分析法进行评价要素的逐级排序综合。兼顾其他层次因素的每一因素的权向量，实现对末级层次上因素的总排序。层次分析法是一种"包含指标设计方法、主观判断测量方法以及独特评价思路在内的评价方法"[D5]。它其实是一种以系统评价思想解决问题的模型，将复杂系统的分析过程条理化、层次化和数量化。

4.5.1 建立层次结构

依据研究所得的舒适性因素影响因子建立评价因素的递阶层次结构模型。其操作方法是：以高校教学建筑的总体舒适性评价为目标层；与目标层相关联的评价项目则归结为 5 大类，形成准则层；隶属各准则层的具体评价因素则构成子准则层（方案层）。每一具体评价因素对上一层次的评价因素的综合评价作出贡献，从而建立起两级层次分析体系（见表 4-11）。

4.5.2 对准则层因素的层次权重决策分析

4.5.2.1 利用问卷排序法确定各因素的排序

利用问卷采集使用者对 5 个一级指标的优劣排序信息，从最重要到最次要分别记 5、4、3、2、1 分，用评分的方法加以判断，即从各一级指标的得分情况可确定准则层各因素的相对优劣排序（见 4-12）。数据表明，排在第一位的是环境心理感受因素，二至四位依次为环境物理感受因素、环境行为感受因素、环境空间感受因素和环境视觉感受因素。

岭南高校教学建筑舒适性评价的递阶层次结构模型　　　　表 4-11

目标层	准则层	子 准 则 层
岭南高校教学建筑舒适性评	S_1 环境行为感受	a1 家具及设施的人体工学合理性
		a2 教学仪器设备的使用
		a3 卫生间的使用
		a4 生活性设施的配备
		a5 建筑设施对人的关怀
	S_2 环境心理感受	b1 环境的管理与维护
		b2 环境总体的怡人气氛
		b3 环境的学习气氛
		b4 环境人文气息
		b5 方位感及楼层教室标识
	S_3 环境物理感受	c1 教室的采光及照明
		c2 教室声环境清晰度
		c3 教室无噪声干扰
		c4 室内气温
		c5 公共空间的采光及照明
		c6 空气质量及通风
	S_4 环境空间感受	d1 交通空间的休闲与交流
		d2 交通空间的形式与尺度
		d3 教室的空间感
		d4 共享空间的实用性
		d5 共享空间的趣味性
		d6 不同空间的联系与转换
	S_5 环境视觉感受	e1 室内装修效果
		e2 视野感
		e3 景观效果
		e4 建筑外观效果

对调查问卷中一级指标的重要性排序　　　　表 4-12

准则层因素	S_1 环境行为感受	S_2 环境心理感受	S_3 环境物理感受	S_4 环境空间感受	S_5 环境视觉感受
得分	2127	2476	2183	1654	1535
排序	3	1	2	4	5

4.5.2.2　构建成对比较判断矩阵及计算准则层因素权重

　　根据标度函数 $b_{ij}=b^{\frac{\ln(k^P_{ij})}{\ln k}}$ 构造两两比较判断矩阵，计算判断矩阵的最大特征根、特征向量，并进行一致性检验。结果见表 4-13 所列：

						表 4-13

准则层（S层）指标的判断矩阵

	S_1	S_2	S_3	S_4	S_5	特征向量 W
S_1	1.0000	0.7053	0.9420	1.7824	2.1159	0.2216
S_2	1.4178	1.0000	1.3356	2.5270	3.0000	0.3142
S_3	1.0615	0.7487	1.0000	1.8920	2.2461	0.2352
S_4	0.5611	0.3957	0.5285	1.0000	1.1872	0.1243
S_5	0.4726	0.3333	0.4452	0.8423	1.0000	0.1047

注：$\lambda_{max}=5$，$CI=0$，$RI=1.1200$，$CR=0<0.1$，$k=1.6130$，相对重要性标度$=3$。

4.5.3　对子准则层因素的层次权重决策分析

4.5.3.1　利用评分数据排序分析法确定子准则层因素排序

由于子准则层因素较多，如果进行两两之间的优劣比较判断，受访者面临的问题量过大，既影响问卷回收率和信度，又缺乏实际可操作性。故利用所采集的调查数据来构造判断矩阵，通过各因素的数量性指标得分的平均值作为判断重要性的基本依据。需要指出的是，层次分析时，问卷的各评价等级是按 1～5 分的标度赋值，与本章 4.4.2 节所用的赋值方式不同（2、1、0、-1、-2）。这是基于标度函数的数学模型作出的选择，确保与满意度阶段的层次分析结果的统一。

对 9 所高校 12 幢教学建筑的舒适性问卷指标值求平均值，获得 5 个准则层变量下的子准则层指标平均值见表 4-14 所列。

子准则层（C层）指标的平均值　　　　表 4-14

	指标 1	指标 2	指标 3	指标 4	指标 5	指标 6	K	b
S_1	3.7960	3.7449	3.4118	3.0043	3.1562		1.264	3
S_2	3.5860	3.8261	3.5640	3.3405	3.6020		1.145	2
S_3	3.8173	3.7787	3.3856	3.3878	3.7016	3.5749	1.128	2
S_4	3.6006	3.6390	3.7683	3.5702	3.0956	3.5044	1.217	2
S_5	3.3257	3.6443	3.5021	3.5712			1.096	2

4.5.3.2　构建成对比较判断矩阵及计算子准则层指标排序

通过数量性指标按标度函数 $b_{ij}=b^{\frac{\ln(k_{ij}^{\mathrm{p}})}{\ln k}}$ 构造两两比较判断矩阵，计算判断矩阵的最大特征根、最大特征根对应的特征向量，并进行一致性检验。据此求得子准则层对准则层的单排序和总排序结果（表 4-15～表 4-19）。

1）子准则层对准则层的单排序。

判断矩阵 S_1-A　　　　表 4-15

	A_1	A_2	A_3	A_4	A_5	特征向量 W
A_1	1.0000	1.0657	1.6507	3.0000	2.3796	0.3032
A_2	0.9383	1.0000	1.5489	2.8150	2.2329	0.2845
A_3	0.6058	0.6456	1.0000	1.8174	1.4416	0.1837
A_4	0.3333	0.3552	0.5502	1.0000	0.7932	0.1011
A_5	0.4202	0.4479	0.6937	1.2607	1.0000	0.1274

注：$\lambda_{max}=5$，$CI=0.0000160$，$RI=1.1200$，$CR=0.0000143<0.1$，
$k=1.264$，相对重要性标度$=3$。

判断矩阵 S_1-B   表 4-16

	B_1	B_2	B_3	B_4	B_5	特征向量 W
B_1	1.0000	0.7182	1.0319	1.4364	0.9775	0.1968
B_2	1.3923	1.0000	1.4368	2.0000	1.3610	0.2740
B_3	0.9691	0.6960	1.0000	1.3920	0.9473	0.1907
B_4	0.6962	0.5000	0.7184	1.0000	0.6805	0.1370
B_5	1.0230	0.7347	1.0557	1.4695	1.0000	0.2014

注: $\lambda_{max}=5$, $CI=0.000001$, $RI=1.1200$, $CR=0.00000089<0.1$,
$k=1.145$, 相对重要性标度 $=2$。

判断矩阵 S_1-C   表 4-17

	C_1	C_2	C_3	C_4	C_5	C_6	特征向量 W
C_1	1.0000	1.0605	2.0000	1.9925	1.1945	1.4607	0.2239
C_2	0.9430	1.0000	1.8860	1.8789	1.1264	1.3774	0.2111
C_3	0.5000	0.5302	1.0000	0.9963	0.5973	0.7304	0.1119
C_4	0.5019	0.5322	1.0038	1.0000	0.5995	0.7331	0.1124
C_5	0.8371	0.8878	1.6743	1.6680	1.0000	1.2228	0.1874
C_6	0.6846	0.7260	1.3692	1.3641	0.8178	1.0000	0.1533

注: $\lambda_{max}=6$, $CI=0.00000397$, $RI=1.2400$, $CR=0.0000032<0.1$,
$k=1.128$, 相对重要性标度 $=2$。

判断矩阵 S_1-D   表 4-18

	D_1	D_2	D_3	D_4	D_5	D_6	特征向量 W
D_1	1.0000	0.9633	0.8517	1.0303	1.7035	1.1002	0.1761
D_2	1.0381	1.0000	0.8842	1.0696	1.7684	1.1421	0.1828
D_3	1.1741	1.1310	1.0000	1.2097	2.0000	1.2917	0.2067
D_4	0.9706	0.9349	0.8267	1.0000	1.6533	1.0678	0.1709
D_5	0.5870	0.5655	0.5000	0.6048	1.0000	0.6458	0.1034
D_6	0.9090	0.8756	0.7742	0.9365	1.5484	1.0000	0.1601

注: $\lambda_{max}=6$, $CI=0.00000136$, $RI=1.2400$, $CR=0.0000011<0.1$,
$k=1.217$, 相对重要性标度 $=2$。

判断矩阵 S_1-E   表 4-19

	E_1	E_2	E_3	E_4	特征向量 W
E_1	1.0000	0.5000	0.6760	0.5830	0.1614
E_2	2.0000	1.0000	1.3520	1.1659	0.3229
E_3	1.4793	0.7397	1.0000	0.8624	0.2388
E_4	1.7154	0.8577	1.1596	1.0000	0.2769

注: $\lambda_{max}=4$, $CI=0.0000159$, $RI=0.9000$, $CR=0.0000177<0.1$,
$k=1.096$, 相对重要性标度 $=2$。

2) 子准则层对准则层的总排序根据公式 $W=\sum\limits_{i=1}^{m}b_n^i a_i$，所求得的 W 值即为各评价指标的权重，见表 4-20。

4.5.4 对评价样本的舒适性综合分析比较

层次分析法利用矩阵排序原理将主观判断定量化，此方法具有可比性佳及计算过程相对简单等优点，并可对指标进行排序比较。本章借助层次分析方法，提出岭南高校教学建筑的评价指标集及相应的指标权重。这一研究结论可应用于同类评价客体有关舒适性专题的描述、解释与诊断。可以从各指标得分情况较为客观地描述环境状况，实现对评价对象较为全面的考察；并可以通过不同样本的指标数据横向比较，较客观地评价各样本的有关建筑舒适性能指标，并揭示存在的问题。

层次分析法求出的舒适性评价指标权重　　　　　　表 4-20

		S_1	S_2	S_3	S_4	S_5	W
		0.2216	0.3142	0.2352	0.1243	0.1047	
对 S_1	A_1	0.3032					0.0672
	A_2	0.2845					0.0630
	A_3	0.1837					0.0407
	A_4	0.1011					0.0224
	A_5	0.1274					0.0282
对 S_2	B_1		0.1968				0.0618
	B_2		0.2740				0.0861
	B_3		0.1907				0.0599
	B_4		0.1370				0.0430
	B_5		0.2014				0.0633
对 S_3	C_1			0.2239			0.0527
	C_2			0.2111			0.0497
	C_3			0.1119			0.0263
	C_4			0.1124			0.0264
	C_5			0.1874			0.0441
	C_6			0.1533			0.0361
对 S_4	D_1				0.1761		0.0219
	D_2				0.1828		0.0227
	D_3				0.2067		0.0257
	D_4				0.1709		0.0212
	D_5				0.1034		0.0129
	D_6				0.1601		0.0199
对 S_5	E_1					0.1614	0.0169
	E_2					0.3229	0.0338
	E_3					0.2388	0.0250
	E_4					0.2769	0.0290

　　根据各指标的权重，利用式（$(M-1) \times 25$）分别把 26 项评价指标得分转换为相应权重的百分制得分（式中，M 为指标得分均值），把得分进行计权相加，得到四类高校教学建筑的综合得分。结果显示：并置式教学建筑得分最高（68.06 分），单核式次之（66.98 分），随后为排列式（62.52 分）和单线式（61.36 分）。各指标及综合得分情况均与前述的结论较为一致。这在一定程度上说明了综合分数较为充分地反映了各指标包含的信息，基本具备对岭南高校教学建筑作综合舒适判断的评价效能。

　　以指标权重为依据，求 12 个研究样本的评价指标计权得分及综合得分状况见表 4-21 所列。从综合得分可知，各样本得分均值为 64.77 分，其中

表 4-21

各样本舒适性综合评价结果的比较

具体评价项目	各样本综合得分											
	U(JYDX) -1(GY)	A(HNLG) -1(32~34)	B(HNSF) -2(2~6)	P(GZDX) -6	B(HNSF) -1(1)	R(GDYX) -3	C(HNNY) -3(3)	T(BSZH) -1(LY)	A(HNLG) -2(27)	A(HNLG) -5(A3)	U(JYDX) -2(TS)	T(BSZH) -3(LY)
a1 家具及设施人体工学合理性	5.04	5.01	4.85	4.05	5.07	4.62	4.99	5.06	4.33	5.04	3.45	4.70
a2 教学仪器设备的使用	4.05	4.47	4.84	3.43	4.63	4.15	4.61	5.12	3.52	4.64	2.98	4.96
a3 卫生间的使用	2.99	2.45	2.18	1.84	2.75	2.60	2.80	2.38	2.19	3.22	1.41	2.83
a4 生活性设施的配备	0.71	1.02	1.51	0.89	1.64	0.92	1.27	1.29	0.95	1.34	0.40	1.40
a5 建筑设施对人的关怀	1.72	1.49	1.68	1.26	1.59	1.38	1.63	1.67	1.53	1.63	1.13	1.50
b1 环境的管理与维护	4.22	4.20	3.90	2.70	4.48	3.37	4.66	4.08	3.85	4.80	3.40	4.21
b2 环境总体的怡人气氛	6.28	6.01	6.10	4.23	6.58	5.79	6.62	6.81	5.76	6.53	5.29	6.81
b3 环境的学习气氛	3.98	4.44	3.80	2.65	4.80	3.33	4.27	3.80	3.81	4.28	3.48	3.41
b4 环境人文气息	2.40	2.27	2.42	1.94	3.42	2.38	2.41	2.77	2.77	2.32	2.59	2.66
b5 方位感及楼层教室标识	4.78	4.25	4.59	3.02	4.40	3.85	3.89	3.84	4.11	4.92	3.94	3.91
c1 教室的采光及照明	4.09	4.00	4.03	2.16	3.28	3.74	3.95	4.13	3.76	3.93	3.51	3.76
c2 教室声环境清晰度	3.78	3.30	3.64	2.42	3.31	3.31	3.53	3.75	3.65	3.70	3.17	3.84
c3 教室无噪声干扰	1.72	1.28	1.58	1.14	1.71	1.63	1.62	1.90	1.66	1.59	1.33	1.69
c4 室内气温	1.88	1.40	1.66	1.04	1.37	1.42	1.80	1.87	1.59	1.57	1.42	1.83
c5 公共空间的采光及照明	3.45	3.27	3.06	1.65	2.90	2.88	3.21	3.28	2.89	3.25	2.74	3.04
c6 空气质量及通风	2.56	2.57	2.59	1.37	2.00	2.47	2.41	2.53	2.50	2.34	2.20	2.21
d1 交通空间的休闲与交流	1.54	1.57	1.47	0.89	1.50	1.43	1.45	1.53	1.44	1.54	1.19	1.52
d2 交通空间的形式与尺度	1.62	1.57	1.60	1.01	1.62	1.47	1.52	1.51	1.56	1.68	1.28	1.55
d3 教室空间感	1.93	1.89	2.01	1.17	1.91	1.77	1.71	1.90	1.82	1.94	1.46	1.82
d4 共享空间的实用性	1.45	1.51	1.43	0.79	1.52	1.28	1.40	1.54	1.15	1.47	1.24	1.49
d5 共享空间的趣味性	0.68	0.67	0.73	0.54	0.80	0.66	0.68	0.80	0.52	0.65	0.57	0.76
d6 不同空间的联系与转换	1.32	1.29	1.24	0.90	1.29	1.26	1.25	1.28	1.28	1.47	1.12	1.27
e1 室内装修效果	1.09	1.06	0.96	0.63	1.23	1.00	0.98	1.11	0.82	1.14	0.66	1.11
e2 视野感	2.39	2.35	2.35	1.45	2.45	2.21	2.27	2.56	2.12	2.37	1.92	2.29
e3 景观效果	1.50	1.46	1.52	1.09	1.80	1.60	1.72	1.90	1.25	1.55	1.58	1.68
e4 建筑内外观效果	2.05	1.87	2.14	1.04	2.23	1.72	1.90	2.29	1.19	2.19	1.61	1.92
综合得分(100分制)	69.24	66.69	67.88	45.30	70.30	62.23	68.53	70.70	61.99	71.09	55.06	68.19

样本 A（HNLG)-5（A3)、T（BSZH)-1（LY)、B（HNSF)-1（1）的使用舒适评价较佳，分别得 71.09、70.70 和 70.30.57 分；而样本 U（JYDX)-2（TS）和 P（GZDX)-6 的使用舒适状况则较不理想，得分为 55.06 和 45.30 分。本章对样本的舒适性排序与上一章对样本的满意度综合排序比较一致，表明使用者的舒适判断与使用满意判断具有一定的相关性。其次，样本的舒适得分状况与先导研究阶段的调查结果十分一致，表明综合评分较为合理。数据显示，舒适性综合得分较高的教学环境往往不在于某项舒适性指标特别突出，而主要在于环境表现的均衡。舒适性评价影响因素的多样化，决定了设计者和管理者应从不同的侧面和深度去关注使用者的舒适感受。各样本环境的优缺点是导致舒适感差异的主要原因，本书后续各章的焦点评价将对此作进一步的诊断分析。

4.6 本章小结

1）分别从"舒适性评价影响因素"和"舒适性评价研究实践"两个角度开展与本章相关的文献研究工作。

2）结合现场访谈和实地考察，以量表的形式收集使用者关于高校教学建筑舒适感影响因素的主观信息，作为本章研究的先导性工作。

3）对岭南地区 9 所高校的 12 幢教学建筑进行舒适性使用后评价，结论如下：

（1）均值分析显示，四种平面类型的教学建筑的总体舒适水平排序，由高到低依次为：并置式、单核式、排列式、单线式，反映了并置式建筑具有较突出的环境心理感受和环境视觉感受，更受使用者欢迎。这与满意度的评价结论是一致的。单线式建筑舒适性评价较低，可能与该类空间趋于单调有关。单核式与排列式的舒适性状况比较接近。前者具有环境的组织管理较为清晰的特点，后者则具有空间趣味方面的可塑潜力。

（2）从相关分析得知，各具体评价要素均与总体舒适评价显著相关，且四种类型教学建筑没有明显的差异。这验证了舒适性评价影响因素涉及面较广的特点，同时说明使用者群体对教学环境的舒适认知比较一致。

（3）因子分析发现，使用者对教学建筑环境当中的关键空间（如交通空间、共享空间、教室空间等）、视觉感知（如视野感、景观资源、室内装修等）、物理环境（采光、照明、声音）、环境心理（如学习气氛、人文气息等）等几个方面的舒适状况具有相当的关注度。使用者的关注侧重点因平面类型特点的不同而有所差异。各种类型的评价因子模型见表 4-9。

（4）层次分析法结论：

a. 四类教学建筑的综合得分排序，由高到低依次为：并置式、单核式、排列式、单线式。该结果与满意度评价的结论相一致，显示使用者对环境的舒适感知与环境的满意感知存在一定的关联性。

b. 准则层的评价指标重要性排序依次为：环境心理感受、环境物理感受、环境行为感受、环境空间感受、环境视觉感受。

c. 利用层次分析法得出准则层及子准则层各评价因素的指标权重值，作为同类建筑研究的评价工具。具体的评价指标集及权重值参见表4-20。

d. 用层次分析法求得12个样本的综合评价得分，据此可以对样本的舒适状况作横向比较。样本的舒适状况排序与上一章对样本的满意状况排序是比较一致的。同时，样本的综合得分状况与先导研究阶段的调查结果吻合，表明综合评分较为合理。

第5章 岭南高校教学建筑场所环境质量的主观评价

大学校园是具有清晰功能逻辑的环境体系，校园中的教学建筑不是孤立存在的。在这种意义上，教学建筑的设计应该兼顾校园体型环境设计，是在校园规划指导下，基于内在、先验的审美需求和行为特点，从重视建筑实体及其如何与相邻建筑构成使用空间等中观尺度开始，直到对校园宏观环境的关注。

教学行为并不局限于建筑物内部，而是辐射到建筑外围场地，进而扩展到其他校园建筑。本章以岭南高校教学建筑的场所环境为对象，从使用者对场所环境的主观认知入手，比照专业人士的评价意见，从教学建筑与校园整体环境的结合和教学活动向场地环境的延伸两个层面进行环境质量主观评价研究。

5.1 场所环境质量主观评价概述

5.1.1 概念界定

环境质量主观评价是对建成环境客观属性所处状态的主观描述，是对环境本质属性的公共认知意象，具有相对客观性。该评价是主体对客体的描述，通过人们对环境状态的感知，对建筑环境各要素及其空间质量作出优劣评判。评价因子宜以建成环境系统的物质要素为主，社会心理要素为辅，目的是得到环境质量状态的客观描述[D5]。

5.1.2 四种评价范式

早期的环境质量主观评价研究主要是依据个人或社会喜好对各类景观所进行的视觉质量评估。经过数十年的发展，该评价技术已形成了四种主要的评价范式。

1）专家范式（expert paradigm）：由少数训练有素的专业人员来完成，按照多样性、独特性、统一性、生态性原则主导环境质量的等级划分。

2）心理物理范式（psychological paradigm）：是一种主、客观相结合的研究范式，主要通过测量公众对环境的态度获得反映环境质量的量表，建立该量表与环境因素之间的数学关系。在大多数情况下，心理物理评价需要借助幻灯、彩色照片等媒介加以推进。

3）认知范式（cognitive paradigm）：又称心理学范式：此范式试图用人的进化过程及功能需要去解释使用者对环境的审美过程。把环境作为人的生存空间、认知空间来评价，强调环境对人的认识以及情感反映上的意义。

4）经验范式（experiential paradigm），或称现象逻辑范式：该范式把评价看作是人的个性及其文化、历史背景、志向与情趣的经验表现，一般是以考证艺术作品为方式，分析人与环境的相互作用及某种审美评判所产生的背景。

5.1.3 国内外相关研究

国外在研究方法上的成果较为突出，如：丹尼尔和博斯特（Daniel&Boster，1976）提出的对评判值进行标准化的方法（1976）；布约夫（Buhyoff，1978，1980）等人提出的以环境之间的比较为基础的评价方法；布里格斯（Briggs，1980）提出的现场评价与非现场评价的方法。

国内学者对环境质量主观评价作了有意义的扩展，主要有林玉莲等（1982，1986）进行的校园环境意象研究[M4]。朱小雷（2003）对银行营业厅[J33]、大学校园[J34]、城市居住环境、城市空间[D5]开展了主观质量评价。此外，尹朝晖博士（2006）则把该评价技术应用到以物质要素为主的使用者显性需求研究中[D8]。

国内另一些关于环境质量主观评价的研究工作集中在建筑技术领域，尤以空气环境质量和声环境质量的研究居多，如江燕涛[J35]、闰靓[J36]、温小乐[J37]等人的研究工作。在技术领域的其他应用还包括对照明环境[M3]、音乐厅环境[J38]以及居住区生活环境质量[J39]等方面的主观质量评价研究。

5.1.4 对高校环境质量的主观评价研究

西方学界有通过大学校园管窥城市发展的研究传统，因此相关研究成果较为丰富。其中影响较大的包括：克莱尔·库珀·马库斯等对大学校园开放空间（广场、草地）的使用状况评价调查[M20]。克里斯托弗·亚历山大通过对俄勒冈大学的研究，提出一套规划模式和符合人的需求的环境的六项原则[M21]。查尔斯·W·摩尔（Charles W. Moore）以中世纪小城镇的生活氛围作为大学校园的设计原型，强调使用者活动路线的连续性、趣味性和使用者的参与[D12]。理查德·P·多贝尔（Richard. P. Dober）在关于校园规划、景观、建筑设计的一系列著作中，对校园规划与校园形态的关系、校园建筑及校园外部环境分别作了专题研究[M22][M23]。

国内对高校环境的评价研究始于 20 世纪 90 年代。研究者从不同侧面对校园环境质量评价作了有意义的探讨。其中，林玉莲、胡正凡（1991，1992，1995）探讨了校园环境意象的形成规律。为校园环境的规划与设计提出了原则性建议[M4]。黄伟华（1996）对校园规划评估和校园建筑质量评估进行了深入的研究，建立起大学校园评估方法及指标体系[D13]。郑明仁（2001）以规划过程为主线，探讨了大学校园规划中评价系统的建立与运用。朱小雷（2001，2002）从评价校园环境满足使用者需求程度入手，建立校园环境主观评价方法，同时对影响校园环境意象的诸因素进行了分析。

5.2 研究设计

5.2.1 研究对象

场所是由自然环境和人造环境相结合而组成的有意义的整体，不仅具有空间实体的形式，还具有精神上的意义[M24]。场所反映了在某一特定地段中人们的生活方式及其自身的环境特征。

本章的研究对象是由岭南高校教学建筑所创造的场所环境，即教学建筑与其所处基地的诸要素所共同形成的具有一定空间形式的物质环境。研究关注场所作为审美对象（建筑与空间的视觉质量）和活动场景（人、空间和行为的社会特征）的校园体型环境。评价的侧重点是实体环境如何支持场所的功能与活动，以及使用者所感知到的基于教学建筑的校园空间的多样性和活力。根据先导研究的结果，建筑、景观、设施、空间、氛围、交通、规划等要素将作为本章的具体评价客体。

如果按照本书第 2.4.4 节的空间划分方式，研究对象应包括建筑的 D 空间以及向校园开放的课外空间（如面向校园开放的庭院、架空层等）等教学建筑辐射区域。这是使用者从建筑基地乃至校园的宏观尺度感知并评价教学建筑的环境绩效。

5.2.2 研究目的

1）分别从使用者及专家的视角评价教学建筑的场所环境绩效，了解评价主体对场所环境的认知特点和心理需求，探寻影响场所环境质量评价的关键性因素。

2）分析各评价样本的场所环境评价得分，了解当前教学建筑场所环境的现状及发展趋势，评判设计得失。

3）基于两个阶段的研究，对教学建筑与基地环境乃至校园环境的结合作定性分析，为总结关于教学建筑场所环境设计的导则提供依据。

4）研究工作框架如图 5-1 所示。

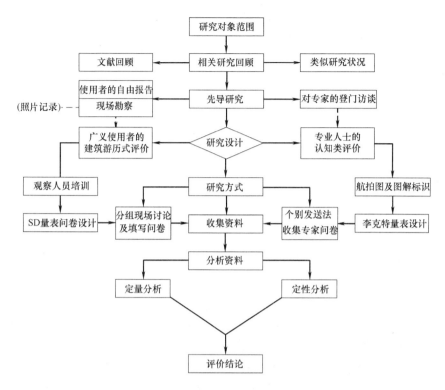

图 5-1 场所环境质量主观评价研究工作框架

5.2.3 研究内容

本章的中心评价内容为教学建筑的场所环境要素，具体研究内容包括：

1）组织在读本科生对客体样本作建筑游历式评价，内容涉及环境心理感受、场所建筑品质、场所景观品质、场所交通品质等方面。

2）邀请专家对客体样本作场所环境质量的认知评价，试图基于评价主体的专业经验，借助研究对象的建成环境航拍图及现场相片，探讨教学建筑在基地环境、校园规划影响下的存在合理性问题。评价内容涉及平面形态、物理环境、空间形态、交通组织、自然条件等方面。

前者是对心理物理范式的应用，强调评价者对具象环境的现场体验；后者则更多地基于专家范式和认知范式，侧重于实现对场所环境作宏观、理性、科学的分析，带有客观评价性质。

5.2.4 研究方法

本章在选择研究方法时，也是汲取环境质量评价领域中较为通行的心理物理范式和专家范式的基本观点，把广义使用者的评价和少数训练有素的专业人士的评价加以对照和整合。

101

5.2.4.1　建筑游历式评价法（Walkthrough）

这是一种对公众参与建设过程的引申方式，是典型的社会学研究范式^[D5]。研究试图通过测量公众对环境的审美态度得到反映环境质量的量表，认为评价结果是观察者的知觉与判断标准两者综合作用的产物，是环境比较的产物。本研究通过组织具有代表性的环境使用者，以参观的方式对 6 所高校的教学建筑进行实地走访，由组长在现场组织分组讨论，对较具代表性的观点作记录，随后要求评价者针对每个研究对象填写李克特量表。采用这种方法的目的是为了克服评价主体的局限与片面而导致评价标准不一致，同时通过对不同研究对象的参观实现横向比较。

5.2.4.2　认知类评价法与专家评价法的结合

在环境质量评价研究中，使用者的认知局限往往是客观存在的。尤其是场所环境评价难以回避对场所合理性的判断，单凭使用者的主观感知难以做到客观、整体和全面评价，有必要借助专家的专业知识和从业经验作出修正。专家评价所主导的多样性、独特性、统一性、生态性评价原则在环境质量分析中可起到弥补使用者认知局限的作用。研究选取教学建筑场所的环境航拍图及实景相片作为评价媒介，借助李克特量表收集专家评价信息，从中了解专业的评价侧重点和设计观念。

以环境照片为刺激物的环境知觉研究在国外的景观视觉评价领域运用较多，可有效判别人群的认知特点和主观态度。在国内，俞孔坚先生所进行的景观评价实验，就曾较成功地运用过这种评价方法。朱小雷博士在对大学校园环境主观评价中，也采用准实验的方式，通过对实验组和控制组的数据作方差分析证明照片质量不太影响环境质量的主观评价结果^[D5]。

5.2.4.3　统计调查法

以李克特量表收集游历评价者对实际场所环境的主观感知，以李克特量表调查专业人士对场所环境航拍图的专业认知，用统计分析软件定量分析问卷数据。

5.3　先导性调研及研究假设

5.3.1　先导性调研

1）通过对文献的详细阅读，研究者掌握了一些与本研究相关性较大的学术成果。这些成果具有可资类比、引用或借鉴的价值，特将相关文献的观点、结论列于表 5-1。

2）使用者以自由报告的方式回答开放式问卷

先导研究的目的是初步了解使用者的场所环境认知和使用状况，获取使用者关于场所环境的使用意识和情趣爱好等方面的信息，作为确定研究侧重点的依据。就此，向自愿参加评价研究的 50 名在校本科生发放开放式问卷（见附录 1.3），要求受访者以自由报告的方式阐述其对高校教学建筑场所环境的看法。经过对回收问卷的分析，高校学生所关心的场所环境因素主要包括建筑形式、选址、气氛、交通、功能、景观、绿化、配套设施等方面，其中较有代表性的表述有：

相关研究结论例证 表 5-1

构 建 因 素	观点/结论
关于场所意象范围	1. 校园中的重点区域包括主楼、礼堂、图书馆、行政楼及其周围地段,该区域往往建筑品质较佳,室外的硬、软质景观相对良好[M4]
	2. 意象范围临界值 M1、M2 分别为校园总面积的 25％和 14％~11％[M4]
	3. 易于识别的环境有利于形成地区感、控制感和认同感。高校场所环境尤其如此[M4]
	4. 加强或扩大周围绿化可以充实规模过小、难以形成重点的建筑群的意象核心[M4]
	5. 校园的环境意象与环境的整体同一性有关[M4]
	6. 区域在意象研究中趋于相对次要的地位[M4]
关于场所意象建构	1. 小尺度的区域意象性较高,并建立整体认知结构[M4]
	2. 校园意象的组成层数依次为建筑、场所、道路和标志[M4]
	3. 校园的意象空间结构与方向、校园核心、环境层次以及空间架构有关[M4]
	4. 中轴线是隐性的定向元素,是环境意象最重要的参考要素[D2]
	5. 环境都必须具有中心,意象核心不一定就是校园中心[M4]
	6. 校园环境需要象征物[M4]
关于场所建筑	1. 中等尺度环境中的建筑物最易于记忆和辨认,是识别环境的重要参照物[M4]
	2. 标志性的建筑和小品作为识别和引导的手段可以增加步行者的舒适感[M4]
	3. 建筑要素是影响学生对校园环境质量评判的最主要的环境意象因子[D2]
	4. 文化广场的周围建筑、空间的划分、文化气氛等因素是使用者较为关注的因素[D2]
关于场所交通	1. 正交道路的清晰度较高,是构成校园总体环境的认知骨架[M4]
	2. 在校园内部,道路同时起到分隔区域的边界作用[M4]
	3. 被试者对校园交通现状的评判,是影响他们对环境总体评价的主要因素之一[D2]
关于场所景观	1. 自然要素是影响学生对校园环境质量评判的最主要的环境意象因子[D2]
	2. 道路两侧的景观差异形成主次道路关系差异,产生环境的识别性特征[M4]
	3. 照明设计、草坪、景观、设计风格、设施等因素是使用者较为关注的因素[D2]

构建因素	观点/结论
关于场所景观	4. 绿化是形成校园总体印象的主因,有利于形成一个适于学习和研究的环境[M4]
	5. 统一与变化的结合能使校园景观质量得到进一步提高[M4]
关于使用者	1. 不同专业背景的学生对校园综合评价无差别[D6]
	2. 学生的总评价与对环境不满的因子有较强的相关性[D6]
	3. 不同专业组间在某些环境因素的主观评价上有显著差别[D6]
	4. 学生的心理评价标准有内在一致性[D6]
关于评价方法	1. 照片质量不太影响环境质量的主观评价[D6]
	2. 等级测量与排序测量无显著性差别,但排序法信度一般认为比等级测量法高[D6]
	3. 利用因子荷载的共同度(共性方差)作为定权的依据,符合主观逻辑[D6]
	4. 模糊评价法中,概率评价方法求模糊评价矩阵,所得结果较平均[D6]

(1) 教学建筑要有学术氛围,体现学校特色。

(2) 与新建的校区相比,老校区学术氛围较浓厚,自然环境景观较好,但往往存在配套设施老化、交通及规划紊乱的状况。而新建校区的教学建筑环境往往设施先进、空间开阔并富于现代感,但空间尺度及景观设施的学术性及人性化程度不足。

(3) 普遍认为教学建筑的眺望视野要开阔,室外环境中应多设些小品、水体等景观以增加活力。

(4) 教学建筑的选址要兼顾与图书馆、宿舍、饭堂三者之间的距离;

(5) 建筑物之间要有一定的间隔,楼与楼之间的空间不能太压抑;

(6) 部分学生反映教学区域在兼顾安静的学习氛围的同时,也可适当设置一些活动设施。动静分区不要太绝对;

(7) 教学楼内部要利于交通穿行,可以快捷地抵达各个楼层。外部交通应在考虑交通便利性的同时要兼顾安全性,作适当的人车分流。

3) 登门访谈专业人士。登门访谈以自由访谈的形式进行。通过研究者与被访者交谈的方式实施(定性)评价,并作出归纳分析,得出初步结论。访谈对象是 12 名具有较多规划设计经验的专家。访谈在非正式场合围绕高校教学建筑场所环境质量的主题展开。通过访谈,初步掌握较有代表性的如下专家观点:

(1) 氛围:

a. 场所应体现学校的人文精神,反映学校的历史文脉特色;

b. 营造儒雅的学术文化氛围,并作为城市精神文明的一种载体;

c. 应注重与社会的联系，考虑经济、环保、节能等因素。

（2）形式和功能：

a. 应重视使用功能，避免片面追求气势和形式；

b. 体量不宜过大，以减少能源消耗；

c. 应注重环境设计，营造动与静，教与学的校园特色。

（3）交通：

a. 应从日常教学及使用人群的习惯出发，兼顾师生的心理、行为等特征，合理组织交通，布置设施；

b. 交通流线不宜太复杂，避免内、外交通互相干扰。

（4）空间布局：

a. "人性化空间"和"因地制宜"是设计的关键；

b. 布局应有利于形成良好的教学环境；

c. 教学空间内要注意交往空间的营造；

d. 教学区、运动区、生活区须有机结合；

e. 教学建筑要有良好的通风、采光及声环境。

5.3.2 研究假设

在以上探索性研究的基础上，提出如下研究假设：

假设一：以大学城校区为代表的，经过完整的校园规划设计，建成时间较短的新型校区中，教学建筑外部环境在建筑品质、配套设施、交通便利性等方面能获得较高的评价。

假设二：经过较长的历史积淀逐步建成的传统校区，其教学建筑外部环境在有助于创造学术氛围和人文气息等方面能获得较高的评价。

假设三：评价者较为关注外部环境的学术气氛、交通组织以及景观设施。

5.4 广义使用者（学生参观者）对教学建筑场所环境的游历评价

5.4.1 样本选取

以分层抽样（Stratification）的方法，对广州地区 6 所高校的 10 幢教学建筑作为研究对象。选取原则为：

1）所选样本在某方面或某几方面（如建筑品质、外部空间、规划布局或景观设施等）体现岭南高校教学建筑的基本特点，具有一定的代表性。

2）所选样本在规模形式、地形地貌、布局方式、景观特征，规划现状等方面具有一定的异质性，在数据分析中可形成比照关系。

3）为了兼顾学生的交通及时间等实际问题，所选取的研究对象所处地段相对集中。

4）样本数量适中。

5.4.2 评价对象背景信息

第一阶段抽取广州五山地区（位于广州天河区）两所高校的6幢教学建筑，第二阶段抽取广州大学城（位于广州市番禺区）4所高校的教学建筑作为研究样本。前一阶段样本大体代表了高校传统老校区的教学建筑风格概貌。后一阶段样本来自建成年代较晚的高校新校区，其建筑风格较为现代，配套设施等较全面，能大致反映出我国近期高校教学建筑的建设规模、水平及发展趋势。样本背景信息简要描述见表5-2、表5-3所列。

5.4.3 问卷设计及数据采集

5.4.3.1 评价要素构建及评价问卷设计

根据探索性研究，按照指标建构方法及原则，以参观者为评价主体，初步构建包括环境心理感受、场所建筑品质、场所景观品质、场所交通品质4大类共17项环境场所质量主观评价因素。具体内容见调查表"岭南高校普通教学建筑的场所环境质量主观评价研究问卷"（附录2.4）。

对所确定的4个一级指标和17个二级指标采用五点李克特量表作5级定序测量：很满意、较满意、一般、较不满意、很不满意（分别赋上分值1、2、3、4、5，以转化为主观评价的等级测量层次）。另设"对影响场所环境质量的4个一级指标作重要性程度排序"以及"在17个二级指标中选出6个最重要因素的排序"问题。同时，为弥补封闭式问卷的局限，问卷内设"备注"栏，供参与者自由表达见解。评价标准见表5-4。

5.4.3.2 数据采集

评价分两个阶段进行，2007年3月进行第一阶段调研，2007年6月进行第二阶段调研。研究前期，研究者参与《建筑概论》课程的教学，普及评价的基础知识；研究以公开信的形式向学生阐明研究内容、目的及意义，请学生自主决定是否参与评价活动。在选修该课程的95名学生中，有48名学生选择自愿参与此项评价工作，并书面承诺将亲身实地调查、亲自填写问卷。

在正式调研活动开始前，研究者向评价参与者讲解建筑评价方法、问卷指标等背景知识，并特别作出"填表指引"，包括注意事项及评价因素的相关解释。针对每一个评价对象，研究者为评价主体提供了地址、交通指引、实景图片、网址等信息，并把评价主体分成小组，便于现场讨论。

表 5-2

第一阶段游历式评价样本的现场调研记录

样本编号	样本属性						样本建成时间
	场所建筑	场所交通	场所景观	场所规划	场所自然条件		
A(HNLG)-1 (31~34)	整体式 6层	无明显出入口，	广场人工铺地，	外廊式	湖水（东）		2002 年
		有开放式楼梯	运动场（北）	院系楼（东）	地势基本平整		
		华工主校道（西）	入口广场	人文馆（南）	梯形地块		
A(HNLG)-2(27)	单体式 7层	封闭门厅	内庭绿化	回字形、外廊式	依缓坡山势		
			作品展示区	与人文馆、行政楼形 成校园核心区	东湖（北）		
		过道，楼梯	咖啡休闲室		矩形地块		
A(HNLG)-3(1)	单体式 7层	通过二楼转换层 可达行政楼	楼前广场雕像	位于中轴线	地势基本平整		普遍建于 20 世 纪 70 年代，部分 于 90 年代进行整修
			二楼转换平台	活动中心（东）	矩形地块		
		封闭门厅进入	花圃、绿化	图书馆（南）	绿化带		
		南面通向正校门		一字形、内廊式			
C(HNNY)-1(1)	单体式 5层	封闭入口门厅	雕像、空地	一字形	地势有缓坡		
		封闭楼梯	草地、绿化带	内廊式	矩形地块		
C(HNNY)-2(2)	单体式 5层	封闭入口门厅	草地	庭院	地势基本平整		
		弧形休息平台	内庭、天台	外廊式	梯形地块		
C(HNNY)-3(3)	单体式 6层	前后有开放门厅	喷泉	工字形、外廊式	草坡		2003 年
		入口两侧放单车	中庭绿化	与 1、2 号楼形成 核心教学区	依缓坡山势		
			过道绿化		不规则地块		

第二阶段游历式评价样本的现场调研记录

表 5-3

样本编号	样本属性					样本建成时间
	场所建筑	场所交通	场所景观	场所规划	场所自然条件	
F(GDGY)-2 (A1～A6)	整体式 5层	过内环路到宿舍	运动场（北）	行列式、外廊式	湖水（西）	
		由开放楼梯进入	入口广场（南）	底层架空	地势基本平整	
		电梯	庭院绿化	图书馆（西）	近似矩形地块	
G(GZMY)-1 (A～E)	整体式 7层	走廊与宿舍相连	庭院绿化	行列式、外廊式	湖水（西）	
		平台连接各楼	雕塑、座椅	底层架空	地势基本平整	
		主入口（南）	过道作品展示	图书馆（楼内）	近似梯形地块	
		开放门厅	休闲座椅	位于中轴线	湖水、小桥（东）	
E(GDWY)-1 (A～G)	整体式 5层	入口广场（南）	石铺小径	交错布局	四周草地	2003～2005 年
		楼梯	钟楼	回字形、外廊式	地势基本平整	
		入口停放自行车	内庭绿化	实验楼（东）	矩形地块	
		封闭门厅	入口广场（北）	位于中轴线	湖水	
B(HNSF)- 2(1～6)	整体式 6层	开放楼梯	运动场（东）	院系楼（东）	地势基本平整	
		中庭观光电梯	人工地为主 / 内庭活动空间	图书馆（南）		
		平台连接各单体	显示屏（大堂）	蝶形平面布局 / 外廊式、行列式	不规则地块	

评价定量标准		表 5-4
评价值 x_i	评价语	定　级
$x_i \leqslant 1.5$	很好	E1
$1.5 < x_i \leqslant 2.5$	较好	E2
$2.5 < x_i \leqslant 3.5$	一般	E3
$3.5 < x_i \leqslant 4.5$	较差	E4
$x_i > 4.5$	很差	E5

具体实施调研活动时，将评价主体分为 4 个小组（每组约 10 个人），由组长安排各成员具体的调查活动，包括调研时间、路线、形式等，并填写调研日志。评价小组还在现场展开自由讨论，由专人作必要的笔录和拍摄记录。评价主体根据自身对教学建筑场所环境的感知，填写李克特量表。研究者希望通过两个阶段的游历式评价活动，借助个体的比较和集体的讨论，使评价主体能对 10 个评价对象形成较为客观和一致的判断标准。在评价的最后阶段，研究者要求参评者对 10 个评价量表的选择加以回顾、比较，作出权衡、调整。

5.4.4　调查结果统计分析

5.4.4.1　评价主体基本资料

选取高校在校生为评价主体，在集中时段内对 10 幢建筑进行现场游历、填写量表并分组讨论。评价主体一方面是其中 7 个样本广义上的使用者，即环境的参观者；另一方面，还是另外 3 个样本的直接使用者。他们是华南农业大学土地资源管理（房地产开发与物业管理方向）专业本科三年级（2004 级）的 48 名学生。从性别和年龄来看，其中 33% 为男性（16 名），67% 为女性（32 名），年龄为 19～23 岁。从籍贯来看，有 36 名学生来自岭南地区，约占 75%，岭南地区以外的学生有 12 名，占 25%。参评者对高校、教学建筑、岭南地域等有一定了解并对校园建筑与环境的有机联系有着切身使用经验和感受。评价主体的年龄、性别、籍贯、就读年限等条件符合本次调查所预定的评价主体的对象特征。另外，评价主体受教育程度较高，属于非建筑专业但具备建筑学基本常识的房地产开发与物业管理方向的学生，其专业背景也有利于评价者明确评价内容，提高评价效度。

5.4.4.2　聚类分析和均值分析

利用 SPSS 软件的层次聚类（Q 型聚类）功能分别对 10 个样本的指标得分平均值进行分类。分析时，个体距离采用平方欧氏距离，类间距离采用平均组间链锁距离。由冰挂图（图 5-2）可知，样本 E（GDWY)-3（A～G）、B（HNSF)-2（2～6）的相似性较高，最早聚成一类；随后聚类的样本

聚类数目＼样本	B(HNSF)		E(GDWY)		F(GDGY)		G(GDMY)		NNNY-2		NNNY-1		HNLG-27		HNLG-1		HNLG-34		NNNY-3
1	×	×	×	×	×	×	×	×	×	×	×	×	×	×	×	×	×	×	×
2	×	×	×	×	×	×	×	×	×	×	×	×	×	×	×	×	×		×
3	×		×	×	×	×	×	×	×	×	×	×	×	×	×	×	×		×
4	×		×	×	×	×	×	×	×	×	×	×	×	×	×		×		×
5	×		×	×	×	×	×	×	×		×	×	×	×	×		×		×
6	×		×	×	×	×	×	×	×		×		×	×	×		×		×
7	×		×		×	×	×	×	×		×		×	×	×		×		×
8	×		×		×	×	×		×		×		×	×	×		×		×
9	×		×		×	×	×		×		×		×		×		×		×

图 5-2　样本的场所环境质量聚类分析冰挂图

对依次为 G（GZMY)-1（A～E）和 F（GDGY)-2（A1～A6）、样本 A（HNLG)-2（27）、C（HNNY)-1（1），表明这些样本对的相似性程度较高。

如果按两个聚类来划分，则样本 E（GDWY)-3（A～G）、B（HNSF)-2（2～6）、G（GZMY)-1（A～E）和 F（GDGY)-2（A1～A6）为一类（第一类），其余 6 个样本为一类（第二类）。从分类方式可见，第一类样本主要处于统一规划、短时间内整体兴建而成的新校区，而第二类样本主要建设于老校区内部。聚类分析反映，新旧两类校区的场所环境给使用者以不同的感受。这与研究者在先导研究阶段的初步结论相一致，表明有针对性地按新老校区分类研究岭南高校的场所环境质量有一定的可行性和合理性。

为了进一步厘清其中的规律，根据聚类分析结果和评价者角色的不同，把样本分成 A 类（使用者/老校区）、B 类（参观者/老校区）和 C 类（参观者/新校区）。三类样本的得分均值如图 5-3 所示。

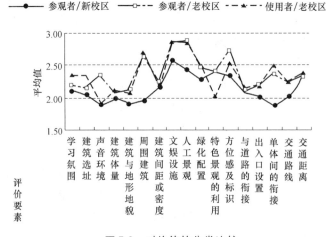

图 5-3　对均值的分类比较

1）图形显示，除了 a3（场所的声音环境）和 c3（对特色景观的利用）两个因素价值差异较大之外，A 类评价与 C 类评价在得分均值和变化趋势上是比较一致的。说明对重视声音、景观两个环境因素的评价需要较长时间的环境感受积累，也表明使用者参与游历式评价过程中，可以增加评价数据的可靠性。

2）评价主体在新建校区与传统校区感受到的场所氛围（a1）较为接近，在读学生对新、老校区的环境认同感没有明显差异。对于教学建筑的选址、与基地的结合、密集程度、与校园道路的交通衔接、步行距离等与校园规划相关的隐性环境因素，使用者的感受差异并不显著。

3）C 类评价总体高于 A 类、B 类，新校区普遍获得较佳的评价和认可。对均值的分类比较可以看到，整体兴建的新校园环境在 b3（建筑与周围建筑的和谐程度）、c1（场所的文化及娱乐设施）、c2（场所的人工景观）、c5（方位感及标识性）、d3（教学单体间的交通衔接）和 d4（交通线路的清晰程度）等评价维度上明显优越于有数十年校史的传统校区。这与前者在规划、协调及景观配置等方面具有整合优势有关，同时也反映教学场所环境质量在较大程度上取决于有形环境的整体和谐感。

4）例外的，样本 F（GDGY）-2（A1～A6）属于新建校区，而获得的评价最低。研究者特别对该样本作了诊断性分析，在现场访谈中，使用者及参观者对该样本的负面评价涉及建筑体量、外观、交通、布局等诸多方面。专业受访者分析，该样本追求宏大体量、整齐规律的大尺度效果，但在空间、环境及景观配置等方面与教学活动结合不够紧密，且缺乏变化，显得单调；在与使用者关系较为密切的场所要素（色彩、设施、绿化等）方面缺乏必要的细节处理。专业受访者认为这种中观及微观环境品质的欠缺反映了建设与使用的某种脱节，有一定的典型性。

分析表明，场所环境设计应落实到人的使用尺度，场地的形态与空间肌理应符合使用者的行为模式。

5）均值分析中，各评价因素得分均值与总体得分接近，较准确地反映了使用者对样本主观评分的总体趋势和平均水平（表 5-5）。

经比较，除个别样本如 F（GDGY）-2（A1～A6）、A（HNLG）-2（27）和 C（HNNY）-1（1）的总体评价为一般外，其余各样本的评价为较好（总得分均值<2.5）。评价主体对 E（GDWY）-3（A～G）样本的评价较高，而认为 F（GDGY）-2（A1～A6）的场所环境质量较低。这与先导研究得到的使用者意见基本一致。

学生游历式评价的均值分析数据

表5-5

样本编号 评价因素	新校区 参观者							传统校区 使用者		
	F(GDGY)-2(A1~A6)	G(GZMY)-1(A~E)	E(GDWY)-3(A~G)	B(HNSF)-2(2~6)	A(HNLG)-1(31~34)	A(HNLG)-2(27)	A(HNLG)-3(1)	C(HNNY)-1(1)	C(HNNY)-2(2)	C(HNNY)-3(3)
a1 场所的学习氛围	2.88	1.79	1.94	1.85	1.98	2.56	2.04	2.58	2.67	1.79
a2 教学建筑的选址	2.31	1.77	1.81	2.23	2.27	2.44	1.73	2.27	3.02	1.71
a3 场所的声音环境	1.98	2.25	1.77	1.58	2.58	2.60	1.90	2.13	1.63	2.06
b1 建筑体量与场所的和谐程度	2.29	2.02	1.81	1.81	1.98	2.23	1.98	2.31	2.19	1.83
b2 建筑与场所地形地貌的关系	2.02	1.96	1.79	1.85	2.02	2.31	2.06	2.29	2.10	1.92
b3 建筑与周围建筑的和谐程度	2.27	1.79	1.98	1.79	2.63	3.19	2.13	3.42	2.75	1.96
b4 建筑的间距或密集程度	2.25	2.31	2.00	2.04	2.10	2.69	2.04	2.13	2.15	2.27
c1 场所的文化及娱乐设施	3.56	2.23	1.94	2.50	3.06	2.73	2.75	3.40	2.98	2.25
c2 场所的人工景观	3.40	1.81	2.19	2.31	2.96	2.88	2.88	3.13	3.19	2.21
c3 对特色景观的利用	2.83	2.04	2.31	1.88	2.52	2.67	2.19	2.81	2.79	2.02
c4 场所的绿化配置	2.50	2.40	2.44	2.31	2.71	2.58	1.85	2.33	1.94	1.85
c5 方位感及标识性	3.63	2.00	1.79	1.88	2.44	2.56	3.21	2.88	2.71	2.04
d1 建筑与校园道路的交通衔接	2.06	2.04	2.02	2.15	2.02	2.31	2.00	2.40	2.06	2.06
d2 出入口的设置	2.00	1.77	1.98	2.29	1.85	2.71	2.11	2.38	2.17	1.98
d3 教学单体间的交通衔接	1.96	1.65	1.85	1.98	1.94	2.64	2.55	2.53	2.73	2.29
d4 交通线路的清晰程度	2.10	1.94	2.00	2.02	2.17	2.29	2.32	2.06	2.77	1.92
d5 交通距离的适宜程度	2.67	2.40	2.06	2.19	2.08	2.35	2.50	2.52	2.42	2.27
场所环境质量总体评价	2.92	1.98	1.88	1.63	2.00	2.94	1.96	2.77	2.52	1.81
a1~d5 的平均值	2.51	2.01	1.98	2.04	2.31	2.57	2.25	2.56	2.49	2.03

5.4.4.3 回归分析

1）回归方程

采用逐步回归法剔除影响不显著的变量，求得逐步回归方程如下：

$$Y = 0.493a_1 + 0.118c_2 + 0.143b_3 + 0.128d_2 + 0.094c_5 - 0.01$$

（公式 5-1）

回归方程显示，影响教学建筑场所环境质量总体评价的重要因素，可简化为 a_1（场所的学习氛围）、c_2（场所的人工景观）、b_3（建筑与周围建筑的和谐程度）、d_2（出入口的设置）、c_5（方位感及标识性）五个指标。回归系数表显示，各个自变量对应系数的检验值都小于 0.05，表明它们都有显著性意义。

2）回归模型的检定

为检验回归模型有效的前提条件，对因变量与自变量之间的线性关系、残差的独立性和正态分布特性等作出检定。模型汇总表显示，$Durbin$-$Watson = 1.829$，近似认为相邻两点的残差独立，5 个变量之间无序列相关；方差分析表显示，模型的 P 值为 0.00<0.05，认为因变量与自变量之间有线性关系；多重共线性诊断表显示，不存在特征值都接近于 0 的情况，条件数也都小于 15（最大为 10.641），说明 5 个变量之间不存在多重共线性；残差累计概率图显示，数据点围绕基准点具有规律性，且标准化残差直方图表明标准化残差服从近似正态分布，认为残差满足线性模型的前提要求。由标准化预测值—标准化残差散点图可知，各点在纵轴零点对应的直线上下均匀分布，故认为线性假设成立（图 5-4）。

由上面的分析可知，该数学模型满足多元线性回归的假设条件。

3）分析

场所体现的是使用者对环境的主观反馈，是在使用中提炼出来的本质意义，通过意义的渗透和影响，个体和群体把"教学空间"变成了"学习的场所"。其中，学习氛围是体现教学场所本质意义的关键因素。学习氛围的感知具有主观性，在某种程度上取决于归属感和认同感。环境的归属感要求建立可识别（易辨认、易熟悉）的环境，传达清晰的环境意象，使使用者能够理解他们所处的环境。环境的围合形式对教学建筑的场地空间特性与风格有较显著的影响。认同感指的是人与场地的情感联系，认同感首先受环境的协调程度的影响，建筑之间、建筑与基地环境之间、建筑与校园之间的空间和美学关系都会对使用者产生影响，其中建筑之间的协调感（b_3）是使用者感觉较为明显的因素，这可能与建筑物的体量对形成场所空间形态的围合感的作用较为显著有关。认同感还与使用者对环境的使用感受有关，其中，出入口

113

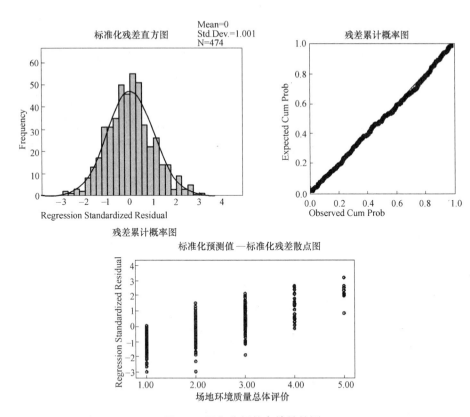

图 5-4　回归分析的有效性检测

的设置决定了建筑的布局，也在一定程度上支配了教学用地的场所活动。出入口的设置（d_2）和方向感和标识性（c_5）的共同点是均涉及环境的指向性，这两个因素同时受关注可能与作为评价主体的参观者对环境的熟悉程度有关。

5.5　专家对岭南高校10幢教学建筑场所环境的认知评价

5.5.1　样本选取原则

以分层抽样（Stratification）的方法，选取广东10所高校中的10幢教学建筑作为研究对象。其选取原则为：

1）所选样本在某方面或某几方面（如建筑品质、外部空间、规划布局或景观设施等）体现当前岭南高校教学建筑的基本特点，具有一定的普遍性。

2）所选样本在规模布局、平面形式、场地（地形地貌）特征、规划现状条件等方面具有代表性特点，样本之间存在一定的异质性，在数据分析中可形成比照关系。

3）所选取的研究样本所处地区、建筑年代有差异，并且有获取场所环境航拍图片的条件。

5.5.2 评价背景信息

抽取广州大学城（3所高校）、深圳市（1所高校）、广州市不同行政区（4所高校）、东莞市（1所高校）、江门市（1所高校），共10所高校的教学建筑作为研究样本。这些样本建成年代在1995～2005年期间，使用时间不少于3年。样本的简要背景信息见表5-6所列。

5.5.3 数据采集方法

5.5.3.1 评价要素构建及评价问卷设计

根据探索性研究和指标建构方法及原则，针对以专业人士为总体的评价主体，其评价要素包括平面形态、物理环境、空间形态、交通组织、自然景观5大类共19个环境场所质量主观评价因素。具体内容见附录2.5。

研究问卷由两部分组成，第一部分是关于研究对象的图片资料，包括反映校园规划信息的宏观航拍图和反映场所环境信息的中观航拍图。这些航拍图是通过Google Earth软件获得的合法信息，具有足够反映出建成环境现状的图片精度。研究者通过实地走访及资料查询，获取与研究对象相关联的场所建筑、道路、规划等方面的具体信息，以图解符号的方式在航拍图上明确标示，尽可能使评价主体掌握必要的场所现场信息。另外，研究问卷中还包括关于研究对象建成环境的实景图片（以人的视角低点拍摄），使评价主体在作评价判断时对场所及建筑的空间、体量及界面有感性认识，在较为一致的认知状况下作出判断（图5-5）。本研究所采用的相关图片资料信息，详见附录6。

第二部分则采用李克特量表作五级定序测量尺度（从"很满意"到"很不满意"，赋值1、2、3、4、5，以转化为主观评价的等级测量层次），确定5个一级指标和19个二级指标。并另设"对影响场所环境质量的5个一级指标作重要性程度排序"以及"在19个二级指标中选出6个最重要因素的排序"的问题。同时，为弥补封闭式问卷的局限，问卷还提供了"备注"栏，供评价者自由表达见解。测量的评价标准见表5-4。

5.5.3.2 问卷调查的操作与实施

采用个别发送法收集专家的主观评价信息。先向评价专家发出邀请，在征得同意后把包含有研究背景介绍、研究假设条件、评价因素的相关解释、研究对象评价媒介（场所航拍图及实景图片）、研究问卷、填表指引及注意事项等内容的问卷手册，逐一送至专家手中。同时讲明调查的意义和要求，请他们合作填答，并约定问卷回收时间、地点和方式。研究者预留了相对充足的时间供专家回复问卷，并在问卷收取时，当面听取专家见解。

表 5-6

专家评价样本的调研记录

样本编号	场所建筑	场所属性			场所自然条件	样本所在地区
		场所交通	场所景观	场所规划		
B(HNSF)-2 (1~6)	整体式 6层	封闭门厅 开放楼梯 中庭观光电梯 平台连接各单体	入口广场(北) 运动场(东) 人工铺地为主 内庭活动空间 显示屏(大堂)	位于中轴线 院系馆(北、南) 图书馆 蝶形平面布局 外廊式、行列式	湖水 地势基本平整 不规则地块	广州番禺
O(SZDX)-1(Z)	整体式 5层	开放门厅 主校道(东) 石铺小径到达图书馆、行政楼	庭院绿化 人工喷泉 入口广场 电子显示屏	架空层、外廊式 三个回字形单体 与图书馆、行政楼围合形成广场	绿化很丰富 地势基本平整 梯形地块 湖水(西南) 依缓坡山势	广东深圳市
E(GDWY)-2(6)	单体式 6层	开放门厅 楼梯、电梯 礼堂设独立出口	内庭绿化 休闲座椅 石铺小径	回字形、架空层 封闭式外廊式(南) 大礼堂(一楼)	景观绿化(南) 矩形地块	广州白云区
A(HNLG)-1 (31~34)	整体式 6层	无明显主入口、 有开放式楼梯 华工主校道(西)	广场人工铺地 运动场(北) 入口广场	外廊式 院系楼(东) 人文馆(南)	湖水(东) 地势基本平整 梯形地块	广州天河区
C(HNNY)-1(1)	单体式 5层	封闭入口门厅 架空层有楼梯入 坡道走廊	雕像、步级 下沉、休闲广场 告示栏	一字形、内廊式 3 教学楼(南) 2 教学楼(东)	地势有缓坡 矩形地块 草地、绿化丰富	广州天河区

样本编号	样本属性					样本所在地区
	场所建筑	场所交通	场所景观	场所规划	场所自然条件	
B(HNSF)-1(2)	单体式 6层	封闭入口门厅	入口广场	回字形、内廊式	地势基本平整	广州天河区
		楼梯、电梯	内庭空间	图书馆（北）	短形地块	
N(WYDX)-1(Z)	单体式 10层	封闭门厅	绿地广场、喷泉	庭院式	湖水（北）	广东江门市
		架空层作车库	中庭空间	内、外廊结合	地势基本平整	
		以桥系联系宿舍合区	天面平台	位于中轴线	不规则地块	
R(GDYX)-1(Z)	整体式 5层	长过道（坡度）	庭院绿化	架空层、庭院式	湖水（北）	广州番禺市
		开放式楼梯	草坪	图书馆（北）	地势基本平整	
		架空层停放车	绿地广场（东）	行政院系楼（东）	梯形地块	
G(GZMY)-1 (A～E)	整体式 7层	走廊与宿舍相连	庭院绿化	行列式、外廊式	湖水（西）	广州番禺市
		平台连接各楼	雕塑、座椅	底层架空	地势基本平整	
		主入口广场（南）	过道作品展示	图书馆（楼内）	近似梯形地块	
		开放楼梯、门厅	环形广场	与实验展形形成	依山势而建	
S(GYDG)-1(Z)	整体式 5层	人车分流	钟塔、湖水	核心教学区	近似弧形地块	广东东莞市
		饮入口以桥联系	内庭绿化	图书馆（东）	山体绿化丰富	

2.样本对象的总体航拍图

3.样本对象的建成环境

图 5-5　评价样本图片示例

5.5.4　调查结果统计分析

5.5.4.1　评价主体基本资料

　　把具有较为深厚的专业知识,对高校教学建筑背景知识有较深入的认识,并且能够对环境图片有接近真实的读图判断的专业人士作为评价总体。邀请55位专家对岭南地区10所高校教学建筑的场所航拍图及实景照片作评价判断。专家主体包括国家注册规划师、高级工程师、教授、一级注册建筑师,其中在规划部门从事规划设计工作的有20名,从事报建审批管理工作的有10名,在设计单位从事建筑设计的有12名,在高校建筑学院从事建筑专业教学的有10名。大部分专家具有参与高校建设的评审与指导经验,其中男性32名,女性20名,年龄普遍在30~60岁之间。

　　共发出问卷55份,回收问卷52份,回收率为94.5%,经检查无漏填或错填项,均为有效问卷。

5.5.4.2　均值分析

　　对专家问卷作均值分析,结果并未表现出传统校区(得分均值为

2.366）和新建校区（得分均值为 2.354）在场所环境质量方面的明显差异（表 5-7）。究其原因，一方面是由于专家问卷的评价媒介是场所建成环境的航拍图及现状信息，使专家得以宏观而理性地判断场所环境的合理性；另一方面也说明专家与普通使用者在环境价值判断上存在差别。经分析，除样本 R（GDYX)-1（Z）和 E（GDWY)-2（6）的总体评价为一般外，其余各样本的总体得分均值都小于 2.5，评价为较好。专家认为，前者在紧临大学城交通干道的区域规划总长度超过 400m 的教学建筑，既难以回避交通噪声，又难以形成良好的教学氛围和校园空间，同时也限制了建筑内部的交通组织，因此对 b3、c1、c2、c3、d5 指标的评分都较低。而后者，则是在传统老校区的中心地带新建的教学建筑，建筑各向均紧临四周的校园道路，未对基地南侧的校园景观绿化带因地制宜地加以利用，在 c1、c3、d3 指标的评价都较低。此外，样本 S（GYDG)-1（Z）处于在山地环境中新建的校区，在建筑的平面形式（a3）、建筑的规划体现（a4）、道路退缩（c1）、建筑与水体（e1）、建筑与山地环境（e3）方面较为突出，得到较高评价得分。样本 N（WYDX)-1（Z）在各项评价指标上获得的评价普遍较高，得分均值最佳，反映了设计者对场所环境要素作了均衡处理，实现了较佳的环境效益。

专家通过环境现状预判实际使用中的深层次问题，在对场所质量的专题研究中，有必要把使用者的评价与专家的评价相结合。

5.5.4.3 重要性排序分析

为判断评价指标的重要性程度，本研究在结构问卷中请受访专家对 5 个一级指标按其重要性程度排序，并在 19 个二级指标中选择其认为对教学建筑的场所环境质量影响较为显著的 6 个因素（不要求进行排序）。

依次为不同重要程度的一级指标赋值，最重要的指标记 5 分，最不重要的指标记 1 分，经统计得到 5 个一级指标的得分数，见表 5-8。数据表明，在 5 个一级指标中，前三位的指标得分十分接近。排在第一位的是场所交通组织，第二是场所平面形态，第三是场所空间形态，第四、第五依次为场所的物理环境和场所景观。

根据二级指标被提及的频数（得票数）判断重要程度。受访者对 19 个指标共提及 312 次，每个指标平均得票数为 16.42 票，统计显示有 9 项指标得票数超过平均得票数，指标序号及对应的得票数见表 5-9 所列。数据显示，受访者对二级指标的重视程度总体上按照一级指标的重要性排序分布，两者较为一致。其中，受访者对教学建筑的选址是否合理最为重视；其次为教学建筑的布局对校园空间的影响；排在 3 到 7 位的影响因素着重考虑教学

表 5-7

专家问卷的均值分析数据

样本编号 评价因素	新校区					传统校区				
	S(GYDG) -1(Z)	G(GZMY) -1(A~E)	R(GDYX) -1(Z)	B(HNSF) -2(2~6)	O(SZDX) -1(Z)	A(HNLG) -1(31~34)	B(HNSF) -1(2)	C(HNNY) -1(1)	N(WYDX) -1(Z)	E(GDWY) -2(6)
a1 平面形态是否有利于实现教学功能	2.21	1.88	2.36	2.31	2.31	1.76	2.04	2.35	2.12	2.58
a2 与周边建筑总体风格的协调	2.21	2.20	2.48	2.38	2.15	2.38	2.00	2.46	2.19	2.54
a3 平面形态的形式感	1.83	2.00	2.36	2.00	2.50	2.36	2.32	2.92	2.23	2.88
a4 对校园规划设计理念的体现	1.96	2.20	2.56	2.19	2.60	2.33	2.20	2.88	2.19	2.85
b1 自然通风的疏导	2.25	2.04	2.40	2.54	2.81	2.08	2.54	2.00	2.38	2.81
b2 日照方式	2.58	1.96	2.28	2.23	2.27	1.96	2.72	1.96	2.42	2.69
b3 声音环境	2.13	2.76	3.20	2.31	2.46	2.16	2.56	2.08	2.12	3.04
c1 对道路、用地及相邻建筑退缩	1.96	2.60	2.92	1.96	2.15	2.28	2.24	2.23	2.38	3.12
c2 体量大小的合适程度	2.09	2.64	3.00	2.35	2.08	2.20	2.12	2.23	2.27	2.62
c3 总平面是否有利于形成良好校园空间	2.21	2.63	2.80	2.31	2.27	2.12	2.28	2.73	2.12	2.85
c4 总平面是否有利于形成内部教学空间	2.25	2.28	2.44	2.08	2.19	2.00	2.24	2.46	2.15	2.65
d1 总平面是否有利于内部交通组织	2.52	2.36	2.60	2.23	2.54	2.20	2.20	2.42	2.00	2.38
d2 出入口的设置	2.25	2.40	2.44	2.04	2.58	2.38	2.12	2.15	1.96	2.46
d3 场所形式是否适于疏散大量人流	2.63	2.32	2.52	1.73	2.54	2.32	2.12	2.36	2.15	3.04
d4 场所外围的交通组织	2.43	2.80	2.52	2.52	2.58	2.32	2.28	2.50	2.17	2.50
d5 与周围建筑及设施的交通是否便利	2.58	2.64	2.96	2.88	2.35	2.60	2.60	2.50	2.27	2.62
e1 对校区内有价值景观的利用	1.79	2.52	2.28	2.08	2.36	2.04	2.36	2.31	2.19	2.81
e2 区域内的绿化配置	1.96	2.76	2.44	2.27	1.92	2.84	2.28	2.35	2.04	2.65
e3 对地形地貌是否因地制宜	1.83	2.52	2.32	2.19	2.32	2.16	2.50	2.23	2.12	2.69
a1~e3 的平均值	2.19	2.40	2.57	2.24	2.37	2.24	2.30	2.38	2.18	2.72

一级指标	平面形态	物理环境	空间形态	交通组织	自然景观
得分	84	66	83	86	56
排序	2	4	3	1	5

指标序号	16	10	1	7	12	4	11	19	17
频数	38	34	32	32	24	22	20	20	18

建筑的平面形态是否有利于内部功能的实现；第 8、9 位的重要性因素涉及场所景观环境，包括建筑与基地地形地貌的结合以及建筑对校园景观元素的利用等方面。

5.5.4.4　因子分析

为了剖析专家在教学建筑的场所环境质量评价时的内在心理标准，并研究评价指标相互间的关联性，特对专家问卷数据进行因子分析。

相关系数矩阵中大部分的系数值都较高，变量呈较强的线性关系；巴特利特球度检验统计量的观测值为 1876.08，且相应的概率小于显著性水平 α，表明相关系数矩阵与单位阵有显著性差异；$KMO=0.909$，满足 KMO 度量。检验结果表明，各组数据均适合进行因子分析。

采用主成分分析法提取因子，根据因子提取的总体效果的比较，最终确定分别按 7 个特征根进行因子分析。采用方差最大法（Varimax 法）对四类数据的因子载荷矩阵实行正交旋转，使因子具有命名解释性。指定按第一个因子载荷降序的顺序输出旋转后的因子载荷矩阵，形成场所环境质量评价因子模型，见表 5-10 所列。

从因子构成可以看到，各公共因子的分布规律与调查问卷的评价维度存在较为明确的对应关系，表明原问卷设计中指标的独立性较强。公共因子命名解释及分析如下：

因子 1 在 e1～e3、c2、c3 等因素上荷载较大，可称为场所宏观形态因子。该因子既涉及建筑体量和平面布局对校园空间的影响作用，又涉及建筑与场所地形、地貌、绿化和景观的结合作用，解释了 14.16％的变量总方差。

因子 2 在 a2～a4 上荷载较大，应称为建筑平面形态因子，与问卷中的"平面形态"项目相对应，主要考虑建筑的形式感、建筑与周边建筑的协调感、建筑对校园规划的体现等方面，解释了原有变量 12.28％的总方差贡献。

表5-10

旋转后的因子载荷矩阵（专家）

公共因子的名称		变量	公共因子						
			1	2	3	4	5	6	7
1	场所宏观形态因子	e2 区域内的绿化配置	0.695	0.128	0.296	-0.131	0.047	0.144	0.119
		e1 对校区内有价值景观的利用	0.603	0.330	0.147	0.209	0.224	0.114	-0.011
		c2 体量大小的合适程度	0.589	0.098	0.076	0.260	0.087	0.220	0.118
		c3 总平面是否有利于形成良好校园空间	0.584	0.273	0.048	0.531	0.077	0.133	0.054
		e3 对地形地貌是否因地制宜	0.567	0.348	0.156	0.189	0.227	0.039	0.150
2	建筑平面形态因子	a3 平面形态的形式感	0.180	0.820	0.196	0.192	0.110	0.038	-0.036
		a4 对校园规划设计理念的体现	0.263	0.726	0.215	0.188	0.159	0.125	0.090
		a2 与周边建筑总体风格的协调	0.232	0.623	0.062	0.085	0.069	0.196	0.250
3	场所交通组织因子	d4 场所外围的交通组织	0.285	0.079	0.776	0.009	0.105	0.014	0.221
		d2 出入口的设置	0.061	0.286	0.773	0.128	0.084	0.210	0.214
		d3 场所形式是否适宜疏散大量人流	0.223	0.171	0.676	0.348	0.115	0.155	-0.160
4	建筑功能及空间因子	a1 平面形态是否有利于实现教学功能	-0.003	0.380	0.124	0.666	0.193	0.205	0.098
		c4 总平面是否有利于形成内部教学空间	0.431	0.117	0.160	0.653	0.222	-0.018	0.050
		d1 总平面是否有利于内部交通组织	0.114	0.113	0.389	0.509	0.303	0.177	0.324
5	物理环境因子	b1 自然通风的疏导	0.113	0.132	0.133	0.182	0.866	0.152	0.003
		b2 日照方式	0.196	0.138	0.084	0.149	0.818	0.145	0.095
6	场所声环境因子	b3 声音环境	0.172	0.154	0.152	0.175	0.284	0.823	0.049
		c1 对道路、用地及相邻建筑退缩	0.482	0.204	0.215	0.066	0.099	0.626	0.011
7	建筑选址因子	d5 与周围建筑及设施的交通便利	0.182	0.162	0.213	0.130	0.067	0.028	0.890
		特征值	2.690	2.334	2.218	1.898	1.883	1.414	1.166
		方差贡献（%）	14.160	12.282	11.675	9.992	9.911	7.441	6.136
		累计方差贡献率（%）	14.160	26.442	38.117	48.109	58.020	65.460	71.597

因子 3 在 d2～d4 因素上荷载较大，可称为场所交通组织因子，关注场所外围的交通组织、建筑出入口的设置及对人流集散的疏导能力，具有 11.68％的方差贡献率。

因子 4 在 a1、c4、d1 因素上荷载较大，可称为建筑功能及空间因子，考察建筑的平面布局是否有利于形成良好的内部空间组合、有利于实现优质的教学功能空间布局及交通体系，该因子解释了原有变量 9.99％的总方差贡献。

因子 5 在 b3、b4 因素上荷载较大，可称为物理环境因子，主要解释建筑的总平面设计是否有利于获得良好的通风及采光环境，具有 9.91％的方差贡献率。

因子 6 在 b3、c1 因素上荷载较大，可称为场所声环境因子，专家把建筑与道路、建筑与用地边界乃至建筑与建筑之间的退缩关系看作是影响场所的声环境质量的因素，并把是否有利于形成良好的教学建筑声环境看作是同普通意义上的物理环境相区别的因子，表明场所环境的声环境优化是场所环境质量评价中具有相对独立的指标。场所声环境因子具有 7.44％的方差贡献率。

因子 7 在 d5 因素上荷载较大，可称为建筑选址因子，该影响因素在二级指标的重要性程度判断中得票数最高，是受到普遍重视的影响因素。该因素主要考虑的是教学建筑与校园内其他相关建筑（如宿舍、食堂、图书馆等）之间的交通距离及位置关系是否合理，是否符合使用者的使用习惯及生活作息规律。教学建筑的选址合理性被专家视为独立的影响因子，具有 6.14％的方差贡献率。

从对专家的因子分析结果可以看到，教学建筑场所环境质量的评价认知首先应从场所宏观环境形态的合理阅读和注解入手，进而关注外部交通及内部功能的合理实现，并落实到建立有利的物理环境条件，特别是有利于教学的场所声音环境，同时，应强调教学建筑的选址在场所环境质量评价中的独立性。

5.6 本章小结

以先导研究为基础，本章主要应用心理物理范式和专家范式，结合采用建筑游历式评价法、认知类评价法与专家评价法，对建筑所处的场所作环境质量评价研究。研究主要分以下两个阶段进行：

1）广义使用者（在读学生参观者）对广州地区 6 所高校 10 幢教学建筑的场所环境作游历评价。本阶段的研究得出以下结论：

（1）聚类分析表明，整体兴建的新校区和经历多年的建设逐渐成系统的传统老校区在场所环境质量方面具有差异性，有针对性地按新老校区分类研究教学建筑的场所环境质量具有一定的可行性和合理性。

（2）使用者对声音、景观两个场所环境因素的评价与短期的参观者有所区别，表明上述两个因素具有较强的历时性评价特点，也表明在游历式评价过程中结合使用者评价主体，有利于修正评价结果，增加数据的可靠性。

（3）评价主体对新、老校区的环境认同感没有明显差异，对教学建筑的选址、与基地的结合、密集程度、与校园道路的交通衔接、步行距离等隐性环境因素感受差异也不显著。

（4）新校区普遍获得较佳的评价和认可，这与前者在规划、协调及景观配置等各方面具有整合优势有关，同时反映教学场所环境质量在较大程度上取决于有形环境的整体和谐感。

（5）均值分析显示，直接使用者与参观者对研究样本所作出的评价，在得分均值与变化趋势总体上是一致的，除个别样本的总体评价为一般外，其余各样本的评价为较好。

（6）根据研究所得出的教学建筑场所环境评价的回归方程（见公式5-1），学习氛围、人工景观、教学建筑与周围建筑的和谐程度、出入口、场所的方位感及标识感是影响使用者对场所环境质量评价的关键因子，应在设计中予以重视。

2）专家对岭南高校10幢教学建筑的场所环境作出认知评价。本阶段的研究得出以下结论：

（1）除个别样本外，场所环境质量总体评价普遍较好。

（2）在认知评价中，专家评价结果并未表现出新、旧两类校区在教学建筑场所环境质量方面的差异。

（3）有别于普通使用者的评价主要来自于对环境的直观感受，专家评价则更注重对环境作理性分析。专家通过环境现状预判实际使用中的深层次问题，体现出与普通使用者在环境价值认识上的差别。在对场所质量的专题研究中，有必要把使用者的评价与专家的评价相结合。

（4）与游历式评价中参观者侧重于关注环境的和谐感相区别，专家在对场所环境质量进行评价时，首先重视的是场所交通组织，其次是场所平面形态，随后依次为场所空间形态、场所物理环境、场所自然景观，反映了专家的认知评价梯度。

（5）专家着重强调9项具体评价要素的环境绩效。其中首要的是建筑的选址，其次为建筑的布局因素，随后为教学建筑的平面形态等因素。从重要性程度排序可知，宏观的评价要素总体上较之于微观的评价要素更受重视。

（6）通过因子分析推导出专家对环境质量的评价心理标准，其中，场所宏观形态因子是第一公共因子，其他较重要的公共因子依次为建筑平面形态因子、场所交通组织因子、建筑功能与空间因子、物理环境因子等等。场所环境质量评价因子模型见表5-10。

（7）实践表明，以宏观的航拍图，辅以详细的图解符号，并配合评价样本的实景图片为媒介，对建筑场所环境质量进行认知评价，是一种有效的评价方法。

第6章 岭南高校教学建筑课外空间的使用方式

教学建筑中除了发生在规定空间场景（教室）的课内教学行为及有计划的交流活动外，还包括发生在教室外场景的随意交流和自主学习。西方大学教育有重视"谈天"、"表达"、"讨论"、"自我学习"的学习传统，认为可以开拓思维、触类旁通，体现现代大学的教育精神[M20]。教学建筑中课外空间的交通、交流、学习、休闲和美学欣赏等功能具有容纳"随意"和"自主"行为的空间特质。大量发生在这里的独处、交流、游戏、娱乐及学习行为体现了建筑的另一种使用状态。本章通过对若干具有典型性的课外空间样本的系统观察，展开建筑课外空间使用方式评价研究，了解当前教学建筑课外空间的实际使用状况，寻求使用者对课外空间的心理需求信息及使用行为规律，并试图总结出具有普适性的设计建议。

6.1 空间使用方式评价概述

6.1.1 概念界定

空间使用方式是空间行为研究的主要课题，着重研究人使用空间的固有方式，并进一步揭示人使用空间时的心理需要[M4]。空间使用方式评价是关于环境功能方面适用性能（包括空间使用上的灵活性、方便性等）的评价，是对环境本体要素的研究。从这类研究中总结出来的行为模式或空间模式，是设计人性化空间的客观依据。

领域特征和物质环境特征与条件，是使用方式研究中最基本的两个控制性变量。对特定环境的使用方式评价研究，一般从个人空间的使用和社会空间的使用两个视角分析影响空间使用的因素，确定评价内容、规模及策略。影响空间使用的因素大体有5个方面，包括：场所内在的使用特征和意义，领域的私密性和公共性特征，环境的空间物质质量状况，物理环境因素，空间习性行为因素等。此外，人口特征、背景因素、社会文化因素也对空间使用的方式起一定作用。国外大都利用观察法在真实场景中调查建成环境的使用方式，并利用问卷、访谈法加以检验。国内对使用方式的评价通常被视为环境实态调查[D5]。

6.1.2 研究的理论定位

空间行为研究在近半个世纪以来所取得的进展使之被列入环境心理学的重要理论研究内容之一。环境心理学在建筑学中通称"环境—行为研究"（Environment-Behavior Studies）。从建筑设计原理的角度看，环境—行为研究是关于如何扩大和深化功能的研究，从使用者的心理、行为及文化需求的层面体现建筑的适用性，并外延到建筑技术和建筑审美研究。各种环境—行为理论从不同侧面解释环境行为现象，包括唤醒理论、环境应激理论、环境负荷理论、适应水平理论、行为约束理论和行为场景理论等等。相互独立的理论从不同的出发点，循不同的途径建立概念与方法，探讨个体行为与环境特征的关系。

空间使用方式是空间行为研究的主要课题。其中，个人空间与人际距离、私密性、领域性是空间使用方式研究课题的基本概念，并由这三个概念派生出对拥挤感、控制感和安全感影响机制的研究[M4]。

关于建筑环境如何影响行为，学界同时存在多种理论假设，包括环境决定论（派生出建筑决定论）、环境可能论、环境或然论、建筑环境的过滤器理论等等。心理学家卢因（Lewin）和摩尔（Moore）则先后用函数公式解释人、环境和行为之间的关系。行为场景理论主要讨论非个体行为与环境特征之间的关系，该理论通过对日常行为场景的系统观察和行为抽样，研究生态环境中的行为现象。这对于改进场所绩效和提高使用者的满意度都具有现实意义[M4]。

6.1.3 国内外空间行为研究概况

欧美学者长期以来重视空间使用行为研究，早期的研究主要集中在公共空间领域，如雅各布斯（J. Jacobs）对城市公共生活的研究[M25]；亚历山大对公共行为模式的研究[M26]；扬·盖尔对公共交往空间的研究[M27]；克莱尔·库珀·马库斯（Clare Cooper Marcus）等对城市开放空间的研究[M20]等，其共同点是关注空间的人性化问题。

就具体研究对象而言，早期研究大量涉及城市广场、绿地和街道领域，如西特（C. Sitte）对欧洲城市广场的研究[M4]，以及埃尔温·H·楚贝（Ervin H. Zube）对旧金山三个街区街道生活所作的依赖性研究[M28]。日本的研究则更注重人群在外部空间的流动、疏散和避灾等行为模式，如冈田光正（1985）对火灾时顾客归巢性、向众性和从众性的研究。渡边仁史把空间行为定义为"带有目的之活动的连续集合"，从空间秩序、空间人流、人在空间的分布、空间的对应状态等方面研究空间行为特点。建筑师芦原义信则对城市外部空间的设计原则作了理论总结。

近年，空间行为研究转向外部空间文化表征命题。拉波波尔（Rapoport，1982）等将文化人类学引入研究，强调非语言的行为以及各组成元素所表达的暗喻[M29]。邓肯（Duncan，1990）认为外部环境中储存有各种与秩序和社会关系有关的象征和符号。摩尔（Moore，1986）和 S. M. 洛（S. M. Low，1997）则更注重于特定时空中各种文化表征所体现的综合文化现象及其含义；S M. 洛通过对中美洲哥斯达黎加首都圣何塞的两个大型广场进行历时十年的比较研究，强调外部空间是通过复杂的"文化形成"过程实现对文化秩序的反映。另一值得关注的动向是对特定群体行为与活动的研究，如？Abu-Ghazzeh（1998）关于约旦一小镇儿童利用街道作为游戏场地的研究，Taylor 等（1998）关于芝加哥儿童利用旧城邻里单位外部空间的研究。

国内的空间行为研究也取得了可喜的进展，如胡正凡（1981，1985）采用行为观察及空间记录的方法对上海一些绿地的调查；乐音等关于上海南京路步行街世纪广场的空间行为调研分析[J40]；尹朝晖、朱小雷（2004）等采用问卷法、访谈法、观察法对银行营业厅所作的使用后评价研究[J41]；尹朝晖（2006）采用"平面图线索跟踪"的方法，辅以半结构访谈法，对珠三角地区基本居住单元室内空间的使用方式评价研究[D8]。姜鹏辉、黄世孟对台湾大学社团办公室的环境行为研究。

6.1.4 校园空间行为研究

国外对学校空间行为研究的经典案例当首推普赖泽尔（Wolfgang F. E. Preiser）等运用标准记录表格及日程计划，以非介入性观察及记录行为的方式，对某小学建筑与行为的关系及模式进行的诊断性评价研究[M30]。克莱尔·库珀·马库斯和卡罗琳·弗朗西斯以对伯克利分校校园的详细研究和对斯坦福大学等四所大学的非正式观察，并参考其他五所高校有关校园户外空间利用的专论和文章，提出针对大学校园户外空间的设计导则[M20]。

国内对校园空间与行为的研究比较丰富，透过中国知识资源总库，共检索到（从 1999 年至今）有关校园空间的硕士论文 39 篇，博士论文 1 篇，期刊论文 4 篇。其中针对教学建筑公共空间的研究有 6 篇，分别从"交往空间"、"开放空间"、"户外空间"、"公共空间"、"自主空间"、"多义空间"等角度分析教学建筑，体现出当前设计理论界对空间与行为关系研究的普遍关注。就文献检索所及，与使用方式评价之间相关的研究并不多，主要有杨滔对清华大学理学院北院落的环境行为调查[J42]；白雪对北京大学百年纪念广场的环境行为研究[J43]；朱小雷（2004）对广州两所高校文化广场的建成环境主观评价研究[D5]。清华大学王暐以清华大学第六教学楼为例，对公共自习空间的评价[D14]。目前，国内相关的研究大多采用问卷和现场观察相结合的研究方法，曾光宗先生（台）提出以"活动路径"解析学生生活行为之时空间利用及其特征的研究方法，是对观察法的拓展。

6.2 研究设计

6.2.1 研究对象

在高校教学建筑研究中，当以对传统授课空间（指教室及辅助用房等）以外空间的专题研究最为活跃。其研究角度和侧重点各异，空间概念的表述方式也多种多样，如："教学建筑内部交往空间"[D15]、"非授课式教学空间"[D16]、"公共自习空间"[D14]、"多义性非功能空间"[D6]等等。为了更清晰地界定研究对象的内涵及外延，本研究从环境行为学科出发提出"课外空间"的概念。这一概念表达两个方面的含义：一是行为发生在教学时间以外，二是行为发生在教室空间以外，从而在时间和空间上强调研究对象的特质，同时明确研究对象在教学建筑中承担的交通、交流、学习、休闲和美学欣赏功能。

如果以本书第二章所提出的空间界定方式作解释，则"课外空间"可以诠释为教学建筑中的 C 空间和 B 空间。其中，C 空间（circulation space）是指"联络各 A 空间中的流通过渡空间，多为过道、通廊、前厅等等"；B 空间（block）是指"由 A 空间通过 C 空间联系而形成的，带有领域性的空间"[M9]。

6.2.2 研究目的

本章将采用个案研究方式，从显性行为和隐性心理两方面探讨关于课外空间的使用方式，旨在针对具有相对空间典型性的个案，以认知地图和行为测量等手段作质化研究，剖析岭南高校普通教学建筑在课外空间使用中的存在问题，从而以实证的调查丰富此类空间的设计信息，提出相应的设计建议。具体研究目的如下：

1）挖掘使用者潜意识中对课外空间的概念定位和环境态度，总结构成教学建筑课外空间整体意象的环境要素及结构关系，形成使用者的课外空间认知图式。

2）根据受访者的认知地图及语言描述信息，了解样本对象在宏观性及历时性使用状态下的整体使用状况（环境绩效、使用强度及使用者行为规律），获知使用者的主观使用感受和使用习惯信息，发现使用中存在的问题及使用者的隐性需求，为选取及定性分析行为测量阶段的样本提供依据。

3）根据对典型课外空间个案的现场观察，探寻特定课外空间与行为之间的相关性，衡量课外空间设计与人们使用需求上的契合状况，发现设计中的存在问题，评判设计的得失。

4）整合认知地图调查与行为观察评价所得，提出有利于课外空间使用的设计建议。

6.2.3 研究内容

1）先导性研究内容包括：对与本研究命题相关的国内外文献的分析整理，现场体验及分析样本对象的空间使用方式和实际使用状况，获取使用者的使用感受、使用习惯及使用需求信息，确定研究的关键点，选择有代表性的样本对象以便实施进一步的系统观察。

2）研究实施分两个阶段进行，第一阶段是对教学建筑课外空间的认知地图调查，通过分析使用者针对课外空间所画的记忆草图及所作的语言描述，间接推断使用者关于课外空间的共性认知、使用现状及环境态度。第二阶段则是对特定课外空间的个案观察，运用行为地图观察、系统观察和照片分析等多种手段，对不同类型课外空间（庭院、出入口和走廊等）个案中的使用者行为进行非介入性观察、记录与分析，评估使用绩效，寻找形成特定课外空间使用方式的影响因素。两阶段研究互为补充。认知地图调查侧重于研究使用者关于课外空间使用的潜意识表达，有利于获得研究样本较为完整、全面的课外空间使用状态信息，初步确定下一阶段的研究切入点；而非参与性观察则强调研究使用者关于课外空间使用的无意识流露，有利于获得较为详细、具体的课外空间使用状态信息。

研究工作框架如图 6-1 所示。

6.2.4 研究方法

使用方式评价考察的核心内容是人在环境中的行为，观察和实验是环境行为研究中最基本的研究手段。国外大量的研究都通过观察真实场景，调查环境的使用方式，并利用问卷法、访谈法加以检验。近期的研究也有侧重于预测人对空间的主观心理反应，并采用了实验室模拟的方法。但关于实验室模拟的方法是否有效，在学术界颇有争议。本章主要采用相对成熟并获得普遍认可的前一种方法。

1）认知地图评价

认知地图来自使用者的反复体验与积累，远比单纯的知觉和认知丰富，是多维环境信息的综合再现。"认知地图"这一术语来自格式塔心理学家托尔曼的创造。最早的认知地图研究是美国城市规划学者凯文·林奇对城市意

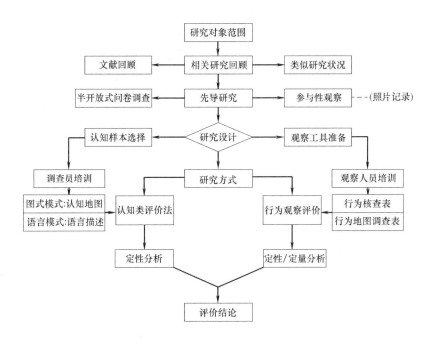

图 6-1 使用方式评价研究工作框架

象的探索。随后，一些研究者把应用范围扩大到邻里单位、中心商业区和大学校园等领域。在国内，胡正凡对两所大学的校园认知研究（1980）、朱小雷关于华南理工大学校园环境公共意象研究（2004）均采用了认知地图评价技术。本章主要采用以下两种技术研究学生对课外空间的认知方式：

（1）绘制教学建筑环境草图：在教学建筑现场，通过偶遇方式选取受访者（学生），要求其根据记忆在白纸上画出所在的教学建筑草图，并在图上标出建筑中的要素。

（2）语言描述：通过访谈，让被试者报告样本对象课外空间的环境特征、独特性因素、学生人群的整体使用状况和个人的使用体验。

在具体操作上，上述两种方式往往相互结合进行，即调查员让受访者边画边聊，并记录受访者描述，理解其草图中的符号内容，作适当的发问。

2）行为测量评价

行为测量评价法是一种介于结构—人文评价途径之间的评价方法。该方法建立在刺激—反应基本行为机制上，通过观察外显行为了解使用者心理，进而推论环境设计与人的内在需要之间的适应程度，由此对环境作出评价。具体研究途径首先是划分课外空间的类型（中庭空间、底层架空空间、走廊空间、休息平台空间等），再在探索性研究的基础上设计观察工具，包括：

（1）行为核查表（见附录 3.1）：对特定类型空间行为加以详细分类，形成用于观察与记录的行为核查表；依据探索性观察结果，表中行为基本按交通行为、学习行为、活动行为、休闲行为等划分出几大类，再依据个体行为、人群活动、场所使用方式划分出具体行为内容。记录员按时间间隔取样观察，记下表中相应行为的发生时间、地点、人次等信息，并对与环境特征、行为人特征有关的现场感悟作文字补充。采用这种方法的目的是计量外在行为，并以行为数量作为评价依据。

（2）行为地图：利用环境场所的设计平面图进行系统观察。记录员间隔进行取样观察，收集该场所行为发生的内容、时间、地点和频率等信息，以行为符号记录在平面图上。观察时记下评价者的现场评论。采用这种方法的目的是寻求行为的变化趋势，直观分析人与环境的空间互动关系。

（3）照片间隔时间取样观察：记录员间隔对被观察的课外空间进行隐蔽拍摄，获得照片中人的行为内容、行为人数，描述被观察环境的行为事件。采用这种方法的目的是更真实、全面地记录空间行为，并作为反复分析的有效资料。

6.3　先导性调研及研究假设的提出

6.3.1　先导性调研

1）通过对文献的详细阅读，研究者掌握了一些与本研究相关性较大的学术成果。其研究内容对本章研究具有借鉴的价值，见表 6-1 所列。

相关研究结论例证　　　　　　　　　　　　　　　　表 6-1

作者	研究范畴	空间概念	
		空间类型	空间内容
齐靖	教学区交往空间[D17]	外部公共交往空间	中心广场、中心绿地、近水空间、步行空间
		建筑群外部交往空间	入口空间、临界空间、庭院空间、屋顶花园与平台
		建筑群内部交往空间	共享空间、底层架空、交通空间
申浩	高层教学楼内部公共交往空间[D15]	主楼内部交往空间	单一楼层中的公共交往空间、几层共享的交往空间、室内平台、相对封闭的实体交往空间、面向共享空间的走廊、室外平台、屋顶花园、桥空间
		裙楼内部交往空间	按用途分：门厅、休息厅、展览厅、开敞的休闲娱乐空间
			按空间类型分：门厅、过厅、中庭、边庭、同一层内部开放的大小空间
		主裙楼之间交往空间	中庭形成过渡和连接的方式
			裙房穿插入主楼架空空间的连接方式
			裙楼作屋顶花园的连接方式

作者	研究范畴	空间概念	
		空间类型	空间内容
刘文佳	现代教学建筑非授课式教学空间[D16]	从功能层面划分	交往空间、交通疏散空间、自习空间、其他功能空间
		从形式层面划分	空间形态：进出式空间、停留式空间、穿插式空间
			空间构成：同位式构成空间、同体式构成空间
王暐	研究型高校公共自习空间[D14]	A空间	个体研究空间、团体研究空间
		C空间	研讨交流空间、服务性空间
陆超	大学教学楼[D18]	交往空间	厅空间、廊空间、节点空间、平台、架空层
陈识丰	大学教学区[D7]	单体级空间形态构成	内院、架空层、屋顶平台、联系平台、联系廊道、边界
郭钦恩	集群式教学楼[D7]	多元互动的交往空间	共享中庭交往空间；连廊、走廊以及楼梯

2）评价人在大致了解研究对象的背景信息后，分别对 N（WYDX）、E（GDWY）-2（6）、U（JYDX）-4（XZ）等3幢教学建筑进行了现场勘察，从专业角度结合使用者需求进行主观体验，并利用半开放式问卷作先导性研究（见附录1.4），共派放问卷45份，回收有效问卷41份，归纳总结见表6-2所列。

半开放式问卷的统计结果　　　　　　　　　表6-2

问题	回答	频率	问题	回答	频率
1. 学生期望中课外空间的环境描述语选择	有足够地方供坐下休息	59%	2. 学生目前在课外空间使用中集中反映的不足之处	设施不舒适	56%
	整体空间效果令人满意	49%		管理因素	39%
	夜间照明合适	49%		视线干扰	37%
	路面行走舒服	44%		声音干扰	37%
	绿化点缀令人满意	44%		卫生条件	37%
	空间较为宽敞	44%		人气不足	37%
	有学习气氛	29%		照明不足	27%
	交通简洁顺畅	27%		遮雨设施不完善	17%
	有生活气息	27%	4. 对目前教学建筑课外空间的改进建议	设施设备：休闲座椅 体育活动设施 垃圾筒 自动售货机	29%
	方便上下楼层	24%			
	生活性的设施设备齐全	22%			
	空间利用率较高	20%		环境：绿化景观 通风采光 卫生条件	25%
	教学辅助空间完备	20%			
	方便停自行车	20%			
3. 对目前所处教学建筑课外空间感到最满意的方面	整体空间宽敞，有空地	25%		功能空间：卫生间 自行车停放点 增设开水房 晨读场所 群体活动空间 过道宽度	20%
	绿化景观、观景视野	18%			
	光线（阳光）	12%			
	有合适的学习场所	10%			
	架空空间				
	休息平台				
	自行车停放空间				

（1）在针对被调查的课外空间环境特点所提供的 22 个描述评价语中，有 14 个评价语被学生较为集中地选择，主要涉及课外学习环境，环境氛围（包括学习气氛与生活气息），空间质量（包括空间大小、整体空间效果、空间利用率、辅助空间的完备性），交通质量（包括垂直交通、交通体系、车辆停放、人行通道），设施设备（包括照明、生活性设施设备），绿化景观等方面。这些与学生联系较为紧密的环境要素从侧面折射出学生对课外空间使用的隐性需求。

（2）学生对目前所处教学建筑的课外空间存在的不足之处有切身体会，主要集中在设施设备、管理、物理环境、环境氛围等方面。这些要素与学生的环境预期存在落差。

（3）先导问卷的开放式问题涉及对既有环境的正面评价与改进建议。学生的自由回答反映了其对课外空间与课外行为关联性的关注，表现在两个方面：一是与必要行为相关的环境要素（集中在公共设施、建筑设备、通风采光、公共卫生等），二是与自发行为和社会行为相关的环境要素（包括休闲平台、绿化及人文景观、群体活动场所、休闲座椅等）。因此，本研究确定以课外空间的适用性作为使用方式评价的重点。

（4）受访者的课外空间需求可以归纳为以下五个方面：一是环境舒适（使用舒适和视觉舒适），二是气氛轻松，三是具有可看性（看景观、人和公共艺术品），四是具有可参与性（交谈、围观及其他社团活动），五是具有可发现性（适度的复杂性）。

6.3.2 研究假设

假设一：由于对教学建筑的使用具有周期性和目的性，使用者往往不自觉地形成较为稳定的动作性行为习惯和体验性行为习性。

假设二：使用者对教学建筑课外空间的认知与环境的路径、边界、区域、节点、标志物等要素有关。

假设三：庭院空间的活动人数与其交通便利性（包括通达性和便捷性）有关。

假设四：课外空间的静态学习行为与所提供的休闲座椅相关联。

6.4　体验性行为习性研究——对课外空间的认知类评价

体验性行为习性基于使用者内省的心理状态，如感觉与知觉、认知与情感、社会交往和社会认同等方面的心理体验，使得使用者的行为表现为某种活动模式或倾向，但一般通过简单观察只能了解到其表面现象，必须通过体验者的自我报告，才能对习性有较深入的了解。本节对课外空间的认知地图调查正是以图示的方式收集使用者的环境体验。

使用者对课外空间的使用存在着较显著的主观性和选择性，因而，对课外空间使用方式的研究离不开对其当前使用状态的了解及共性认知方式的研究。为此，本研究同时采用图式模式和语言模式的认知类评价法，对研究对象尝试性地进行认知类评价研究。

调查员在现场以偶遇的方式选择被试者，邀请其凭记忆在问卷上（见附录3.2）画出所在教学建筑的课外空间内容（草图，一般10min左右完成）。调查员在旁观察记录被试者画图的先后次序，并对图中不清晰的地方加以提问。画图结束后，调查员请被试者就图纸内容用语言描述使用体验，并适时提出一些关于当前使用状况及学生对空间的态度方面的问题，对答案作简单记录。调查员共向8个研究样本的受访者现场派发并回收认知地图问卷160份（每个样本20份）。研究样本的三维地图信息如图6-2所示。

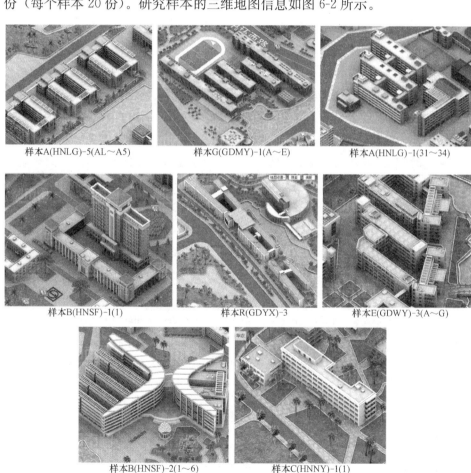

样本A(HNLG)-5(AL～A5)　　样本G(GDMY)-1(A～E)　　样本A(HNLG)-1(31～34)

样本B(HNSF)-1(1)　　样本R(GDYX)-3　　样本E(GDWY)-3(A～G)

样本B(HNSF)-2(1～6)　　样本C(HNNY)-1(1)

图6-2　认知地图调查样本的三维地图信息

（资料来源：根据广州三维地图网 http://gz.O.cn查询整理）

6.4.1 语言描述及认知地图调查结果

本研究的主要目的：了解被调查的课外空间的环境特征，从而了解评价客体的使用状态信息；获知使用人群的整体使用状况和被试者个人的使用体验，从中收集评价主体的认知方式、环境态度和使用习惯信息；据此把握不同类型课外空间的使用方式、强度和规律，发现存在问题及使用者需求，为剖析图形意象、解构空间类型提供一种生动、具体并有助于定性分析的手段。调查结果见表 6-3 所列。

6.4.2 对评价主体认知方式和认知规律的归纳分析

被试者的认知地图中主要包含两个方面的信息，一是教学场所之间的序列和相互连接的拓扑关系，二是关于场所的平面形式、距离和方位朝向等方面的量度关系。

1）大部分被试者对建筑的功能布局较为了解，能较为准确地表达环境拓扑信息。对平面轮廓的把握则因人而异。总体而言，被试者的轮廓把握能力随着建筑体量的增加而呈下降趋势；轮廓越是几何化，认知则越清晰。另外，较之于对平面轮廓的把握，学生对建筑所围合的空间形状和相对位置的把握往往不准确。艺术院校（G（GZMY)-1（A～E)）的被试者的认知地图表达能力较其他学校学生强。

2）对于排列式或并置式的教学建筑，被试者描绘的认知地图以表现各单体的空间布局为主；对于单体式教学建筑则以表现各功能分区为主。被试者在绘画认知地图时主要通过功能模块（线框）的方式理解空间内容，如对各单体功能分区之间能以庭院或内广场作分隔，但由于庭院或内广场不是由单体模块围合而成，因此，被试者往往会专门绘出独立的庭院模块。这反映出学生基于实用空间认知方式的特点。

认知地图调查结果 　　　　　　　　　　　　　　　　　　　表 6-3

样本	被试者的语言描述（汇总）	被试者的认知地图（选例）
R(GD YX)-3	1. 能清晰描述建筑的分区概念； 2. 庭院空间太小，不愿逗留； 3. 架空层用于体育课或自行车停放； 4. 电梯常停用，楼梯间常上锁，交通不通畅，学生常介绍如何才能抵达特定地点，普遍认为走廊过窄； 5. 缺乏遮阳挡雨设施	

样本	被试者的语言描述（汇总）	被试者的认知地图（选例）
E(GDWY)-3(A～G)	1. 楼层较低，常走楼梯，不需等电梯； 2. 三个开放式门厅设置合理，既满足交通需要，又有交流的空间； 3. 内庭的石径设有座椅，但较少去坐，以通行为主；门厅的座椅许多学生用于学习	
B(HNSF)-2(1～6)	1. 能清晰描述建筑的分区概念； 2. 走廊宽敞，课间可在此嬉戏；垂直交通线路不清晰，楼梯设计过于复杂，错层设计使交通标识混乱； 3. 楼内绿地感觉不舒适，较少逗留，多在楼前湖边绿地晨读； 4. 教学楼广场前的棱形凉亭被多次提及，多用于社团活动； 5. 习惯在单体间的休息平台驻足等人	
C(HNNY)-1(1)	1. 普遍反映走廊的通风、采光效果不佳； 2. 会在走廊尽端的小阳台读书；内走廊较狭窄，多作为交通穿行路径，不适宜驻足闲聊； 3. 认为教学建筑前广场的科学家雕像是建筑的标志物	
A(HNLG)-5(A1～A5)	1. 能清晰描述建筑的分区概念，强调建筑与相邻建筑的一致性； 2. 封闭的门厅没有成为主要的交通节点，往往通过开敞门廊进入； 3. 首层的走廊及开敞门廊常有学生驻足逗留，是休闲或学习的场所； 4. 步级陡坡影响了自行车的通行； 5. 庭院常作为羽毛球场地，学生没有在此休闲或学习的使用习惯	

样本	被试者的语言描述（汇总）	被试者的认知地图（选例）
G(GZMY)-1(A~E)	1. 能清晰描述建筑的分区概念； 2. 大平台＋连廊的方式连接建筑单体使得交通穿行方便，成为主要的交通路径； 3. 平台成为教学建筑的露天广场区域，许多室外活动均在此进行； 4. 认为雕塑作品是所处课外空间的标志物	
A(HNLG)-1(31~34)	1. 能清晰描述建筑的分区概念； 2. 连廊连接各个单体，穿行方便； 3. 相对于入口广场，庭院空间较狭窄，很少在庭院逗留。院主要作为交通路径； 4. 平时常选择更为方便的开放式楼梯出入，但下雨时湿滑的开敞楼梯缺乏安全感； 5. 部分学生指出排列式空间通风不佳	
B(HNSF)-1(1)	1. 能清晰描述建筑的分区概念； 2. 对楼梯分布的认知清晰，北楼层数较多，多数同学需乘电梯上课，北门厅的候梯空间较拥挤； 3. 东西侧庭院适宜学习，早、晚许多学生在此阅读，但课间逗留较少； 4. 多提及南北楼过道遮雨设施； 5. 东西两侧裙楼屋顶绿化丰富，视觉干扰少，学生即使翻越人为障碍也喜欢在该处逗留	

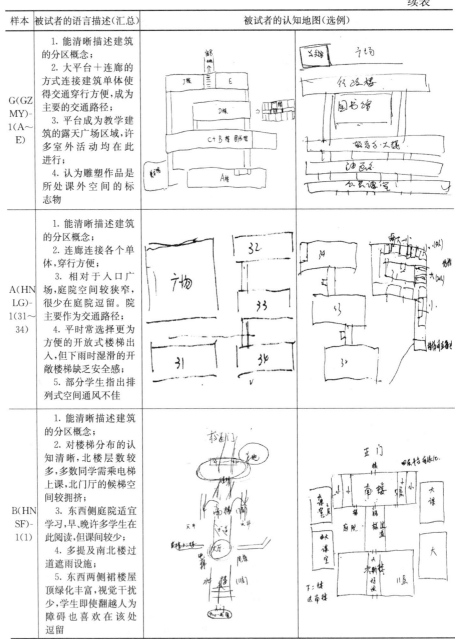

3）注重表达模块之间的连接情况及连接体的使用。被试者所绘的认知地图几乎都涉及走廊、过道。这反映走廊是学生区分空间布局和分区的主要参照物之一，同时说明交通联系方式是学生对教学建筑认识及评价的重要依据。大部分被试者日常都有固定的行走路线。行走路线的选择大都趋于方

便、就近；越是大型（如排列式或并置式）的评价样本，被试者越是以交通路线及节点入手，往往忽视或忽略了建筑轮廓的表达。此时被试者往往更多地提及楼梯、走廊等交通要素。也就是说，这些交通设施已经成为使用者认知课外空间的节点。

4）大部分被试者没有主动提及环境标志物或指出特别喜欢某处空间。这可能与被试学生对教学建筑的介入程度有关。然而，当建筑规模较大时，被试者会借助庭院作为解释说明的参照物。这说明庭院模块在某种程度上也具有标识环境的标志物作用。除少数样本外，被试者对点状环境标志物的认知不明显。

6.4.3 认知地图数据分析

借鉴凯文·林奇所提出的认知地图"五要素"的划分方法，对路径、边界、区域、节点、标志物被提及的频次统计认知地图，挖掘使用者潜意识中对课外空间的概念定位和环境态度，总结构成教学建筑课外空间整体意象的环境要素及结构关系，形成使用者的课外空间认知规律如下：

1）学生在描述或表现课外空间时，习惯以走廊、庭院、出入口空间（广场、门厅）、标志物、楼梯（电梯）等作为认知单位，并较常提及各课外空间与普通教室和阶梯教室的布局关系，表明课外空间是与传统教学空间紧密联系的空间单元，也从侧面反映出普通教室和阶梯教室在学生认知中的功能差异性较为显著。

2）路径：通道及连廊是教学建筑典型的"路径"元素。使用者在路径上移动并观察课外空间环境，因而，被试者普遍据其使用习惯表达其路径认知，并沿路径展开其余环境模块的图纸表达。习惯的交通路径往往是舒适、便捷的路径。被试者在描述习惯路径时较多提及的是遮阳挡雨设施、照明条件、座椅、便捷的路线等因素。因此，设计者对路径的安排应同时考虑沿路的设备设施、交通节点和捷径等多种因素，保证其交通绩效。

3）边界：边界是连续过程的线性中断。认知地图显示，课外空间的边界往往超越建筑外墙，随教学行为而辐射到的教学建筑的室外区域，包括庭院、广场及周围的绿地。边界可能是围墙、建筑外墙、教学区道路或用地边界（包括水体），其确定常常与场地环境品质有关。

4）区域：学生主要根据课外空间的私密性、领域性特质来识别、判断其私密层次或领域层次。使用者根据空间特性形成场所行为区域，大致可分为：学习区域、交流区域、观景区域、群体活动区域、等候区域、交通区域、视觉共享区域等。这种对区域的认知与实际建筑空间并不是一一对应的，面对不同的使用需求，学生选择"进入"相应的行为区域。走廊是交通区域，但作为最接近教室的课外空间，走廊可衍生为学习区域、交流区域、观景区域、游戏区域或等候区域；而庭院则是典型的视觉共享区域，尽管庭院大多环境优美，却往往因私密性和领域性较弱被普遍认为不是理想的学习场所；另外，功能设施较为齐全的出入口往往会衍生出交流区域，乃至学习区域。

5）节点：节点是连接点、休息点和交通方式的转换点。楼梯、电梯及其等候空间是同时具有连接和集中两种特征的节点；走廊的交会处以及走廊中的涡流区分别是路径的汇集节点和行程中的事件节点；门厅、门廊、休息平台则是区域的集中节点。节点是因路径而存在的，路径不合理，节点便丧失其功能意义。对节点的调查显示，电梯停用、疏散通道人为阻隔、路径设计与交通需求脱节等是当前教学建筑普遍存在的问题，且建筑的规模越大，问题越是普遍和尖锐。被试者在手绘认知地图时往往介绍可行的交通方式，并告知哪些路径其实并不畅通。这从侧面反映出建筑规模与建筑管理方式的矛盾在当前建筑设计中并未受到足够重视。

6）标志物：标志物是外形活跃、时常被使用且能满足大多数人需求的环境元素，如 G（GDMY)-1（A～E）样本的雕塑、B（HNSF)-2（1～6）样本的梭形凉亭、A（HNLG)-1（31～34）样本的钟塔等均是同时具有以上特点的标志物。与较为显著的环境标志物被频繁提及相区别，被试者在认知调查中却较少注意到同类环境的细节差异，这可能与教学建筑的空间规模有限，使用者对环境极为熟悉，不需要借助标志物确定方位有关。同时也反映当前的教学建筑存在近观环境设计趋于雷同，缺乏独特性的状况。

7）各种类型的课外空间被提及的次数与其可用性有关。某些设计者较为关注的环境元素往往由于使用率较低（如停用的电梯、无交通可达性的庭院等）而被使用者忽略。

6.5 动作性行为习惯研究——对课外空间的行为测量评价

行为（活动）习惯是人的生物、社会和文化属性（单独或综合）与特定的物质和社会环境长期、持续和稳定的交互作用的结果。与特定群体或特定时空相联系的活动模式或倾向，经过社会和文化的认同，时间的积累和行为的重复，已经成为习惯性的行为反应。在高校教学建筑的课外空间中，有些习惯其行为模式明显，可以通过现场观察和统计来了解。

6.5.1 样本选取原则

系统观察主要在广州地区高校中进行。对广州以外地区的使用观察是以随机的方式进行的，不具备系统性。本章将以特定的空间片段为观察单位，主要研究教学建筑的庭院空间、走廊空间和入口空间等在不同建筑环境中的实际使用状态。根据先导研究阶段的实际走访以及研究者的自身经验有意识地选择观察样本。样本选取主要遵循以下原则：

1）选择教学建筑中的代表性空间或空间片段。

2）各样本在空间与教学建筑及外围环境的整体关系上具有一般性，但在空间或空间片段的具体形式上具有典型性。样本集合在整体上能基本反映某类岭南高校普通教学建筑的实际状态。

3）样本之间具有可比性，在规模、尺度、使用者等方面可类比的前提下，以特定环境因素作为观察变量，能够定性分析该因素对空间绩效的影响。

6.5.2　行为测量方案

1）对课外空间的观察主要以使用人群为对象，以学习日和休息日为观察时间，分时段多次进行系统观察。每次观察兼顾高峰时段（上学时段与放学时段）与非高峰时段（白天上课时段、课间时段和晚自习时段）。研究并未对季节性（雨季、冬季及夏季）天气作系统观察，一般只由少量人员对此进行临时性观察，作为研究的补充。

2）对研究对象的观察测量方式是由不同观察员在相同时段内同时进行的。在观察前，研究者准备行为记录表、行为记录图纸及记录设备，并对每个观察现场进行踩点，设定观察方位；在观察进行时，在每个被观察的空间安排 3 个以上观察员，分别以非参与的方式进行行为核查记录、行为地图绘制或照片取样工作。研究者主要负责在各观察点之间作协调指导，并利用间歇时段绘制行为地图。

3）所有观察均以 10min 为时间段。

4）评价观察的具体范畴包括个人行为、场所使用方式、人群活动等。观察内容包括正常使用行为，也包括空间的误用和超出预期的使用行为等。

5）观察结束当天组织各观察员自由讨论所观察到的环境行为现象。由各观察员整理所记录的资料，并补充书面的观察总结。

6）照片时间间隔取样工作与行为测量观察同时段进行，由专人在观察点以每隔 10min 对观察对象进行一次拍照记录行为资料，作为系统观察的佐证和补充。

6.5.3　对庭院空间及出入口空间的观察研究

6.5.3.1　行为地图测量及分析

研究者根据现场情况绘制平面分区图，采用叠图技术将调查所得的各时段的行为地图数据重叠到平面分区图上，用符号分类表达物质环境特征、空间使用方式、空间使用强度及空间使用轨迹，形成行为强度分布图。

分析时考察以下内容：①环境实际建成状况与原设计图纸的差异；②各样本同类空间的核心使用方式及形成差异的原因；③使用人群的构成及行为共性特征；④实际使用状况与原设计预期的差异，包括对环境非正常使用与弃用；⑤各样本空间使用绩效横向比较及促成使用差异的影响因素分析。

1）对样本Ⅰ的观察分析

样本Ⅰ处于校园主干道的转角处，各教学单体呈排列式布局。单体之间形成东西向开敞的庭院，庭院以硬质地砖铺地，其中布置有规整的几何形花圃。各建筑单体并没有集中封闭的门厅空间，而是通过教学广场组织交通，各单体以开敞的楼梯直接向校园开放，如图 6-3 所示。

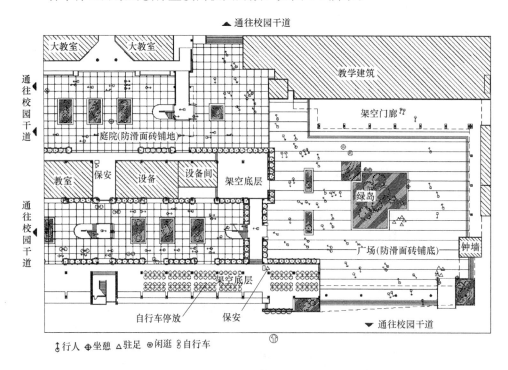

图 6-3 样本Ⅰ的行为地图数据汇总

（1）观察对象位于所在校区主干道的直角转角处，由一个近似方形的广场空间与两个带状的庭院空间组合而成。广场空间与校区的景观中心（西湖）相对，吸引了大批休闲人流。如果把呈直角转角的校园干道看作是直角三角形的两条直角边，那么广场与庭院就如同直角三角形的斜边，较短的交通路线吸引了大批交通人流。

（2）据观察，有各种各样的人流借道教学建筑。非教学人群的侵入是使用中最突出的矛盾。究其原因，一是具备"抄近路"的条件，并回避了干道的车流；二是庭院以铺地为主，结合绿化花池，并有绿化的遮阳挡雨条件，形成较为舒适的步行空间；三是因为建筑与校园主干道之间的空间过渡与衔接方式较为外向与开放，无法对与教学无关的人流形成心理阻隔，甚至吸引了一批无交通需求的休憩人群。

（3）交通人群的构成较为复杂，除了教学活动的参与者（教师与学生），还包括穿行者（步行与自行车穿行）、休憩人群（课间休息者及其他休闲人群），诸如摄影留念、儿童嬉戏、老人执手、保姆与婴儿车的聚会闲聊等各种非正常的空间使用方式频繁在此出现。

（4）缺乏发生学习行为的室外及半室外环境条件。带状庭院空间缺少休闲座椅或适于就座的设施（花坛壁普遍低矮）；空间交通性过强，穿行人流过多，也影响了自学行为的发生。因此，除了在教室附近偶有师生之间的驻足交流外，首层庭院几乎不发生学习行为。广场的集中绿化区的侧壁具有适于就座的高度与宽度，在人流较少的方位往往能吸引室外的学习者（考试日尤其明显）。由于适于学习的室外就座环境较为缺乏，个别学生以室外台阶作为短暂学习的场所。

（5）建筑四周与道路相衔接的开口较多、交通方式连贯，造成了交通人流的流线复杂及多种交通方式的混行。

（6）对该样本的照片观察记录取样如图6-4所示。

2）对样本Ⅱ的行为地图分析

观察对象为北高南低的四面围合式布局，南北楼均有独立门厅，联系南北门厅的单层连廊把庭院划分为左右并置的建筑布局。本研究所选取的样本为西侧庭院，该庭院呈规整的矩形，庭院四周及中央均布置有块状绿化，其余部分为粗面麻石铺地，庭院内的绿化与硬质铺地面积基本均等，四周有休憩的石凳。样本Ⅱ以矩形的门厅作为封闭式出入口，并以底层架空空间作为开放式的出入口，形成室内外多层次的空间衔接与过渡。建筑的东西楼主要为阶梯大教室，与庭院的交通联系较紧密，如图6-5所示。

（1）使用人群构成及行为共性特征：使用人群主要由步行人流及静坐人流组成。步行人群结伴行走较为普遍，而静坐人群则以独处学习居多。

（2）观察显示，处于南、北楼架空层的使用者往往选择通过庭院实现南北交通，因此，南北向是庭院的主要步行人流方向。然而，处于庭院中心的花坛占据了过多的步行区域，影响了花坛两侧的结伴步行人流，三人以上的并行结伴人流在此瓶颈位置往往要改为前后行走，存在设计者尺度控制的失误。

—— 样本A(HNLG)-1(31～34)观察点1

—— 样本A(HNLG)-1(31～34)观察点2

—— 样本A(HNLG)-1(31～34)观察点3

图6-4　样本Ⅰ的照片时间间隔取样

（3）矩形庭院由正交的硬质铺地道路分隔为四个涡流区。每个涡流区的外侧是绿化，内侧则是分组的石凳。观察显示，由于动静分区较为明确，交通人流并不影响静坐的学习者。

（4）庭院中的石凳利用率较高，在可能的情况下学生倾向于选择没有人的一组石凳就座，体现学习者的领域感需求。由于每组石凳由独立的四张石凳背靠背围合而成，石凳之间以绿化分隔，因此使用者还是会在同一组内不同的石凳上背靠背地学习。庭院这一区域的设计营造了背靠背就座，面向绿化的学习场所，观察显示使用者的行为与设计意图十分契合。

（5）底层架空部分几乎都是步行人流，静态驻足人群较少，自习者更不多见。该架空层无法吸引学习人群，一方面是因为空间单一，没有实现动静分区，也缺乏必要的休闲座椅；另一方面因为架空进深较大，光线不佳。进

144

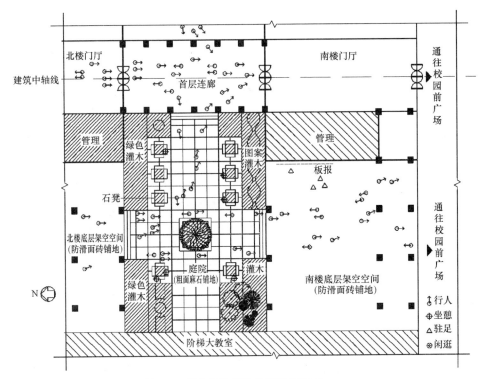

图 6-5 样本 Ⅱ 的行为地图数据汇总

一步的观察显示，考试日和下雨天，在架空层驻足的人群显著增加，表明底层架空空间可以作为教学建筑中大量人群的等候空间。

（6）对教学建筑的熟悉使步行人流"抄近路"的现象十分明显，并形成人流的方向性特征。如上课时段，北侧人流习惯于从北楼架空层斜穿庭院进入南门厅。

对该样本的照片观察记录取样如图 6-6 所示。

3）对样本 Ⅲ 的行为地图分析

建筑各教学单体呈排列式分布，以曲尺形的带状门厅组织交通。该样本包括以下几个方面的特点：一是门厅空间为横向进深较小的狭长空间，作为交通枢纽，门厅的纵横向交通组织较为特殊；二是门厅与庭院没有直接的交通联系和视线沟通，首层与庭院的联系通道不通畅，庭院不承担必要的交通组织功能；三是各排列式单体形成了狭长的庭院空间；四是庭院平面图形感强，竖向变化较多，包含了较为丰富的景观元素；五是庭院内绿化与硬质铺地面积大体均衡，硬质铺地材料为普通的水泥砂浆，如图 6-7 所示。

（1）行列式的教学单元东西长约 130m，南北间隔约 24.5m，位于中心的楼梯间及连廊把该空间分割为东西两个院落。全玻璃的梭形楼梯间是平面

图 6-6 样本 II 的照片时间间隔取样

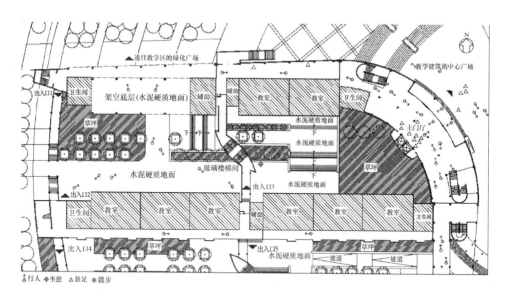

图 6-7 样本 III 的行为地图数据汇总

活跃单元，形成视觉焦点。庭院的绿化设计呈点（花坛）、线（绿带）、面（块状草坪）结合，整体形式感较强。庭院中植物生长状态良好，但水泥批荡的地面有积水及长满青苔的现象。

（2）观察发现，不论是高峰期还是非高峰期，东侧的庭院均无法吸引步行人群和驻足人群，整个观察过程中只有 1 个学生坐在花坛边上长时间地打电话。究其原因，一是由于是该庭院由教室、连廊、门厅所围合，庭院与人群无法形成视觉沟通；二是由于该庭院缺乏交通可达性，庭院四周仅有连廊一侧的缺口（出入口3）可达，其他部分完全封闭。除了二层以上的学生可间接地对庭院作视觉欣赏外，基本上处于荒废状态。

（3）在高峰期，有少量人流会从出入口2及3穿越西侧庭院，通过底层架空空间进入北侧教学区绿化广场。由于出入口2和3是疏散性出入口，宽度较小，人流量较少，受此交通瓶颈影响，底层架空空间也只是偶然有三三两两的通过人群。总之，西侧庭院及与之相连的底层架空空间均是交通性很有限的空间。由于人流及地面状况的局限，几乎无法吸引驻足人流。

（4）弧形的主门厅是该教学建筑的交通枢纽，大量性的进出人流、穿越人流、等候电梯人流、上下楼梯人流均在此交会。观察显示，由于候梯人数较多，候梯人流往往会对其他步行人流形成阻隔，高峰期人流组织较为混乱。其主要原因是门厅进深不足。该区域人流缺乏组织，间接地干扰了相对静态的行为，三五成群的聊天与等候行为往往转移到门厅外的教学建筑中心广场。

对该样本的照片观察记录取样如图6-8所示。

4）对样本Ⅳ的行为地图分析

建筑体量围绕梯形的绿化庭院形成单核式布局。根据建筑外部的交通关系，建筑首层在三个方向以架空门廊的方式形成半室外的出入口空间，作为校园与教学建筑的空间衔接与过渡。三个门廊大体上有三种不同的功能，门廊1正对教学区前广场，是教学建筑的主入口，有关教学管理信息多展示于此；门廊2与教学区的交通轴线相衔接，是自行车的集中停放点；门廊3毗邻校园景观带，并直接通向其他教学建筑组团。各门廊均布置有少量的休闲座椅。庭院以绿化为主，硬质铺地为辅，以与交通捷径相吻合的方式设计路径，形成良好的图形感。庭院中部沿小径处点缀以醒目的休闲座椅，成为视觉焦点。绿化以草坪为主，并零星地布置了点状的小树，铺地部分以广场砖为材料，如图6-9所示。

（1）该样本是所在院校教学楼群中的一个四合院式单体，分别以底层架空的方式设置开敞式门廊，分别向南、西和东敞开，实现建筑与三个方向的教学区室外场地空间的过渡与衔接。观察表明，三个方向的门廊人流均衡，流线清晰，门廊的设置具有合理性。

（2）中庭部分以绿化为主，以广场砖铺设庭院内的小径及铺地。庭院可达性佳，经步级或坡道可方便地进入。庭院内小径是连接各交通枢纽的"捷径"，从而吸引了较多"抄近路"的人流。绿化和人流使庭院充满生气。

样本 B(HNSF)-2(1～6) 观察点1

样本 B(HNSF)-2(1～6) 观察2

样本B(HNSF)-2(1～6) 观察点3

样本B(HNSF)-2(1～6) 观察点4

图6-8 样本Ⅲ的照片时间间隔取样

　　（3）进入教学建筑的人群，除管理维护人员以外，均为参与教学活动的步行人群及休憩人群。

　　（4）由于三个门廊分别连接不同性质的室外空间，各个门廊在使用过程中产生了功能差异。

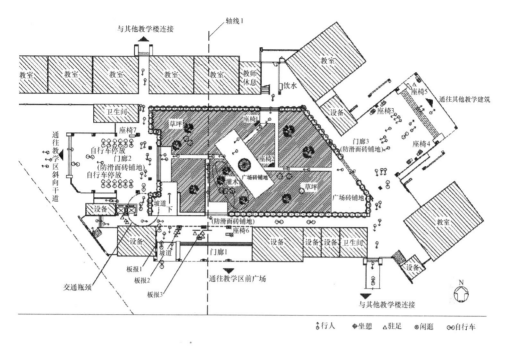

图6-9 样本Ⅳ的行为地图数据汇总

（5）南侧门廊面临的是主轴线上的教学区前广场，南门廊成为建筑的"主"入口。各类通知、教务公告及学生活动宣传海报等均设置在此，因此南侧门廊的驻足人群（以等候及观看信息栏为主）和步行人流均较为集中。然而，南侧门廊的空间进深及使用面积过小。这种尺度上的失衡导致南门廊人流呈现无序状态。

（6）由于西侧门廊面临教学区斜向的交通干道，门廊的有效使用面积也较大，使该空间演变成集中的自行车停放场地。

（7）东侧门廊直接向教学区景观轴线开放，丰富的水体、拱桥、绿化、雕塑形成的带状景观连接着教学建筑群与实验建筑群，使该空间在使用中更多地表现出休闲性。

（8）研究对象在三个门廊及中间庭院均设有休闲座椅，而在实际使用中，西侧门廊的座椅被停放的自行车所包围，处于弃用状态；南侧门廊的休闲座椅的利用率相对较高。这是由于该门廊的人流量较大，占用者多为等候人群的短时间就座，极少有人在此学习；东侧门廊的座椅有使用者长时间占用。他们常背对交通人流，处于较为专注的就座学习状态，或者以座椅的领域为中心，在周边踱步朗读。庭院的座椅由简洁的几何形体和明快的颜色构成，强调对庭院空间的装饰效果。但由于座椅紧邻庭院小径，受步行人流的

149

干扰大，并且受围绕庭院四周的各楼层使用人群的"围观"，视线干扰明显，因此庭院中的座椅利用率很低。

（9）该建筑通过连廊与其他教学建筑衔接，大量相邻教学建筑的使用人群多"借道"该教学建筑以求得"捷径"，故使成为"捷径"的走廊在高峰期显得拥挤。建筑的西南角是主要楼梯的通道，而电梯借用此通道作为等候空间，多股人流在此交会形成交通瓶颈。

（10）由于自行车在门廊停放，各门廊的残疾人坡道在使用过程中均演变为自行车坡道，于是教学建筑首层的人车分流完全失控，自行车穿行及人车混杂现象较为突出。靠边设置的残疾人坡道由于距离最短，成为步行者与骑车者的共同首选，加剧了交通的混乱状态。

（11）对该样本的照片观察记录取样如图 6-10 所示。

样本 E(GDWY)-3(A～G) 观察点1

样本 E(GDWY)-3(A～G) 观察点2

样本 E(GDWY)-3(A～G) 观察点 3

图 6-10　样本Ⅳ的照片时间间隔取样

6.5.3.2 行为核查表测量及分析

为了获得高校学生在教学建筑课外空间的使用行为分类及频数资料，特对观察样本进行以行为核查表为工具的系统观察。根据先导性研究阶段对教学建筑的现场观察，结合前期信息准备阶段的探索性调研结果，确定上学日（周一至周五）以上午7：50～8：10（上学时间）和11：50～12：10（放学时间）；下午13：50～14：20（上学时间）和16：50～17：30（放学时间）为高峰期；以上午9：00、10：00、11：00左右（上课时段）；下午12：30～13：30（午休时间）以及15：00、16：00（上课时段）左右为非高峰。确定休息日（周六日）以上午8：00～9：00（晨读、晨运时间）和11：30～12：00（午饭时间）；下午14：30～15：30（午休后的学习时间）和16：30～17：30（活动时间）为高峰期；以上午7：00～8：00及12：00～13：00（休息及午饭时间）左右；下午13：00～14：00及18：30以后（休息及外出活动时间）左右为非高峰期。

据此确定本研究观察计划为，对每幢教学建筑的观察分4天进行，分别为上课日的连续两天观察及休息日的连续两天观察。对上学日的观察抽取第一天的7：30～10：00和10：30～～12：00两个时间段，第二天的13：00～15：30及16：30～18：00两个时间段进行。每个时间段包括了高峰期（晨读、上学、放学及放学后的逗留）及邻近的非高峰期（课间时间及午休时间）。对休息日的观察则抽取周六的8：30～10：00和11：00～～12：30两个时间段，及第二天的14：00～15：30及16：30～18：30两个时间段进行。行为观察以固定的团队成员进行为期20天的系统观察。

为了确保研究数据的可靠性，笔者还选取了相近的时段采用DV设备记录现场的动态信息，作为对行为核查记录的补充。

1）对庭院空间的行为核查记录及分析（表6-4）

（1）各样本的所表现出的交通性差异较明显，人流通过强度范围从0.3～10.08人/min不等，其中，以样本Ⅰ的人流强度为最大，其次为样本Ⅱ和Ⅳ，样本Ⅲ的庭院空间交通性最弱，在整个观察时段内只有极少数学生通过；高峰与非高峰时段，庭院内的人数及行为变化不显著。除样本Ⅰ和样本Ⅱ在周六、日作为社会考场外，正常的周六、日基本无交通人流高峰出现。在交通行为方式上，样本Ⅰ和Ⅳ均存在自行车通行状况，其中，样本Ⅰ的自行车通行为设计预期发生的，而样本Ⅳ的自行车通行则为偶有自行车走捷径从庭院中经过（在所观察的90min时间段内有平均有3人次，以放学时段为主）。在交通人流构成上，样本Ⅱ、Ⅲ、Ⅳ均以正常使用人群为主（教师与学生），而样本Ⅰ则夹杂着大量与教学无关的非正常使用人流（占20.7%）

表 6-4

庭院空间的行为系统观察分类记录数据

观察样本	日期/星期	时间段	交通行为				学习行为			休闲行为						其他		观察备注
										个体休闲			群体活动					
			结伴步行	单独步行	车行	强度(人/分钟)	个体就坐	个体站立	集体讨论	踱步	驻足	坐憩	聊天	拍照	游戏	工作人员日常维护	个别行为	
I A(HNLG)-32~34	5.13/周二	7:30~10:00	668	582	95	8.97	0	0	1	0	1	0	3	2	0			1. 非正常使用者颇繁穿行；儿童及青少年在此嬉戏；2. 驻足者常立于走廊边缘或花池边缘；3. 交谈者常倚栏杆；4. 步行路径与遮荫有关
		10:30~12:00	386	455	66	10.08	0	3	3	3	2	1	6	1	\4	1		
	5.15/周四	13:00~14:30	266	258	62	6.51	0	0	3	1	3	0	6	0	0			
		16:30~18:00	426	320	38	8.71	0	1	3	0	1	\1	8	0	\9		1	
	5.17/周六	8:30~10:00	256	145	35	4.84	0	0	2	2	2	0	10	3	\10			
		11:00~12:30	162	229	20	4.57	0	1	0	2	4	0	12	1	\8	2		
	5.18/周日	14:00~15:30	278	239	26	6.03	0	2	0	2	3	0	10	3	\5			
		16:30~18:30	206	254	20	4.00	0	1	0	2	2	0	9	2	\9	3	1	
	小计		2648\526	2482\487	362\126	53.71	0	8	9	10\2	18\7	2\1	64\35	12	\42	3	1	
II B(HNSF)-1	6.11/周三	7:30~10:00	468	534	0	6.68	21	7	2	3	3	5	0	2		3	2*	* 同路人指路；1. 庭院人数与天气因素关系密切。2. 建筑在节假日常用作公共考场，外来人员大多在公共区域停留
		10:30~12:00	284	278	0	6.24	15	3	5	1	2	3	7	1			5	
	6.12/周四	13:00~14:30	236	286	8	5.80	12	0	5	2	1	4	2	0		2		
		16:30~18:00	312	243	2	6.26	23	5	8	3	3	5	8	0				
	6.14/周六	8:30~10:00	284	278	0	6.27	12	2	3	4	2	3	4	3	2	1		
		11:00~12:30	205	234	0	4.88	10	2	6	2	4	3	10	2				
	6.15/周日	14:30~15:30	238	217	0	5.06	10	5	2	5	5	2	5	0	3	1		
		16:30~18:30	292	215	6	4.28	16	5	2	1	3	1	5	0				
	小计		2319\126	2285\195	16	45.46		29\4	30	18\2	19\4	26\5	40\8	22\2	5	7	7*	

观察样本	日期/星期	时间段	结伴步行	单独步行	车行	强度(人/分钟)	个体默坐	个体站立	集体讨论	踱步	驻足	坐憩	聊天	拍照	游戏	工作人员日常维护	个别行为	观察备注
ⅢB(HNSF)-2(1~6)	5.19/周一	7:30~10:00	26	30	2	0.39	3	1	0	1	1	1	0	0		2*		*:工人维修电线 +:打羽毛球
		10:30~12:00	20	14	4	0.42	0	0	0	0	0	2	2	0				
	5.20/周二	13:00~14:30	12	20	1	0.37	0	0	0	0	1	1	0	0		2*		1. 高峰/非高峰时段的人数及行为变化不显著; 2. 穿行人流少; 3. 驻足者少, 偶有学生硬地做体育活动
		16:30~18:00	20	15	5	0.44	2	1	2	2	2	2	2	1	5+			
	5.24/周六	8:30~10:00	10	18	2	0.33	1	0	0	0	0	0	0	2			1	
		11:00~12:30	16	13	2	0.34	0	0	3	2	1	1	3	0	3+	1		
	5.25/周日	14:00~15:30	12	15	0	0.30	0	2	0	0	2	2	0	0			1	
		16:30~18:00	16	20	4	0.33	1	1	2	3	1	0	3	3	8+			
	小计		132	145	20	2.93	7	4	8	8	8	9	10	16		6		
ⅣE(GDWY)-3(A~G)	6.17/周二	7:30~10:00	158	184	1	2.29	2	2	2	0	3	5	0	0	0		3	1. 庭院内多为穿行者, 课息期间坐憩者比高峰时段少; 2. 非高峰时段学生会在庭院中停留; 3. 常有自行车抄捷径从庭院中经过
		10:30~12:00	135	168	5	3.37	3	0	2	0	2	3	3	0	0			
	6.18/周三	13:00~14:30	106	136	0	2.69	0	2	0	2	1	4	0	0	0			
		16:30~18:00	203	183	3	4.31	0	2	3	3	3	5	3	1	1	2		
	6.21/周六	8:30~10:00	80	98	2	2.00	1	2	3	0	2	2	4	2	2	1		
		11:00~12:30	85	75	4	1.78	2	2	5	2	1	3	2	0	0			
	6.22/周日	14:00~15:30	78	89	3	1.89	2	1	2	2	2	5	5	0	0			
		16:30~18:00	112	105	5	1.83	4	1	2	4	3	4	2	1	1	1		
	小计		957	1038	23	20.15	14	11	17	13	17	31	19	4			7	

注: \ 后数字表示非教学人群。

（2）样本Ⅰ和样本Ⅲ几乎没有发生在庭院中的学习行为。前者在所观察的90min时间内平均约有1～2人次，可能与空间的交通性过强且缺乏可供就座的设施有关；后者在所观察的90min时间内仅有1人次，则可能与可达性及交通性过弱，缺乏最基本的使用人群有关。样本Ⅱ的庭院已经成为该教学建筑内较为固定的室外学习场所（在所观察的90min时间内有20.3人次），现场访谈表明，在庭院中学习已成为部分使用人群较为固定的行为模式。样本Ⅳ也有一定量的庭院学习人群（在所观察的90min时间内有5.8人次），学习者往往以站立或踱步朗读为主。这可能由于庭院中可供就座的设施极少，也与该校以语言学习为主的特点有关。

（3）样本Ⅰ的庭院中发生的休闲性行为较少（在所观察的90min时间内有7.6人次），主要为踱步或驻足状态（如打电话、聊天等）。样本Ⅱ庭院中的休闲行为较样本Ⅰ丰富，在所观察的90min时间内发生读报（10人次）、吃早点（5人次）、独处思考（8人次）、聊天（12人次）、打电话（7人次）等多种行为。样本Ⅲ、Ⅳ的庭院中几乎没有发生休闲性行为，前者主要是因为地面材料选择及维护不佳（有大量青苔和积水现象，不适于逗留），同时也可能与交通可达性不佳有关（在所观察的90min时间内只有1人在庭院中长时间打电话）；后者庭院内多为穿行者，学生会在穿行人群较少时在庭院中逗留，主要与庭院中缺乏遮挡物及可供逗留的设施有关。就样本Ⅱ和样本Ⅲ的休闲活动行为人数比较，显示庭院空间的活动人数与其交通便利性有关。

（4）庭院空间的各类使用行为存在着较为明显的时间性规律，即使用人数通常与上下课时间相关联。气候因素对庭院中行为的影响也较为显著，下雨时，庭院中的人数及行为种类会显著减少，过于强烈的阳光令使用者的各种行为向阴影区聚拢。

2）对出入口空间的行为核查记录及分析（表6-5）

（1）各出入口空间的使用者均以交通穿行人群为主，人流强度范围从1.78～14.03人/min不等，其中样本Ⅰ和样本Ⅳ同时包含有人行交通和自行车交通（包括取车、推车或骑车），样本Ⅱ和样本Ⅲ则主要为人行交通，这可能与自行车存放点的设置有关系。抄近路往往是造成建筑内自行车穿行的原因。上学时段，学生往往愿意选择就近的疏散楼梯进入教学楼，而放弃按正常的空间序列从广场、门厅进入；放学时段，从疏散楼梯离开的学生人数有所减少，使广场出入口人流量增多。学生在不同时段选择不同的交通路径可能与出发点/目的地的差异及时间紧迫感之差异有关。

表 6-5

出入口空间的行为系统观察分类记录数据

观察样本	日期/星期	时间段	交通行为				学习行为			个体休闲			休闲行为 群体活动			其他		观察备注
			结伴步行	单独步行	车行	强度(人/分钟)	个体就坐	个体站立	集体讨论	跛步	驻足	坐憩	聊天	拍照	游戏	工作人员日常维护	个别行为	
I A(HNLG)-32~34(广场)	5.13/周二	7:30~10:00	678	668	86	9.55	5	3	2	2	5	5	10	3	2			1. 驻足者多为等候人群,多集中于阴凉处(柱侧阴或雨棚下);2. 有独处学习者、鲜有学习交流行为;3. 坐憩于花池、台阶;4. 偶有学生拍照。
		10:30~12:00	602	585	76	14.03	4	5	5	4	5	2	8	2	4			
	5.15/周四	13:00~14:30	582	528	49	12.88	2	1	0	1	2	3	9	0	2			
		16:30~18:00	586	554	56	13.29	4	2	3	2	2	4	12	2	8			
	5.17/周六	8:30~12:30	588	556	65	5.04	3	2	0	3	6	5	15	4	6			
	5.18/周日	14:00~18:30	456	508	58	4.87	5	4	0	3	5	4	16	5	4			
	小 计		3492\452	3399\387	390\105	59.65	23	17	10	15\4	25\10	23\15	79\46	16\7	\26	3		
II B(HNSF)-1(封闭门厅)	6.11/周三	7:30~10:00	388	445	1	5.56	2	1		1	86		5	2		3	5*	*顺祝社区幼稚根;1. 上学时段:驻足候居多,部分看海报浏览或点阅教室系统,极少学习者;2. 偶遇产生短暂的驻足停留。
		10:30~12:00	328	256	0	6.49	0	0	2	0	57		5	1				
	6.12/周四	13:00~14:30	282	232	1	5.72	2	0		1	88		2	2		2		
		16:30~18:00	268	240	2	5.67	2	1		0	60		2	0				
	6.15/周六	8:30~12:30	309	345	2	2.73	0	0	5	3	69	1	4	2			8*	
	6.16/周日	14:00~18:30	285	306	0	2.81	4	2		3	59		3	0				
	小 计		1860	1824	6	28.99	4	2	5	8	419	1	17	7	0	5	13*	
III B(HNSF)-1(首层架空)	6.11/周三	7:30~10:00	342	385	5	4.88	6	2	5	4	4	6	4	0	0	2	32+	1. 架空层驻足避雨;2. 社团活动集合点;3. 在柱础及台阶坐憩。
		10:30~12:00	305	382	2	4.59	1	1		2	15	6	6	2				
	6.12/周四	13:00~18:00	365	343	0	4.72	0	2	6	2	2	10	5	2		1	3*	
		16:30~18:00	392	467	1	5.73	4	3		6	5	8	8	0				
	6.15/周六	8:30~12:30	465	562	5	4.30	4	4	3	4	12	15	10	4		1		
	6.16/周日	14:00~18:30	383	366	8	3.60	6	5	2	5	19	25	9	2				
	小 计		2252\252	2505\126	21	27.83	21	17	20	23	67	82	42	10		4	35	

观察样本	日期/星期	时间段	交通行为				学习行为			休闲行为								观察备注
										个体休闲			群体活动			其他		
			结伴步行	单独步行	车行	强度（人/分钟）	个体就坐	个体站立	集体讨论	踱步	驻足	坐憩	聊天	拍照	游戏	工作人员日常维护	个别行为	
Ⅲ B（HNSF)-2(1~6)（封闭门厅）	5.19/周一	7:30~10:00	308	286	0	3.96		1		2	152	5	2	0	2	1		1. 穿行及等候居多; 2. 无坐憩场所; 3. 等候者常偶有站在幕墙边，靠幕栏杆驻足阅读者
		10:30~12:00	262	235		3.31		2		1	14	2	8	1	0		2	
	5.20/周二	13:00~14:30	232	248		3.20		0		0	86	2	5	0	0			
		16:30~18:00	249	236		3.23		2		2	25	4	4	0	2		2	
	5.24/周六	8:30~12:30	195	232		1.78		1		0	70	5	7	2	1			
	5.25/周日	14:00~18:30	215	206		2.00		1		2	62	4	9	2	0		3	
	小计		1461	1443	0	17.49		7		7	409	22	35	5	5	3		
Ⅳ E（GDWY)-3(A~G)（架空门廊）	6.17/周二	7:30~10:00	308	286	25	4.13	18	7	3	5	16	5	4	2	1		2	1. 坐憩者多以在学习、看海报、资讯居多，部分等候者或站在柱边或台阶; 3. 骑车者于首层穿行
		10:30~12:00	262	285	30	3.85	10	5	4	2	20	2	3	2	0			
	6.18/周三	13:00~14:30	262	208	21	3.27	16	3	6	3	15	5	4	0	1		3	
		16:30~18:00	249	266	36	3.67	15	5	8	4	18	6	5	1	0			
	6.21/周六	8:30~12:30	265	302	18	2.44	12	5	4	3	12	4	2	1	1		2	
	6.22/周日	14:00~18:30	215	238	12	2.21	10	6	5	2	20	8	4	2	0			
	小计		1561	1585	142	19.57	81	31	30	19	101	30	22	8	3		7	

注：\后数字表示非教学人群。

（2）样本Ⅰ的中心绿化边界适于就座，吸引了学习者就座。学习者习惯选择回避交通人流的方位就座。样本Ⅳ包含三个方向的半室外门廊，其中在人流强度较低的门廊3有较为固定的学习行为，另外两个门廊则几乎不发生学习行为。样本Ⅱ和样本Ⅲ的封闭式门厅内无学习者。这可能与门厅内缺乏休闲座椅有关，说明课外空间的静态学习行为与所提供的座椅数相关。

（3）样本Ⅰ广场中发生包括坐憩、拍照、聊天、嬉戏等较多的休闲行为，且人数较多。使用者既包括学生，也包括外来人员，如带小孩的保姆的聚集聊天、儿童及青少年的嬉戏等。样本Ⅱ和样本Ⅲ门厅内发生最显著的是等候行为（等电梯或等人）和查询行为（查询教室信息），偶尔会有人驻足看各种通知及海报。样本Ⅳ的休闲行为主要发生在门廊2。在所观察的时段内，有15位学生坐在休闲座椅上短暂等候同学，有8位学生在看教室调整通知，有4位学生在看教务信息，另有4位学生在看学校社团的海报。

6.5.4　对走廊空间的观察研究

6.5.4.1　样本对象的分类研究及环境要素信息

带状交通联系空间是教学建筑中典型的课外空间，属于C空间的范畴。此类空间具有多样的表现形式，如连廊、走廊、廊桥等等。本章根据先导性研究对研究客体的现场观察，认为教室前的走廊空间与教学的关联性较大，并确定以该空间在表现形式和使用方式上所具有的相关性为观察研究重点。

根据研究者对多所高校教学建筑走廊空间的现场初勘，初步把教室前的走廊按空间平面形式归纳为8种形式。样本对象的环境要素信息见表6-6所示。

观察样本的现场调研记录　　　　　　　　　　表6-6

	代表性样本	环境要素信息	尺度/装饰	同类样本
A型	B(HNSF)-1(1)	柱宽约1m,实体栏板,柱与栏板之间可站立,栏板宽度>0.5m	最宽处约5m;吊顶,石材包柱,科学家画像	
B型	F(GDGY)-2(A1~A6)	柱宽约0.6m,金属栏杆,柱边与栏杆平齐	最宽处约3m;管道外露无吊顶,外墙漆	B(HNSF)-2(2~6)B(HNSF)-1(1)
C型	G(GZMY)-1(A~E)	柱宽约0.6mm,金属栏杆,柱列立于走廊中部,通过高差把走廊分为两个区	柱内侧走廊宽约3m,柱外侧至栏杆之间的走廊宽约1.5m;吊顶,靠背长椅及石膏雕像	
D型	E(GDWY)-3(A~G)	无柱的走廊,金属栏杆	最宽处约2.5m;吊顶	R(GDYX)-3P(GZDX)-1(A~E)
E型	D(ZSDX)-2(A~E)	柱子内侧平栏板,走廊空间规整,实体栏板,栏板宽度约0.3m	最宽处约2.5m;吊顶	

	代表性样本	环境要素信息	尺度/装饰	同类样本
F型	A(HNLG)-3(1)	内走廊,两侧均为教室	最宽处约3m; 无吊顶	(GZMY)-1(A~E) U(JYDX)-1(GY)
G型	B(HNSF)-2(2~6)	无柱的走廊,金属栏杆+实体栏板,走廊有规律地布置涡流区	最宽处约3m,涡流区宽度约0.5m; 有吊顶	E(GDWY)-3(A~G)
H型	A(HNLG)-1(31~34)	无柱走廊,金属栏杆+实体栏板,每层走廊外侧有规律地布置花池	最宽处约3m; 有吊顶	

6.5.4.2 行为地图测量及分析

研究者对上述类型走廊样本的实际使用状态进行了现场观察,并作了行为地图测量记录,如图6-11所示。

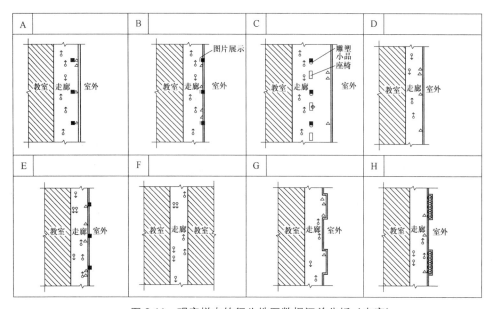

图6-11 观察样本的行为地图数据汇总分析(走廊)

1)较之于其他课外空间,走廊空间是与教室空间联系较紧密的课外空间。学生对走廊的使用往往与教学行为相关联。除了作为实现水平交通联系的行为场所,走廊往往还容纳学习、休闲和交流等自发性行为。据观察,这种对走廊空间的自发性使用在不同时段具有如下倾向:课前等候时段,使用者通常在走廊内自学及晨读;课间休息时,更多发生的是休闲性行为,学生往往会在该空间驻足聊天、独处凝思或打电话;课后时段,除了短暂的等候,在走廊更多发生的是交通性行为。

2)观察显示,对走廊的使用需求与走廊相对于教室空间的空间特性差异有关。首先,走廊具有"可站立"及"可行走"的特性,课间休息时段的站立与行走使学生得到放松。其次，较之于教室内，走廊空间具有"宽松感"及"视野感"。教室内的布局客观上对使用行为形成限制，走廊空间的尺度则显得宽松和自如，形成一种空间上的释放与调节。再者，开放式走廊往往是视野开阔的平台，既提供观景的条件，又可以作为独处的场景，一定程度上满足了使用者的领域需求。

3）A型、B型和G型走廊在边缘局部划分了回避交通人流的涡流区；C型走廊更通过柱列、高差、隔断（休闲座椅和石膏雕塑）等方式划分走廊，强化空间的交流及休闲性能；E型走廊的柱子（内侧与栏杆平齐，无法形成涡流区）、H型的种植花池等则属于走廊的领域标志物，均能有效地促进空间行为的多元化。

4）近年新建的教学建筑大多在走廊上做吊顶处理及采用防滑的面砖铺地，侧墙及柱子上布置装饰画及科学家警句也是比较常见的装饰手段。这些适度的装饰有利于强调空间主题并使环境舒适宜人。当前在走廊空间配置座椅的案例较少，但从学生在走廊尽端或平台等处自发地安放桌椅等行为线索可以推断，学生具有在走廊配置休闲性座椅的要求。样本 G（GZMY）-1（A~E）在走廊各处配置休闲桌椅，现场访谈和观察表明这些座椅有助于学生学习与交流。

5）雨季的现场观察显示，学生倾向于把湿雨伞留在教室外，撑开置于走廊内侧的雨伞占据了较多的走廊空间。显然，在内侧具有涡流区或宽度较大的走廊空间可满足这一使用要求。

6.5.4.3 行为核查表测量及分析（表6-7）

走廊空间的行为系统观察分类记录数据　　　　表6-7

观察样本	时间/星期	时间段(30min时段)	交通行为			学习行为			休闲行为						观察备注
			结伴步行	单独步行	强度(人/分钟)	个体就座	个体站立	集体讨论	踱步	驻足	坐憩	聊天	日常维护	个别行为	
A型B(HNSF)-1(1)	6.11/周三	上学时段	72	85	5.23	2	16	5	8	15	2	4	2	5*	+:上楼时面对走廊尽端的镜子整装 *:查询教室讯息
		课间时段	29	32	2.03	1	10	7	7	18	0	3		2+	
		放学时段	89	46	4.50	2	8	6	5	35	2	6	1	3*	
B型F(GDGY)-2	5.21/周三	上学时段	95	105	6.67	0	3	5	6	5	0	8			*:周末教学楼内办讲座，有学生在走廊上围观
		课间时段	35	38	2.43	0	8	4	5	9	0	5			
		放学时段	86	68	5.13	1	2	3	4	10	1	3			
C型G(GZMY)-1	5.23/周五	上学时段	78	76	5.13	3	2	2	5	2	10	1			*:布置作业橱窗展
		课间时段	52	45	3.23	3	5	0	2	6	3	12		4*	
		放学时段	82	65	4.90	4	2	0	5	9	4	15			

观察样本	时间/星期	时间段(30min时段)	交通行为			学习行为			休闲行为						观察备注
			结伴步行	单独步行	强度(人/分钟)	个体就座	个体站立	集体讨论	蹓步	驻足	坐憩	聊天	日常维护	个别行为	
D型E (GDWY)-3	6.17/周二	上学时段	86	94	6.00	2	3	5	4	6	4	10	2		
		课间时段	58	46	3.47	1	8	9	3	5	2	15			
		放学时段	105	98	6.77	1	4	6	3	7	0	9		2*	
E型D (ZSDX)-2 (A~E)	6.19/周四	上学时段	102	95	6.57	0	3	10	5	5		12	2	4*	*:学生在转换平台的饮水机处取水
		课间时段	65	62	4.23	0	4	12	4	4	0	10		2*	
		放学时段	105	98	6.77	1	3	6	3	3	0	7			
F型A (HNLG)-3(1)	5.16/周五	上学时段	72	95	5.57	0	2	0	4	5	4*	4	1		*:楼梯处有等候座椅,可坐憩
		课间时段	45	52	3.23	0	5	5	5	9	2	8			
		放学时段	80	68	4.93	0	1	8	2	5	4				
G型B (HNSF)-2(2~6)	5.20/周二	上学时段	92	80	5.73	2*	2	6	3	12		1	4		涡流区常有学生聚集;学生坐在台阶上看书;驻足者多候梯
		课间时段	45	60	3.50	0	6	10	5	15	0	8			
		放学时段	90	78	5.60	0	2	12	2	32	0	9	1		
H型A (HNLG)-1 (31~34)	5.15/周四	上学时段	42	72	3.80	4	1	0	2	0	2	2			*:雨天学生常将伞晾在走廊,穿行者略有不便
		课间时段	25	30	1.83	3	1	2	0	0	0	0		7*	
		放学时段	56	68	4.13	4	0	3	2	2	0	3			

1) 行为核查表明,各样本人流强度范围从1.83~6.77人/min不等。多数观察样本的宽度在2.5~3.5m之间,少量样本最宽处大于5m。观察显示,各样本在高峰时段均能保证交通顺畅。现场走访也反映学生对走廊空间的交通品质较为满意。

2) 走廊宽度影响走廊内自发行为的种类和人数。休息时段,走廊交通量较小,走廊两侧往往会发生驻足聊天等静态行为。对于宽大的走廊,甚至会发生嬉戏行为(如踢毽子、追逐等)。使用者上述行为的发生与否与交通人流有关,拥挤的走廊会影响到舒适感,从而抑制了上述行为的产生。

3) 影响走廊舒适的关键因子除了拥挤感外,还与空间的领域性有关。观察显示,走廊上的学习者习惯回避周围人群的视线。走廊的尽端、走廊的涡流区(G型)、走廊的柱边可遮挡区域(A、B、C、E型)、走廊的绿化区(H型)是较常见的领域标志物。学习者往往会自觉或不自觉地靠近上述标志物。其中较为显著的是样本B(HNSF)-1(1),由于走廊的柱子较宽大,足以遮挡学习者;同时柱子与实体栏杆有可站立空间;再者栏板压顶较宽,可以充当临时性书桌;因此在晨读时段,柱子几乎都被学生"占据"。而缺乏上述领域要素的走廊空间,在学习人数和时间上均不及前者。

4）中间走廊（内走廊）往往限制自发性休闲行为的产生。这可能与内走廊方式往往采光及通风不佳，缺乏观景条件，且难以形成回避交通人流的领域有关。

5）对8种类型走廊样本的照片观察记录取样如图6-12所示。

图6-12　走廊样本的照片取样选例（一）

图 6-12　走廊样本的照片取样选例（二）

6.6　本章小结

1）通过文献研究确定本章研究的理论定位。通过现场走访、问卷调查及自由访谈确立研究体系，完成研究设计。

2）对研究样本的认知地图评价和行为观察测量表明，使用者的课外空间行为具有较为稳定的动作性习惯和体验性习性，证实了研究假设一。

3）对研究样本认知地图的数据分析（见第 6.4.3 节）支持了研究假设二的结论。

4）现场观察以及行为核查数据分析（6.5.3.3 节）均反映出庭院空间的交通性，从而支持了研究假设三的结论。

5）现场观察以及行为核查数据分析均反映出静态学习行为与所提供的休闲座椅相关，由此支持了研究假设四的结论。

6）通过较为系统的认知评价研究，研究者归纳出如下教学建筑课外空间的使用者体验性行为习性：

（1）在认知地图调查中，使用者倾向于分别把阶梯大教室与普通教室作为独立单元加以表述，表明在使用者眼中，两者是使用方式和行为体验有较显著差异的场所。

（2）关于走廊、庭院、出入口、垂直交通部件（楼梯、电梯）、标志物等环境的描述符号在使用者所绘制的认知地图中，出现的频率较高。这在一定程度上表明上述要素是环境认知中相对独立的单位。

（3）从观察被试者的绘制过程及综合分析所绘的认知地图可以推断，使用者先获得场所之间的拓扑信息，继而才发展成为相对完整的认知地图。

（4）使用者往往在对环境的重复使用中下意识地选择最合理的方式，形成交通模式，包括交通走向及路径等。

（5）根据认知地图分析得知，使用者对教学建筑的边界概念较为模糊。因此，对教学建筑的使用也往往倾向于超出建筑的使用时间和使用空间的局限，使课外空间行为具有形式多样，内容丰富，分布广泛的特点。

（6）使用者对课外空间行为区域的认知可划分为：学习区域、交流区域、观景区域、群体活动区域、等候区域、交通区域、视觉共享区域等。

（7）在使用者的环境体验中，楼梯、电梯及其等候空间是连接与集中的节点，走廊交会处、走廊涡流区、庭院是路径上的汇集节点和行程中的事件节点，门厅、门廊和休息平台是枢纽性的集中节点。

（8）使用者在空间认知中往往提及较为显著的环境标志物，却较少注意到同类环境的细节差异，这可能与调查样本自身缺乏环境独特性有关。

（9）使用频率较低的独立环境部件在认知地图中常常被使用者忽略。

（10）具有吸引力的视觉内容能够吸引使用者驻足围观。在教学建筑中，展示性、艺术性、信息性、景观性等静态内容以及独特的行为、活动（如表演、排练、咨询等）是引起围观的常见因素。驻足围观与交通有关，因此，枢纽性、过渡性空间有助于产生驻足行为。

（11）使用者寻求安静的区域凝思，实现对思绪的整理、深化和升华。

7）通过较为系统的行为测量评价研究，研究者归纳出如下教学建筑课外空间的使用者动作性行为习性：

（1）交通人流的高峰期通常发生在上、下午及晚自修的上学及放学时间段，课间休息时，由于更换教室的需要，也会出现人流高峰，此时的人流具有方向性特征。

（2）学生对教学建筑的熟悉，使人流表现出明显的"抄近路"倾向。自行车流为走捷径而横穿建筑内部的现象也时有发生。

（3）晨读者往往会单独出现，较少有结伴现象。

（4）点状布置的休闲座椅是吸引课外空间学习行为的要素，即便是站立和踱步的学习者，也需要有座椅放置书包，并作短暂休息。

（5）能够实现视觉回避及不容易被侵入的空间更受学习者欢迎。

（6）站立状态下的学习者具有几类行为习性：一是寻求可踱步的空间，二是希望有高台（最常见的是栏杆）作临时书桌，三是借助柱子、树、墙和远景作为抗干扰的媒介物。

（7）围坐或对坐的休闲座椅和面向交通路径的座椅往往是等候或交谈的场景，可满足使用者"看与被看"的需求，较少被用于学习。

（8）在景观条件好、干扰人流少的地方，步级、台阶、路缘石、草坡、花池、水堤等可形成高差的地方都可能成为学生落座的场景，应结合人的尺度和行为习惯作出安排。

（9）使用者偏爱凭靠在外廊栏杆向外张望，却较少凭靠在教室的窗前向外张望。

（10）学生有结伴并行的习惯，往往占据较大的路径宽度。

（11）自学者习惯背对交通人流。

（12）使用者的行为往往伴随着张望、观察或注视，由此获取环境信息，产生视线交流及了解他人。这也在一定程度上反映其希望与外界沟通和交流，获得接纳和认同。

8）研究表明，课外空间的活动人数与其交通便利性（包括通达性和便捷性）显著相关。

9）活动人数影响了空间内静态使用行为（就座、驻足状态下的各类使用行为）的发生。维持空间活跃的必要人数鼓励静态使用行为，但人数过于密集或交通性过强又会干扰可停留性，抑制了对空间的静态使用。

10）课外空间的静态学习人数与所提供的休闲座椅数相关联。休闲座椅数在一定程度上可以表征课外空间的学习容量。

第7章 岭南高校教学建筑教室空间的主观倾向

教室空间是使用者在其中有明确行为内容的空间，是教学建筑中的 A 空间。A 空间应注意空间利用的充分性、使用行为的流畅性，并应满足使用者潜在要求的视觉诱导性[M9]。教室空间是特定的使用者主体（学生）或特定的使用者集体（班级）的空间，是典型的人系空间（相对于目的系空间而言）。人系空间偏于使用主体一侧，空间的内部依照使用者、使用要求和爱好的不同，呈现出各种各样灵活的布置方式[M9]。

教室被定义为"语言上的学习的地方"[M31]，是教学建筑内主导性的使用空间，实现教学建筑的本体功能。教室空间相对单一，使用人群及使用方式相对确定，有利于开展主观倾向研究。本章对教室空间的评价研究立足于对使用者教室环境主观倾向信息的收集、归纳与分析，以当前较有代表性的教室环境要素为变量，通过准实验的方法作问卷调查，寻求符合使用者主观倾向的教室空间环境需求共性信息。

7.1 主观倾向的评价概述

7.1.1 概念界定

倾向（Preference，又译"优先选择"）是对喜爱程度的表述，因此，主观倾向评价也叫偏好评价（或喜爱度评价）。主观倾向是评价主体对评价对象进行比较时在"哪一个更能给人的某方面需要提供更大满意"这一意义上的直觉映像[M32]。主观倾向的态度常反映在环境认知与行为选择上，是环境体验过程的深化。在特定情境下，主观倾向的内涵被引申为"更加注意"或"更感兴趣"，衍生出与之相类似的环境吸引力或感染力评价。于是，主观倾向（或偏好）又被定义为"价值比较所生成的一种直觉映像"。这种直觉上的价值量度对象不仅是处于感觉层次的映像，还包括心态层次的映像[M32]。这是一类理论色彩较强的评价研究工作，目前学界关于主观倾向的研究以认知方面居多。

基于对环境的直觉判断和经验感知，使用者对特定的环境特征形成与其使用体验较为一致的情境关联，并产生出"哪一个更能给人的某方面需要提供更大满意"这一意义上的感知映像。反映在环境认知与行为选择上，主观倾向研究是对环境体验过程的深化。本章在认同使用者直觉的重要性的同时，也强调使用者理性经验在比较判断中所起的作用，采用"主观倾向"的提法是为了区别于专注直觉性的传统偏好研究，也是为了避免"偏好"一词产生的"非正常喜好"或"特殊喜好"的歧义。

7.1.2 对主观倾向的影响因素

7.1.2.1 评价者背景因素

评价者的个人背景因素会影响到其主观倾向。约瑟夫·索南费尔德（Joseph Sonnenfeld，1966）的研究表明，评价者的主观倾向受到其年龄、性别、文化等影响。卡普兰夫妇（Kaplan，1977）等学者的大量研究都表明个体差异影响到其对设施的偏好[M11]。此外，评价者对环境的熟悉程度也会在一定条件下影响个人主观倾向。莱昂斯（Lyons，1983）的研究指出熟悉的景观更受到偏好。坎德和索恩（Canter & Thorne，1972）在苏格兰和奥地利人对异国居住环境的选择研究中发现，这种熟悉效应存在着不确定性。纳萨（Nasar，1984）关于日、美学生偏爱异国街景的研究也支持了这一观点。

7.1.2.2 具体环境因素

具体的物质环境因素会影响主观倾向判断，但是当具体因素的吸引力表现不显著时，其影响作用往往会被忽略。因此，寻求及分辨导致主观倾向评价差异的具体场景线索及规律具有研究价值，对本章研究具有借鉴价值的成果有：①有窗户的空间较之没有窗户的空间更具吸引力（Kaye & Murray，1982）；②正方形空间较之长方形空间更受欢迎（Nasar，1981）；③使用者偏好顶棚高度高于正常顶棚高度的空间（Baird，Cassidy & Kurr，1978）；④前卫的评价者更偏爱体量大的新型城市建筑，而保守者则更偏好照明充足的建筑（Gifford，1980）[M11]。

7.1.2.3 抽象环境因素

环境的一致或对比是影响使用者主观倾向判断的抽象环境因素。沃尔威尔（Wohlwill，1982）在园林景观的评价研究中指出，当评价者所反感的图像与评价对象很一致或对比强烈时，会显著影响到主观倾向判断。米勒（Miller，1984）通过海岸线及沿岸建筑的研究发现，复杂性、发展性、对比性等是对主观倾向影响较小的环境要素，而一致性则是对主观倾向影响较为显著的环境要素[M11]。

7.1.3 主观倾向的评价方法

西方一些研究者把评价者作为整体来分析认识过程，从而建立关于主观倾向的评价体系。评价体系中的概念维度及逻辑层次，对本书的研究设计和评价分析具有积极的借鉴意义。如：①卡普兰夫妇（Kaplan）认为主观倾向与人类物种进化及设施可适应值有关，提出包括四个评价维度（一致性、复杂性、易读性、神秘性）的环境主观倾向理论框架[M11]。②梅拉比安和拉塞尔（Mehrabian & Russel，1974～1980）提出影响情绪的三因子论，包含：愉快—不愉快、唤醒—未唤醒、控制—屈从[M4]三个独立维度，并用情绪状态语义差异量表（18对两极形容词）描述场所的情感评价。③乌尔里克（Berlyner，1960，1972，1974）致力于美学判断研究，提出环境的对照刺激特性，包括复杂性、新奇性、意外性、不和谐性。④乌尔里克（R. S. Ulrich,1983）将进化论美学思想同情感学说相结合，提出用风景审美的"情感唤起"模型来解释主观倾向。

上述主观倾向理论大都是基于自然类景观的评价，多是对美的视觉判断研究。人工环境的研究较为复杂，不仅涉及美的视觉判断，也涉及空间及其他方面的意义，这方面的研究尚待深入[D5]。

7.1.4 国内对主观倾向的研究

国内的研究主要集中在两个方面：一是以居住环境为对象，如张文忠[J44]、伍俊辉[J45]、黄美均等[J46]关于居住偏好的研究，尹朝晖等关于居住单元使用倾向的研究[J47]，还有针对用户主观倾向的规划与设计前期调查，主要以居民活动需求调查或市场分析的方式进行；二是以自然景观为对象，如肖亮等对行为偏好的研究[J48]，陈云文[J49]、章锦瑜[J50]、施凤娟[D20]等对景观偏好的研究。这些研究主要是针对特定案例的实证研究，一般采用统计调查评价法进行。总体而言，国内在建筑学意义上的主观倾向研究，既少又不全面，在评价因素的构成标准问题上也不统一[D5]。

7.1.5 对教室空间的文献研究

7.1.5.1 西方的教室空间研究

在教室评价方面，西方学者进行了许多有价值的探索。首先是对教室室内物理环境和教学绩效关系的研究，涉及教室声音（Astolfi[J51]，Cardinale[J52]）、热舒适（Corgnati[J53]）、人体工学（Panagiotopoulou[J54]）、温度及通风（Wargocki[J55]）、空气洁净度（Bartlett[J56][J57]）等范畴。其次是对教室空间行为的研究，影响较大的成果有：克里斯托弗·亚历山大提出多种与教室空间及教学行为相关的建筑模式语言（"学习网"、"像市场一样开放的大学"、"师徒情谊"、"店面小学"、"小会议室"）。格雷厄斯·S·怀亚特对一系列教室类型作了较深入的研究，包括阿卡迪亚优势计划的教室、克拉克写作室的教室、"数学商场"教室、小型动态教室、多用途教室、阶梯教室、簇群教室等[M31]。西方的另一研究热点是对开敞教室的使用后评价，其中较有代表性的研究包括：Tsuchiya 等对声环境的研究[J58]；里夫林、罗森伯格的行为地图和访谈研究；布鲁内蒂（Brunetti）对教室噪声的研究；罗伯特·斯特宾斯（Robert Stebbins）对现场状况的调查报告；乔舒亚·伯恩斯（Joshua Burns）对开敞和传统两种教学环境中学生的行为和态度比较[M4]。

7.1.5.2　国内的教室空间研究

就研究旨趣而言，国内学者大体从四个方向展开关于高校授课空间的研究：一是针对教室室内物理环境的研究，包括室内空气品质[D21]、热环境[D22]与热舒适[J59]、室内噪声[J60]、教室照明[J61]等专题；二是对教室节能[J62]、教室资源管理[J63]、容量指标[J64]、数据与适宜规模[D23]等方面一系列管理性指标的总结；三是教室设计理论研究，主要关注教室设计[M33]、教室空间与学生行为的关系[D3]、教室利用率[D23]、多媒体教室设计[J65]、国外教室设计[J66]、八边形教室设计[J67]等专题；四是针对教室评价研究，目前的研究工作尚偏重于评价教学质量方面，如李涛[J68]、周令[J69]，丁家玲[J70]等的研究工作。

王曈在研究型高校自习行为模式及空间属性研究中，进行了关于空间形态的实态调研，并利用行为核查的方法进行了使用后的描述性评价研究[D14]。总体而言，国内关于高校教室的研究工作更多地集中在物理环境研究方面，而涉及教室评价的研究则以教学质量的评价方法研究为主。文献研究尚未查阅到关于教室空间主观倾向评价领域的研究先例。

7.2　研究设计

7.2.1　研究对象

教室是教学建筑中传授知识，进行学术交流的专门场所。本章所讨论的教室是普通教室，即包括黑板、讲台、课桌椅等教学设施，满足语言授课及电化教育等教学功能，容纳学生就座、通行、听课、书写、老师讲课、巡回辅导等教学行为的室内空间。研究立足于贴近实际，发掘现实中存在的问题。根据对岭南高校教学建筑的探索性现场调研所得，把研究对象确定为目前主要使用的以矩形为基本平面形式，座位数在 200 座以下的中小型教室。其他以生产、科研为目的，或以实验为教学手段，以及在教学过程中对光线条件、声音条件、卫生条件、设施条件等有特殊要求的教学用房不属于本章的研究范围。

7.2.2　研究目的

研究目的的确定是以先导性的现场观察和访谈结果为依据的。调查显示，传统的授课模式仍然是当前课堂教学的主流方式，传统的教室形制并没有本质的变化。同时，对多所高校教室的参与式观察表明，当前各高校在教室空间的具体环境元素选择上各有侧重，在使用方式方面也存在差异。这些差异表现在设施布置、设备配置、空间界面元素、空间感等方面。在自由访谈中，受访学生对教室的这些差异的感知是比较敏锐的，习惯于对教室作横向比较，并往往表达出个人的偏好。

本章基于对岭南高校部分教室的先导性调研结论，进行岭南高校教室空间使用者的主观倾向研究，力求通过研究把握影响使用者群体主观倾向的教室环境要素和影响规律，同时试图以使用者的需求调查为依据，初步判断教室空间的主观倾向共性，为教室设计如何满足使用者的心理偏好和教学需求提供可靠的依据，并为岭南高校教室空间的定位及设计发展方向提出关于环境要素的建议。

7.2.3　研究内容

本章以对当前岭南高校教室环境的使用现状调查研究为基础，从使用倾向和喜好倾向两个层面探讨使用者对教室空间的主观倾向态度。研究涉及以下三方面的内容：

（1）当前岭南高校教室环境的使用现状调查；

（2）使用者群体（教师、学生）对教室空间的使用倾向调查；

（3）使用者群体（教师、学生）对教室空间的喜好倾向研究。

本章研究工作框架如图 7-1 所示。

7.2.4　研究方法

分析评价者和环境因素是解释主观倾向评价的两种主要途径（Peterson & Neumann，1969）。偏好是体验过程的深化，对建筑环境的偏好研究往往包含一种选择，即通过评估在几类建筑中选择特别喜爱的其中一类的过程进行主观倾向判断。基于以上考虑，本章的研究分为以自填式量表为工具的语义符号反应测量和以教室模拟图片为媒介的图像反应测量两个阶段，实现使用者的使用倾向调查与评价对象的环境因素评估的结合。具体评价技术如下：

（1）统计调查评价法：基于本书第 2 章对教学建筑评价主体的调研结果，设计出关于评价主体的教室空间使用倾向调查表。调查表采用类似于结构化研究的封闭式问卷形式，对问卷数据进行频数分析及频数差异分析，并

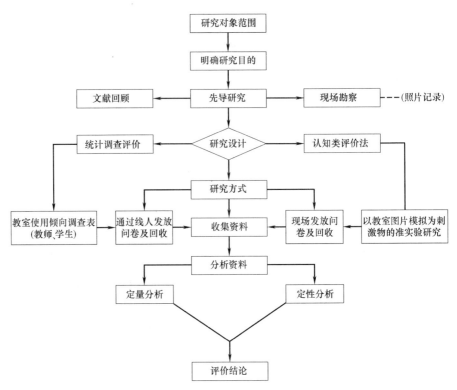

图 7-1　教室空间主观倾向评价研究工作框架

结合采用人文的分析方法。

（2）心理物理评价法：该方法认为心理量与物理量有对应关系，将复杂行为理解为"刺激—反应"关系[D5]。本章以现场调查结果为原型，以图片为评价媒介研究环境刺激物与主观感觉之间的关系，实现评价课题与真实环境的结合。同时，为了找到因果关系，采取准实验的方式实施评价过程。文献研究表明，准实验的方法比真实验法有更好的外部效度，同时图片质量不太影响环境质量的环境主观评价[D5]。

7.3　先导性调研

1）通过文献阅读，笔者掌握了一些与本研究相关性较大的学术成果。这些成果在研究方法或研究结论方面具有可资类比、引用或借鉴的价值，对本章在研究目标确定、研究方法选择以及研究设计等方面有直接或间接的影响，见表 7-1 所列。

2）半结构访谈。对 Q（JYDX）、B（HNSF）两所高校的学生以半结构式问卷（见附录 1.5）进行先导性研究。共派放问卷 35 份，其中回收有效问卷 29 份。结果详见表 7-2。

（1）针对当前高校的开放管理教室模式（学生基本上无固定教室和座位），66％的学生认为此模式灵活方便；14％的学生认为无固定的教室缺乏归宿感；17％的学生认为无所谓；也有一些学生提议将两种管理模式相结合，自习时有固定教室，而上教则用开放式教室。

（2）在学生描述上课中的良好状态时，较多提及的词有互动（62％）、活跃（62％）、放松（55％）、感兴趣（55％）、交流（41％）、思考（38％）、专注（34％）等，另外，也有一些学生提及创造力（28％）、投入（28％）、受到启发（24％）和积极（17％）。

相关研究结论例证 表 7-1

文　献	相关结论
蔡捷,现代高校教学建筑设计模式及其发展趋势,2003[D8]	1. 学生学习和休憩活动的绝大部分时间是以教室为中心。 2. 教室物质环境的布置可以显著提高教学效果和效率。 3. 学生参与教室布置会影响使用者的行为,教室的"美质"影响学生行为和态度。 4. 教室布置很小的改变也会对学生行为产生可预期和需要的改变
葛蔓蔓,部属综合性大学现状数据与适宜规模,2006[D23]	1. 根据数据分析,3m²/人比较符合现阶段学校教室生均用地指标。 2. 生均使用面积越小,师生间的距离越短,越能促进师生交流
王曈,研究型高校自习行为模式及空间的属性,2004[D14]	1. 公共自习空间(尤其是 A 空间)是学生最重要的学生交往空间。 2. 公共自习空间的营造对大学生的心理和学习有直接影响。 3. 心理归属性是公共自习空间的首要属性,其他物理属性其次
黄鑫,现代高校整体式教学楼利用率,2006[D6]	1. 教室的规模及专业学科的差异对教室的利用率影响很大。 2. 水平方向随距离增大而利用率递减,幅度大;垂直方向随楼层增加而递减,幅度小。 3. 利用率对学生心理健康的影响主要在学生的自习行为中体现
Rivlin,Rothenberg, Justa,Wallis&Wheeler	1. 通过行为地图和访谈等方法对纽约两所小学采用的开敞教室进行系统评价。 2. 教室的使用很不均衡。教师和学生一致表示需要更安静的专用教室
Brunetti,(1971,1972)	1. 开敞教室的噪声(尤其是谈话声)的干扰程度取决于被干扰者。 2. 对听课者的干扰比对做实验者的干扰更严重
Robert Stebbins,1973	开敞教室容易受外面事件的干扰,学生之间也更喜欢说话,更容易分散注意力
Joshua Burns,1972	1. 开敞教室易分散注意力,传统教室采光和温度条件较好,两种教室噪声水平相当。 2. 学生偏爱传统教室,在传统教室学习的学生成绩一般超过开敞教室中的学生。 3. 低能力或低动机学生对开放教室特别不适应,对非母语学习的学生也是如此

文 献	相关结论
Dahlke. H. O[D24]	1. 教学活动在一定的物理环境中进行,由此限制和规定着学生学习和发展的可能。 2. 一般来说,圆桌式或马蹄式更利于学生之间的讨论和交往,比行列式更受欢迎。 3. 对于班级规模而言,小班级的师生表现更愉快,更活跃,能更好地满足需要
C. R. Griffith,1921[M5]	1. 居中就座的学生倾向于得高分,随着座位偏离中心位置,学生的分数也逐渐下降。 2. 对大学生的研究证实:离教师的距离越近,学生的分数相对越高。 3. 选择教室前排座位的学生,更倾向于有更好的学习成绩
Hallinan. M.[D24]	1. 开敞教室比传统教室的交往增多,能相互合作形成一致的爱好。 2. 开敞教室减少孤立,提高友谊的持久性
Moos,1979	1. 教室物质组织的塑造系因学习历程的特定价值,它也反过来塑造学生的学习 2. 教室是学校生活的重心,教室情境对学生的学习和行为具有不可忽视的影响力
Atwood & Leitner, 1985	教室的布置对学生的行为和学习有重要的影响
Chan,1979	教室布置得亲切而舒适,对学生学业成绩有正面的影响
C. S. Weinstein, 1979	教室布置可提高学习效果和效率,有较佳的上课出席率,使班级、教学者和同学有更积极地参与态度

（3）针对"良好的教室物质环境条件会对课堂学习绩效产生正面影响"的观点,62%的学生表示认同,认为感觉很明显;24%的学生基本认同,但感觉不明显;7%的学生选择不确定,另有7%的学生持不认同态度。

（4）在学生喜欢以何种方式与老师在课堂上互动方面,66%的学生喜欢举手发问,24%的学生喜欢老师提问的方式,24%的学生喜欢老师向全体同学发问,分别有7%的学生喜欢边听课边记笔记或自己边听课边看书。

（5）在教室的设定及桌椅、设施的配备上,34%的学生认为有为特定课程设定专门教室、桌椅及设备的必要性;而28%的学生觉得目前所用的教室大同小异,不必为特定课程而专门设置;10%的学生持不确定观点。

（6）目前所使用的教室有哪些地方需要改善:有48%的学生对教室的设施配备方面提出意见（比如:座椅希望能舒适一些;黑板改用白板;设施设备过于简陋,希望能先进现代一些等）;有21%的学生对教室周围的环境提出意见（比如:绿化景观设置、厕所的环境状况等）;有17%的学生提及管理方面问题（比如:太多人安排在一个教室,上课关紧门,空气流通不好;卫生较脏;桌椅维修不及时,常有损坏且涂鸦较多;空余教室较多,资源未得到充分利用等）。另外,有7%的学生提及教室的空间感觉;还有7%学生提及教室的光线、视线等。

问　题	回　答	频次	问　题	回　答	频次
目前高校普遍采用开放模式管理教室,学生基本上无固定的班级教室和座位。作为使用者,您的看法是什么?	开放式管理灵活方便,符合使用者需求	19	您会如何形容学生上课时的良好状态?	互动	18
	无固定的教室与座位,缺乏归宿感,不利于同学间的交流	4		活跃	18
	无所谓	5		放松	16
	两者管理相结合,自习时固定教室,而上课则用开放式教室	2		感兴趣的	16
您是否认同"良好的教室物质环境条件会对课堂学习绩效产生正面影响"?	认同,感觉很明显	18		交流	12
	基本认同,但感觉不太明显	7		思考	11
	不确定	2		专注	10
	不认同	2		创造力	8
				投入	8
				受到启发	7
				积极	5
您喜欢的学生与老师课堂互动的方式是什么?	自由举手向老师提问	19	您认为应该从哪些方面改善目前的教室?(分别从设施配备、通风采光、管理维护、空间感受等方面归纳)	座椅更舒适	4
	学生听课记笔记	2		黑板改白板	4
	老师指定学生回答问题	2		教学仪器现代些	4
	老师向全体同学提出问题	7		讲台台灯光影响视线	2
	自己边听课边看书	1		坐在后排或旁边位看不清黑板	2
	其他:师生共同探讨	1		太多人安排在一个教室,上课关紧门空气流通不好	1
除了教室规模之外,您感觉教室的空间、桌椅及设备是为特定的课程内容而专门设计的吗?	是	10		卫生较差	3
	大同小异,没啥区别	8		靠近厕所有异味	4
	不确定	3		桌椅不能及时维修,涂鸦较多	2
				有较多空座位,感觉空旷	3

7.4　对评价客体的现状调查

7.4.1　对10所高校教室物质环境要素的现场观察

笔者对10所高校的教室进行了实地观察,并拍照记录。对所拍摄的283张照片,根据室内的环境要素差异进行分类,结果见表7-3所列。调查显示,当前的教室空间不论在空间及界面形式方面,还是在设施及设备选择方面,乃至教室的布局及构件选型方面,均呈现出多样性。多样的教学环境要素又经过多元组合,形成较为丰富的教室空间环境。这与当前建筑材料、建筑设备和教学设施的日益丰富和先进有关,也反映各方对改善教学环境所作出的多方面尝试。

7.4.2　对9所高校29幢教学建筑的图纸分析

现场走访和图纸分析表明,矩形仍是中、小教室最普遍采用的平面形式。大型教室的平面则趋于多样化，往往是教学建筑设计的活跃元素。

对教室的直接观察结果 表7-3

内	容		类 别
空间及界面	平面形式(4)		矩形、扇形、多边形、钟形
	顶棚(3)		吊顶(有坡度倾斜、平的)、无吊顶(梁)、两侧吊顶送风，中间无吊顶
	过道(3)		三过道(左、中、右)、单过道(中间)、四过道(左、右各一条，中间二条)
	地面(3)		步级、缓坡、平地
	侧墙(4)		开窗、有柱、无柱、实墙部分贴墙报
	窗户(4)		高窗、平窗(离地1m左右)、大玻璃开窗(平窗＋高窗)、低窗(百叶)
	教室后排区域(2)		有横向通道、无横向通道(最后排座位贴墙)
	教室前排区域(2)		讲台区设台阶(矩形台阶、弧形台阶、梯形台阶)、讲台区不设台阶
设施及设备	通风设备(2)		空调、风扇(两侧墙壁或顶棚正中)、吊扇
	灯具(2)		日光灯管(从梁上垂下)、日光灯盘(镶在吊顶中)
	桌椅	材料(3)	塑料、木质、钢质
		形式	椅背有透风、椅背实板、有扶手、无扶手、储物抽屉有隔板、储物抽屉无隔板
			椅子可自动弹叠、桌椅固定
	黑板	材质(3)	白板、绿板、黑板
		形式(3)	上下推拉、左右推拉、传统固定
			两块、四块、一块(有些旁边配有留言板)
布局及选型	桌椅排列方式(2)		行列式(常用于中、大教室)、单独座椅(多用于小教室)
	讲台与投影屏关系(3)		讲台居中，投影屏偏向一侧；投影屏和讲台均居中布置；投影屏居中，讲台偏向一侧
	开门方式	形式	单扇、双扇
		布置	只设前门、前后门均设
	开窗方式(2)		推拉式、上(下)开启式
	窗帘(2)		布帘下垂式、卷轴式、百叶式、不设窗帘

为了解当前岭南高校教室规模，特对岭南地区9所高校29幢教学楼的施工图纸作了测量与统计(以标准层为单位)，共涉及教室155间。所获得的关于尺度范围、建设数量及比例方面的数据，大体上反映了目前高校教室的整体状况，见表7-4所列。

教室图纸档案的统计数据 表7-4

统计项目	尺度范围	数量	所占比例	统计项目	尺度范围	数量	所占比例
长	20m以上	20	13%	比例(长:宽)	2.0以上	16	10%
	16～20m	32	21%		1.6～2.0	45	29%
	10～16m	64	41%		1.0～1.59	88	57%
	10m以下	39	25%		1.0以下	6	4%
宽	15m以上	12	8%	面积	300m²以上	18	12%
	11～15m	29	19%		200～300m²	14	9%
	5～11m	99	64%		100～199m²	58	37%
	5m以下	15	10%		100m²以下	65	42%

以附录4.3为基础统计绘制。

174

7.5 评价主体使用倾向

7.5.1 问题的提出

教师和学生是教室空间的两大使用主体。教师和学生在教室空间内以声音、视觉的交流实现精神（包括知识、信息、观念、思想等）的传播。良性的教学互动，与空间、设备对教学的适用程度等客观物质条件有关，也与两类行为主体在情绪、态度上的活跃程度与契合程度相关。因此，获取使用者对教室的使用方式以及对教学互动方式等方面的主观倾向态度，了解使用者在实际使用中所面临的问题，是本章的必要工作内容。本研究将有助于从评价主、客体方面较为综合地把握当前使用者主流的意见，并作为下一阶段研究设计和研究分析之依据。

7.5.2 问卷设计及数据采集

7.5.2.1 评价要素构建及评价问卷设计

针对教师与学生分别设计调查表。调查内容涉及空间态度、使用现状、情趣爱好和设施设备等 4 个方面共计 26 个问题（其中学生问卷有 14 个问题，教师问卷有 12 个问题）。各问题随机排列，并给出参考答案（答案从 3 到 12 个不等，不定向选择，并提供自由发表意见的空格），属于封闭式问卷（见附录 3.4 和附录 3.5）。问卷设计的预设目的是通过简单明了的问题，直接了解当前高校教室的使用情况、使用感受和使用习惯，间接推断使用者的倾向和隐性需求，从而定性总结出影响当前教室空间使用的若干关键因素。

7.5.2.2 数据采集

教室使用倾向调查表数据的采集依受访者不同而有所区别。对于学生问卷，主要借助线人（任课教师或学生）以班级为单位派发自填式问卷；教师问卷的派发主要有两种方式，一是请教师线人代为发放，二是借助学生调查员在教室或办公室以偶遇的方式随机请教师面对面地回答问卷问题。

7.5.3 分析及讨论

7.5.3.1 受访者基本资料

共发出学生问卷 425 份，回收 416 份，回收率为 97.9％。其中有效问卷为 404 份，有效率为 97.2％。受访者主要为一、二、三年级的本科生，专业涉及面较广，大致可分为管理金融、法学传播学、计算机自动化、化工制药等四类。其中，男性 201 名，女性 203 名，见表 7-5 所列。

发出教师问卷 55 份，回收 54 份，有效问卷 52 份，有效率为 96.3％。其中男性 20 名，女性 32 名。专业分布较广，大致有英语（20 名）、数学

（5 名）、金融（12 名）、房地产管理（15 名）等几类，分别任教于本科一、二、三年级。

受访者（学生）基本资料 表 7-5

受访单位	问卷份数			受访者学科背景			
	派出问卷	回收问卷	有效问卷	男	女	专业背景	所在年级
U(JYDX)-1	0	65	62	52	10	自动化(22)，物理(40)	大一(62)
B(HNSF)-1	0	69	69	3	66	行政管理(69)	大三(69)
B(HNSF)-2	5	95	94	18	76	法学(94)	大二(94)
R(GDYX)-3	0	59	58	54	4	制药工程(58)	大二(58)
T(BSZH)-2	0	58	55	38	17	房地产经营管理(55)	大三(55)
A(HNLG)-5	0	70	66	36	30	法学、传播学(12)，数理程控、计算机(23)，机械、化工、制药(12)，金融及管理(19)	大一(35) 大二(19) 大三(12)
小　计	25	416	404	201	203	管理、金融(143)，法学、传播学(106)，自动化、计算机(85)，化工、制药(70)	大一(97) 大二(171) 大三(136)

7.5.3.2 调查 1——空间态度和使用意识

本环节的主要调查目的是了解使用者在教室规模、空间形式、空间使用等方面的倾向性意见。学生、教师的使用倾向问卷数据分析结果分别见表7-6、表 7-7 所列。

1）调查数据显示，对于教室规模，绝大多数受访学生倾向于使用不超过 40 人的小型教室（占 52.2%）或 100 人左右的中型教室（占 33.9%），只有极少数（占 6.4%）的学生认为在大型阶梯教室上课效果会好些；教师的调查结果更为一致，所有受访教师均认为小型教室是效果更佳的授课空间。

2）对大教室平面形式的调查发现，多数学生认为大型教室的就座方式应该有别于中、小型教室。64.2% 的受访学生选择扇形和多边形的平面，反映出学生偏爱簇拥讲台的向心就座方式；80.8% 的教师受访者表现出对简洁空间形式的偏好，但未对学生就座方式表现出明显的倾向性意见。

3）在教室的地面形式上，多数受访者（70.5% 学生，61.5% 教师）倾向于使用阶梯式的地面升起方式。这可能与其比平板式教室或斜坡式教室更有利于交通及形成良好视角有关。

4）关于教室空间分区的调查结果反映师生对空间利用方式的认识不尽相同。学生（64.4%）更重视过道空间，认为教室应优先满足过道区域的使用面积；而教师则更强调讲台区域的使用面积。需要指出的是，两者对教室内中间过道使用的关注程度均高于两侧过道。

学生使用倾向问卷数据分析结果　　　　　表 7-6

问题＼答案	1	2	3	4	5	6	7	8	9	10	11
问题 1	211	137	26	27							
％	52.2	33.9	6.4	6.7							
问题 2	119	140	89	54							
％	29.5	34.7	22.0	13.4							
问题 3	51	285	68	2							
％	12.6	70.5	16.8	0.5							
问题 4	113	117	143	57							
％	28.0	29.0	35.4	14.1							
问题 5	151	135	37	56	90	6	48	98	81	48	
％	37.4	33.4	9.2	13.9	22.3	1.5	11.9	24.3	20.0	11.9	
问题 6	287	128	82	45	165	89	72	58	207	46 *	36
％	71.0	31.7	20.3	11.1	40.8	22.0	17.8	14.4	51.2	11.4	8.9
问题 7	119	162	49	132	87	130	196	142	13		
％	29.5	40.1	12.1	32.7	21.5	32.2	48.5	35.1	3.2		
问题 8	102	115	112	38	122	16					
％	25.2	28.5	27.7	9.4	30.2	4.0					
问题 9(1)	202	197	6								
％	50.0	48.8	1.5								
问题 9(2)	112	279	6								
％	27.7	69.1	1.5								
问题 9(3)	70	325	5								
％	17.3	80.4	1.2								
问题 10(1)	268	77	73								
％	66.3	19.1	18.1								
问题 10(2)	68	256	109								
％	16.8	63.4	27.0								
问题 10(3)	94	297	5								
％	23.3	73.5	1.2								
问题 11	164	122	101	139	11						
％	40.6	30.2	25.0	34.4	2.7						
问题 12(1)	248	135	6	0							
％	61.4	33.4	1.5								
问题 12(2)	29	284	55	48							
％	7.2	70.3	13.6	11.9							
问题 13(1)	132	145	120								
％	32.7	35.9	29.7								
问题 13(2)	253	84	59								
％	62.6	20.8	14.6								
问题 14	162	94	145								
％	40.1	23.3	35.9								

7.5.3.3　调查 2——使用现状和行为习惯

本调查环节关注教室空间的日常使用和使用者的行为习惯，希望了解使用中的存在问题，意图获得使用者的隐性需求信息和理想教学环境意象。

1）关于上课时就座习惯的调查显示，学生倾向于选择靠近熟悉的同学就座（37.4%），且偏好靠前排（33.4%）。显示学生在选择座位时往往会留意选择自身相对于不同人群（教师及同学）的舒适领域。此外，有 24.3% 的受访学生在选择座位时会考虑座位与风扇之间的距离是否合适；22.3% 的受访学生会考虑出入是否方便（是否影响他人）；20.0% 的受访学生倾向于靠近窗户就座。由此表明风口、出入口是对学生专注力形成干扰的物质要素。

2）与就座习惯调查相似，学生对自习教室的习惯选择也在一定程度上反映出其对学习环境的心理需求。调查表明，大多数学生（71.0%）会留意桌椅的舒适性；分别有 51.2% 和 40.8% 的受访学生关注自习教室的声音环境和采光条件；另有 31.7% 的学生认为教室的"人气"会影响到其对自习教室的选择。另外，部分学生倾向于选择在开放时间和交通距离方面更合适的教室自习。据此可以推断，舒适性因素是其中较为显著的共性环境心理因素。

教师使用倾向问卷数据分析结果　　　　　　　　表 7-7

问题 ＼ 答案	1	2	3	4	5	6	7	8	9	10
问题 1	52									
%	100									
问题 2	2	22	20	2						
%	3.8	42.3	38.5	7.7						
问题 3	20	32								
%	38.5	61.5								
问题 4	24	12	16							
%	46.2	23.1	30.8							
问题 5	2	6	26	6	6	12	36	6	40	6
%	3.8	11.5	50.0	11.5	11.5	23.1	69.2	11.5	76.9	11.5
问题 6	34	0	4	4	16					
%	65.4	0	7.7	7.7	30.8					
问题 7(1)	36	16								
%	69.2	30.8								
问题 7(2)	0	52								
%	0	100								
问题 7(3)	6	44								
%	11.5	88.0								

问题 ＼ 答案	1	2	3	4	5	6	7	8	9	10
问题8	8	4	14	10	28					
％	15.4	7.7	26.9	19.2	53.8					
问题9(1)	46	4	2	0						
％	88.5	7.7	3.8	0						
问题9(2)	0	46	6	0						
％	0	88.5	11.5							
问题9(3)	0	50	0	2						
％	0	96.2	0	3.8						
问题10	34	4	26	6	6					
％	65.4	7.7	50.0	11.5	11.5					
问题11	2	30	20							
％	3.8	57.7	38.5							
问题12(1)	14	30	6							
％	28.0	60.0	11.5							
问题12(2)	42	8								
％	84.0	16.0								

3）调查发现，学生认为听课环境的困扰主要来自"看不清黑板或投影屏"（48.5％），"教室外的噪声干扰"（35.1％），"太密、有拥挤感"（32.7％），"室温不舒适"（32.2％），"座位不舒适"（29.5％），"室内光线条件欠佳"（21.5％）等方面；而教师的意见则较为集中，如认为"声音效果不清晰"（76.9％），"黑板或投影屏使用不便"（69.2％），"教室的空置座位太多，没有课堂气氛"（50.0％）等。两种使用人群的使用角色差异使之分别关注不同侧面的使用矛盾和存在问题。

7.5.3.4 调查3——审美情趣和视觉偏好

本项调查的出发点是了解使用者的审美情趣和视觉偏好。

1）调查显示，教师和学生受访者的数据较为一致，两者均偏好现代感较强、冷色调和视觉简洁的环境格调。受访者虽认同教室中的名言警句、科学家画像乃至墙报栏等装饰物确实有助于增强教室的人文气氛，但更多的受访者仍倾向于把上述装饰布置于教室外的公共空间，认为教室内不需要添加多余的装饰。另一方面，尽管偏好简洁环境，教师受访者仍普遍赞成在教室中展示学生的作业或作品，65.4％的教师认为这有助于营造良好的学习氛围。而学生对此并未表现出特别的兴趣，只有25.2％的受访学生认为此举具有激励作用。

2）在教学互动方面，有53.8%的教师倾向于"学生分组自由讨论，老师参与发问"的方式，选择"老师指定学生回答问题"和"学生分组自由讨论，老师参与发问"的互动方式者分别占26.9%和19.2%，而选择"老师讲课，学生听课记笔记"者只有7.7%。与先导性研究对比，大多数学生却喜欢主动举手发问的方式。两者的差异反映出交流双方都强调学生的主动性参与。这种双向的教学模式已经成为当前教学活动的重要部分。

7.5.3.5　调查4——环境设施和教学设备

本项调查的目的在于了解使用者对教学设施、设备的使用感受和主观偏好，从中把握师生对各类教学设施的接受度，并推断使用者的隐性需求。

总体而言，教师与学生对教学设施设备使用方面的态度较为统一。主要体现在以下几点：

1）在教学内容的视觉展示上，有66.3%的受访学生和88.5%的受访教师选择以幻灯、投影为媒介的教学演示手段。选择传统的黑板或电视机放映等演示方式的受访学生只有不到20%，教师对传统教学手段接受度更低，只有3.8%的教师选择通过书写黑板展示教学内容。可见，幻灯、投影器材在教室教学中具有较为明显的技术优势，受到使用者的接受与认可，值得作为基本设备配置加以推广。

2）在教室室温的调节方式选择上，分别有63.4%的学生和88.5%的教师倾向于利用空调设备调节室温。若未设空调设备，师生则更愿意利用自然通风而不是靠电风扇来改善室内热舒适状况。

3）在教室的声音传播上，73.5%的学生和96.2%教师倾向于选择使用麦克风等扩音设备辅助教学，只有23.3%的学生喜欢自然声授课方式，没有老师愿意选择自然声授课。

4）在辅助设施方面，学生主要提出希望增加储物柜（40.6%）、网络（34.4%）、留言板（30.2%）、电源插座（25.0%）的设施。而教师则认为应该添置必要的储物柜（65.4%）和电源插座（50.0%）。对于桌椅的使用，调查显示有61.4%的受访学生倾向于教室中的座椅与地面固定，使室内空间更为整齐有序；而33.4%的学生则希望能使用可搬动的桌椅。同时，学生普遍认为木质的课桌椅最为舒适（70.3%），只有少数学生接受塑料（7.2%）、金属（13.6%）和布艺（11.9%）的桌椅材料。这一点与对教室的现场访谈结论相一致。

5）深色的黑板更受使用者欢迎。大多数师生偏好上下滑动的黑板，认为可兼顾教师的书写高度和学生的视角。对于教室讲台区域的布置方式，57.7%的教师认为投影屏应居中布置，而讲台则偏向黑板一侧，使投影屏能获得最佳演示方位。另有 38.5% 的教师选择把讲台和投影屏分别置于黑板的左右两侧，以保证黑板不受视线遮挡。

7.5.4 调查结果分析

根据上述使用倾向调查结果，笔者对当前的教室使用作进一步地剖析，获得如下初步结论：

1）师生的空间使用意识较为一致，说明使用者对教室空间质量的主观判断与教室空间的实际使用绩效存在某种关联性。也就是说，教室环境的空间偏好内在地取决于其空间舒适性。使用者希望获得更佳的交流距离、交流气氛、交流方位和空间氛围。这在本书第 4 章的舒适性研究中已有所涉及。

2）教室规模是影响教室使用的关键因素之一。规模因素强调三个层次的合理性：一是教室的大小，合理的教室尺度应与教室内声音清晰及视觉清晰等因素相匹配；二是上课人数与教室规模匹配与否，会影响领域感、控制感与氛围感等；三是大小教室的比例，合理的教室比例与教学计划、课程安排等管理性因素相关联。

3）如果仅从教室环境这一微观尺度分析，则良好的教学氛围与以下几项因素有关：

（1）心理环境因素，学习氛围与学习环境的领域感和熟悉感（人际的舒适感）相关。调查显示，学生习惯靠近熟悉的同学就座，会自觉选择维持舒适的人际交流距离；另一方面，教师和学生均认为教室中的"人气"可调动上课情绪，活跃课堂气氛，但过于拥挤的教室则适得其反。

（2）物理环境因素，主要涉及教室内的热舒适、视觉舒适（阅读光线和教学内容演示）及声音舒适（室外噪声和教学声音清晰）等与教学直接相关的因素。

（3）装饰环境因素，主要在于对复杂性（或趣味性）与简洁性的把握。一方面，使用者大体认可通过装饰增进空间的学术及人文气氛；另一方面又普遍偏爱简洁、现代的环境格调

（4）行为环境因素。使用便利与行为舒适是把握行为环境因素的重点。教师管理、教室设施、教室方位等不同维度的因素均与此相关。具体而言，"教室的开放时间"、"交通距离"、"就座/离座对相邻同学的干扰"、"座位的舒适性"，"黑板或投影屏使用"等是师生较为关注的要点。

4）总体而言，近年来我国在高校教室空间使用方面，特别是在物质条件的改善和提供各种新的教学手段方面，取得了较为明显的成绩，但同时也存在若干误区。因此，有必要通过使用后评价发扬成绩，发现不足，以期对日后教学空间的进一步改善提供指导。

（1）教室规模普遍偏大。有学者的研究指出[M33]，教室规模（特别是教室长度）受上课语言清晰和视觉清晰的制约。经验指出，采用黑板的普通教室，其最后排的座位与黑板之距离不宜超过10m。然而，根据笔者对高校施工图纸随机抽取的155个教室样本的分析表明，75％的教室中，黑板与末排座位的距离超过10m，部分教室甚至长达20m（见表7-4）。教室规模偏大状况所导致的直接结果是影响视觉清晰及声音清晰。"看不清黑板或投影屏"已经成为影响学生听课效果的第一困扰因素。

（2）滥用电声教学手段。普遍偏大的教室空间不可避免地需依赖电声教学手段，电声教学甚至被认为是教学条件优越的标志之一，由此导致不分场合地滥用电声设备的情况发生。现场调查发现，一些学校在长度不足10m的小型教室内上课，也采用电声教学。在教学中采用扩音设备确实在很大程度上弥补了大、中型教室中学生听课的语言清晰度问题。因此，电声教学方式也获得师生的一致赞同。但电声教学在解决学生听课问题的同时，却无法同时解决教师听清学生声音的问题，故而有近八成的教师认为教室内"声音效果不清晰"，成为影响其讲课效果的第一困扰因素。同时，被扩大的教学声音也成为当前教学建筑的环境噪声源。调查显示，有近四成的学生反映邻近教室的教学噪声对自己的听课构成干扰。

有研究指出[M33]，300～400人的讲堂可以不用电声教学，应尽可能借助"建声设计"实现良好的自然声教学环境。因此，有必要把教室作为"声音空间"，在教学建筑设计中增加专门的"建声设计"环节，以改善教室声环境。

（3）教室空间普遍缺乏有序的光线组织。研究表明，幻灯、投影、电视等已经成为与黑板同等重要的教学演示手段，为师生所广为接受。而上课时，看书、看黑板、看投影和电视机对光线有不同的要求，这是教室空间光线组织的关键所在。问卷调查和现场观察均显示，许多教室在放投影时，往往为了图像清晰而把所有窗帘拉上，教室环境昏暗，难以同时穿插进行阅读、书写或看黑板。光环境的单一化，在一定程度上限制了多种教学行为的发生，有违多媒体教学的初衷。

（4）存在上课人数与教室规模之间匹配度的不足。教室使用现状调查显示，学生认为"太密、有拥挤感"，而教师则认为"教室的空置座位太多，没有课堂气氛"。笔者以此为线索对问题作进一步的剖析，发现这一现象的发生与高校扩招后师资与学生人数之间失调有关。原有的班级划分、课程管理及师资安排等在短时间内未能根据新的教室环境和使用人数作出适当调整，加上教室规模偏大的设计问题，同步产生大教室"人气"不足，而中、小教室显得拥挤的使用矛盾。

7.6 教室喜好倾向的准实验研究

7.6.1 问题的提出

尽管各种多媒体教学设备、新型教学设施和定制化的课桌椅当前已经在高校教学中逐步普及，但以教师和讲台为中心，以教师讲学为主的传统授课模式仍是高校主流教学方式。同时，尽管传统的教室平面及室内布局方式仍在沿用，但不同教室室内环境质量存在比较显著的差别，主要表现在物质环境要素的差异上。学生在现场访谈中，也较多地提及教室的不合用之处。由此推断，有必要把教室空间作为一个独立的空间体验对象，了解学生的使用感受及主观取向，为优化教室设计提供依据。

7.6.2 研究设计

设计包括两部分工作：一是评价样本设计，二是准实验因果关系设计。

7.6.2.1 评价样本设计

1）样本设计原则

（1）样本的平面形式和规模选择以对岭南高校教学建筑的图纸分析为依据；

（2）具象的物质环境要素以现场调研为原型；

（3）根据《高等学校建筑·规划与环境设计》[M33]中有关教室建筑设计章节所提供的教室设计技术参数，确定合理的平面布局及尺寸；

（4）以统一的平面形式和尺寸，统一的光线条件，统一的观察视角，控制无关因素的干扰。

2）样本的产生

按照图纸分析，选择最为常见的矩形教室建立研究样本。教室长 16m，宽 10m，高 3.9m，符合当前岭南高校教学建筑较为普遍的数值（见表 7-5），确保教室在平面形状及开间、进深上不失一般性。根据现场调研记录（见表 7-4），在模型中按讲坛区、顶棚区、坐席区、左侧墙、右侧墙、通风采光设备六个项目设定刺激物。教室的后墙区未列入本次研究范围。

讲坛区拟研究的问题包括黑板的颜色，黑板的形式，黑板、讲坛、投影屏三者的关系、讲台的形式等问题；顶棚区拟研究吊顶形式，无吊顶形式、灯具、风扇、空调方式等问题；坐席区拟讨论坐席的摆放方式、坐席的材料及选型等问题；对左、右侧墙的讨论拟从窗墙关系、窗帘形式等方面加以讨论。此外，还将讨论环境气氛、教学设备、空间效果、环境风格等整体环境体验问题。

基于以上考虑，笔者设计出 A～G 七种类型的矩形教室（图 7-2），作为准实验研究样本。

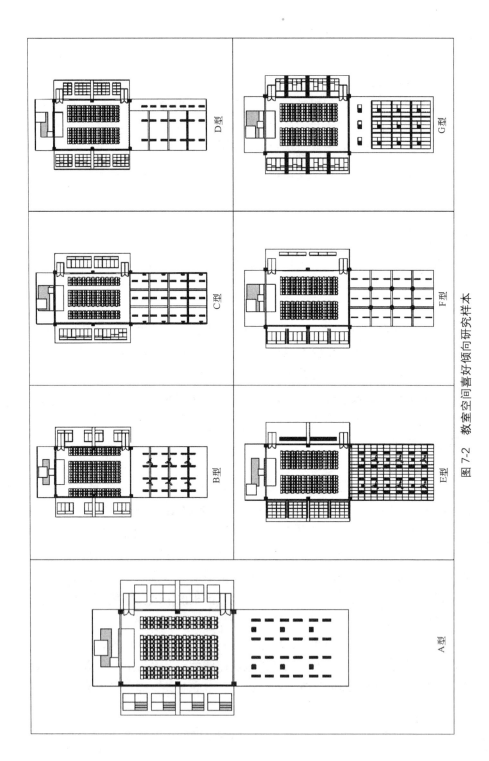

图 7-2　教室空间喜好倾向研究样本

7.6.2.2 准实验的因果关系设计

设计基于心理、物理的自变量：X——原刺激物，Y——新刺激物。因变量 Z 为学生对教室空间的反馈意见。因为较难找到相当数量被试者接受前后测试，本研究采用相同的主观测量法及内容相同的教室场景图片作为刺激材料。

本研究的准实验设计见表 7-8 所列。

照片评价准实验设计

表 7-8

| 实验组（无前测） | | | 控制组 | | |
引入自变量	实验内容	后测	引入自变量	比对内容	后测
X_1（过道）	四条过道	Z_1	Y_{1a}	三条过道	Z_{1a}
			Y_{1b}	两条过道，把坐席区分为三个部分	Z_{1b}
X_2（黑板）	绿板，单块固定式	Z_2	Y_{2a}	白板，两块板，上下推拉式	Z_{2a}
			Y_{2b}	白板，单块板，固定式	Z_{2b}
			Y_{2c}	黑板，单块板，固定式	Z_{2c}
			Y_{2d}	绿板，四块板，分左右两组，上下推拉式	Z_{2d}
			Y_{2e}	白板，四块板，分左右两组，上下推拉式	Z_{2e}
X_3（桌椅）	木质，3座为单元，抽屉无分隔，前列座椅和后列课桌相连	Z_3	Y_{3a}	木质，2座固定式，独立抽屉，前列座椅和后列课桌相连	Z_{3a}
			Y_{3b}	木质，单座活动式，独立抽屉	Z_{3b}
			Y_{3c}	木质，3座为单元，抽屉以分缝相隔，课桌透气性能较好	Z_{3c}
			Y_{3d}	木质，6座为单元，无抽屉，杂物托架	Z_{3d}
			Y_{3e}	塑料，3座为单元，抽屉无分隔	Z_{3e}
X_4（讲台与投影屏设置）	讲台居中，投影居中	Z_4	Y_{4a}	投影屏居中，讲台偏向一侧	Z_{4a}
			Y_{4b}	讲台与投影屏各偏向一侧，讲台靠门侧	Z_{4b}
			Y_{4c}	讲台与投影屏各偏向一侧，投影靠门侧	Z_{4c}
			Y_{4d}	讲台居中，投影屏靠外窗一侧	Z_{4d}
X_5（灯具）	日光灯盘，镶于吊顶顶棚	Z_5	Y_{5a}	两两一组日光灯管，下垂式	Z_{5a}
			Y_{5b}	单支日光灯管，下垂式	Z_{5b}
			Y_{5c}	日光灯盘，镶于无吊顶顶棚	Z_{5c}
X_6（通风设施）	分体空调，吊顶顶棚中设风口	Z_6	Y_{6a}	集中供冷空调，内侧送风	Z_{6a}
			Y_{6b}	集中供冷空调＋柜式空调	Z_{6b}
			Y_{6c}	分体空调＋吊扇	Z_{6c}
			Y_{6d}	吊扇	Z_{6d}
			Y_{6e}	摇头电扇	Z_{6e}
X_7（窗帘）	卷轴悬垂式	Z_7	Y_{7a}	布艺窗帘	Z_{7a}
			Y_{7b}	百叶窗帘	Z_{7b}

实验组(无前测)			控制组		
引入自变量	实验内容	后测	引入自变量	比对内容	后测
X_8（开窗）	左右对流设窗，上(下)推拉式	Z_8	Y_{8a}	落地窗(局部推拉开启)	Z_{8a}
			Y_{8b}	低窗(百叶窗)	Z_{8b}
			Y_{8c}	高窗(推拉窗)	Z_{8c}
			Y_{8d}	推拉窗	Z_{8d}
			Y_{8e}	平开窗	Z_{8e}
X_9（侧墙）	左右开窗，无张贴画，无柱	Z_9	Y_{9a}	外墙开窗,内墙高窗,墙面展示橱窗;无柱	Z_{9a}
			Y_{9b}	外墙大窗,内墙开低窗,墙面张贴画;无柱	Z_{9b}
			Y_{9c}	靠近讲台区域开窗,贴画	Z_{9c}
			Y_{9d}	两侧开窗;无张贴画;有柱	Z_{9d}
			Y_{9e}	两侧开窗;有张贴画;有柱	Z_{9e}
X_{10}（顶棚）	平顶棚吊顶,有分格(方便拆卸)	Z_{10}	Y_{10a}	平顶棚,整体无分格(不方便拆卸)	Z_{10a}
			Y_{10b}	跌级造型顶棚,设分格	Z_{10b}
			Y_{10c}	单向梁	Z_{10c}
			Y_{10d}	井字梁	Z_{10d}

7.6.3 问卷设计和数据采集

1）本阶段的工作包括教室空间模拟场景的建立和主观倾向测评问卷设计两部分内容。前者以 7.6.2.1 节所作的样本设计为基础，结合研究者的专业设计知识，运用计算机仿真软件模拟真实教室空间的 7 个典型场景。根据图 7-2 建立教室的模拟场景，采用相同的观察视角、一致的教室外环境条件（自然光、景观等）以及相近的教学物质条件（座位数、设施设备等），以利于控制无关变量。同时，设置环境刺激物。各模拟场景介绍详见附录 3.7。

本研究通过对图片中刺激物的控制，借助主观倾向测评表进行主观测量。测评表所采用的主观测量方法为排序法和分类测量法。排序评价要求被试者根据自己的偏好，对教室空间模拟图按优劣顺序排序。分类评价则要求根据表中的评价项目把照片分为喜欢和不喜欢两类（附录 3.6）。由于涉及因素的多变性和概念的抽象性，被试者的反映很难归因于单一的环境刺激物，需要根据研究者的经验作出定性判断。

2）教室模拟场景图片被随机分组，每组 7 张，以随机顺序排列装订成 3 组调查图片。调查员以偶遇的方式选择被试者，在简要介绍研究背景后，随机选取调查图片组。被试者根据调查员对图片内容的解释及自己的主观判断表达意见，由调查员记录和填写问卷。

图 7-3　教室的计算机模拟示例

7.6.4　调查结果统计分析

7.6.4.1　评价主体背景

共发出问卷 50 份，回收问卷 48 份，回收率为 96.0%，剔除回答不完整的问卷，得到有效问卷 46 份，有效率为 95.8%。评价主体主要为四个年级的本科生及部分一、二年级的研究生，专业涉及面较广，大致可以分为食品环保、信息电子、管理经济及人文社科和建筑及艺术设计等四类。其中，男性 16 名，女性 30 名。评价主体普遍具有较好的文化素养，对所评价对象已经积累了一定的使用体验，因此，评价主体的构成符合研究的需要。

7.6.4.2　喜爱倾向单项分析

对教室空间喜爱倾向的单项分析主要依据各样本被选择的频数进行统计分析。为了便于各样本之间的横向比较，研究者根据各样本被评价为"喜欢"或"不喜欢"的次数为其赋值，评价"喜欢"者获正值，评价"不喜欢"者获负值，由此得出该样本的综合得分。为了了解被试者对各样本所作评价的普遍性，本研究还结合运用了百分比分析。

1）空间感（表 7-9）

尽管所提供的教室空间模拟场景具有相同的平面形式及结构高度，但被试者却体验到不一样的空间感受。频数分析显示，一半以上的被试者（52.17%）选择喜欢 A 型和 D 型教室，分别得 20 分和 16 分；其次是 E 型，得分为 2。F 型、B 型和 G 型教室以负面评价居多；C 型教室的空间最不受欢迎，得分为-28。被试者对各样本空间的判断表现出一定的倾向性。

关于空间感的喜好倾向评价结果　　　　　　　　　　　　　　　　　　表 7-9

样本型号	频数（教室空间感）		综合得分
	喜欢	不喜欢	
A 型	24	4	20
B 型	8	14	−6
C 型	0	28	−28
D 型	24	8	16
E 型	10	8	2
F 型	6	8	−2
G 型	10	16	−6

　　与较不受欢迎的教室空间相比，所有受欢迎的教室均有较大的开窗率，光线及视野感良好。其中，A、D 型均为左右侧墙开窗，E 型虽为单侧开窗，却以落地窗的形式改善了光线和视野条件。被试者普遍反映，尽管 E 型教室和 F 型教室在右侧墙上分别开了百叶低窗和玻璃高窗有助于改善室内的通风条件，但单侧墙开窗的教室空间仍显得沉闷。B 型教室在走廊侧为实墙，获得的评价也较低。

　　C 样本采用双侧墙开窗的方式，顶棚为井字梁，却得到了一面倒的负面评价，有 60.87% 的受访者表示不喜欢 C 样本。研究者对此作进一步剖析，试图挖掘主导 C 样本空间判断的其他影响因素。图片的对比分析和被试者的访谈意见均把问题引向教室内的课桌椅形式上。一方面，C 型教室采用可移动的独立座位的课桌椅，课桌椅的摆放难免因错落而影响空间的秩序感；另一方面，C 型教室椅子的靠背普遍较高，高出的椅背在视觉上打破了教室桌面的整体感，从而也影响对空间整体的"完形"体验。

　　另一个影响教室空间感的因素是顶棚的形式。总体而言，简洁的顶棚更受到使用者的偏爱。关于顶棚形式将在下文讨论，在此不作赘述。

　　2）课桌椅摆放及过道设置（室内布局，表 7-10）

关于室内布局的喜好倾向评价结果　　　　　　　　　　　　　　　　　表 7-10

样本型号	频数（走道）		综合得分
	喜欢	不喜欢	
A 型	34	4	30
B 型	10	16	−6
C 型	10	28	−18
D 型	12	22	−10
E 型	12	22	−10
F 型	12	22	−10
G 型	12	22	−10

在课桌椅摆放和课桌椅设置方面，A型教室是唯一得到正面评价的样本类型。它与控制组的主要区别在于该样本是以3座位为一组的短排方式，出入方便。D、E、F、G样本采用一致的长排式（6座位为一组）摆放方式，其评价得分也相同，47.83％的被试者认为这种排列方式对学生的出入造成不便。B型样本的座椅分组方式与A型一致，但采取的是贴墙摆放以增加纵向过道宽度的策略。由此推断，教室内的纵向交通并不是过道设置的关键所在，纵向过道的设置决定了横向排列的分组方式，使用者在落座与离座时对周边的打扰是问题的焦点所在。课桌椅作长排或贴墙摆放，均使就座者感到横向移动受到约束。对自习教室的观察显示，学生多选择靠过道就座，长排中段的座位往往空置，利用率不高，为上述结论提供了佐证。

C型教室采用的是与A型教室相同的课桌椅摆放方式，综合得分却最低。受访者在访谈中普遍反映，尽管该样本的课桌椅可灵活移动，但总体感觉凌乱。这在一定程度上表明，整体感和秩序感是左右被试者对课桌椅摆放与走道设置方式喜好判断的另一因素。

3）环境格调（表7-11）

样本A、D、E、F的环境格调得到大多数学生的认同。这些教室的共性在于：均采用平实、淡雅的墙面及顶棚形式，均选用装配式成品桌椅。受访者对上述四类教室的评价语多为"现代感"、"简洁"、"务实"等。受访者认为样本B、C的灯具及桌椅的款式均显"老套"，无法体现现代大学应有的格调。G型样本的室内空间经过精装修处理，不论是材质还是形式均有别于传统教室。但G型样本却得到最低的综合得分（-12分）。受访者认为这种过于刻意的环境装饰并不适于教室环境。研究者对G型样本原型环境的现场调查，也得出与之相接近的结论。

关于环境格调的喜好倾向评价结果　　　　　　　　表7-11

样本型号	频数（环境格调）		综合得分
	喜欢	不喜欢	
A型	26	2	24
B型	4	12	−8
C型	8	12	−4
D型	24	4	20
E型	24	6	18
F型	26	8	18
G型	12	24	−12

4）黑板（表7-12）

受访者在关于黑板样式和黑板颜色的调查中，表现出较为明显的主观喜好倾向。黑板样式获得正面评价的 C、F、G 样本均采用可以推拉的活动式黑板，而采用单板式黑板的教室样本均获得了负面的评价。受访者反映可上下推拉的活动式黑板同时解决教师板书高度和学生看黑板的视线问题，与传统固定式黑板相比，显得既灵活又实用。F、G 样本采用的是四块板推拉式黑板，综合得分为 20 分，较之两块板推拉式黑板（得分为 14 分）更受使用者欢迎。

关于黑板的喜好倾向评价结果　　　　　　　　　　　表 7-12

样本型号	频数（黑板样式）		综合得分	频数（黑板颜色）		综合得分
	喜欢	不喜欢		喜欢	不喜欢	
A 型	6	28	−22	36	10	26
B 型	6	28	−22	10	6	4
C 型	18	4	14	8	22	−14
D 型	18	28	−10	8	22	−14
E 型	18	28	−10	10	6	4
F 型	30	10	20	36	6	30
G 型	30	10	20	8	22	−14

各样本关于黑板颜色的综合得分大致有三种情况：采用绿色黑板的实验组样本得分较高，样本 A 和样本 F 分别得 26 分和 30 分；采用黑色黑板的控制组样本的综合得分均为 4 分；采用白色黑板的控制组样本的综合得分较低，均为-14 分。可以推断，目前应用较为普遍的绿色黑板较受欢迎。受访者普遍反映白色黑板在书写及视觉清晰方面均存在缺陷，不适于在教室内使用。

5）课桌椅（表 7-13）

关于课桌椅的喜好倾向评价结果　　　　　　　　　　表 7-13

样本型号	频数（桌椅材质）		综合得分	频数（桌椅形式）		综合得分
	喜欢	不喜欢		喜欢	不喜欢	
A 型	42	4	38	14	10	4
B 型	42	4	38	20	8	12
C 型	4	30	−26	14	18	−4
D 型	42	4	38	22	4	18
E 型	42	4	38	12	22	−10
F 型	42	4	38	12	34	−22
G 型	42	4	38	12	34	−22
A' 型	8	−24	−16	14	10	4

学生对课桌椅的材质和款式具有鲜明的喜好倾向。作为实验组的暖色调、木材质的桌椅受到偏爱，约有91.30％的学生选择使用木质课桌椅。以塑料和金属材料为主要材质的对照组样本得到负面评价。为了了解使用者对桌椅色彩的喜好倾向，研究者以 A 型样本为原型，增设了冷色调的 A′样本作对照，结果表明，被试者对冷色调的桌椅普遍评价不高。

D 样本的课桌椅形式为最多的学生（47.83％）所接受，其次是 B 样本（43.48％）。D、B 样本综合得分较高，与课桌提供了独立的储物空间有关。A 样本的综合得分为 4 分。使用者认为该课桌椅的抽屉没有根据座位加以分隔，会带来不必要的麻烦。C 样本具有独立的储物空间，却仍得到较为负面的评价，这与独立桌椅的有效工作面受限有关。学生对教室桌面的日常使用往往超出单个座位的范围，C 样本的独立座位方式对此造成了限制。E 样本的抽屉仅仅是简陋的搁板，缺乏实用性；F 和 G 样本的课桌没有抽屉，与使用习惯不符。E、F、G 样本均是学生所不喜欢的课桌椅形式的典型。

有效工作面的大小和储物抽屉的实用性是影响学生选择课桌椅样式的主要因素。在调查中，研究者还了解到当前课桌椅使用中的一个常见问题，自动弹叠的座椅在弹起时以及可移动式桌椅在移动时往往产生噪声。学习者对此类噪声表现较为敏感。

6）讲坛（表 7-14）

关于讲坛的喜好倾向评价结果　　　　　　　　　　　表 7-14

样本型号	频数（讲台位置）		综合得分	频数（投影屏）		综合得分
	喜欢	不喜欢		喜欢	不喜欢	
A 型	24	8	16	30	6	24
B 型	14	28	−14	30	6	24
C 型	14	16	−2	18	20	−2
D 型	24	8	16	10	22	−12
E 型	14	28	−14	18	20	−2
F 型	14	28	−14	18	20	−2
G 型	14	28	−14	18	20	−2

频数分析显示，学生普遍反映在放映投影幻灯时，居中放置的讲台会造成视线遮挡。因此，大多数学生不赞成此种讲台摆放方式。受访者倾向于讲台靠内侧摆放而不是靠入口侧摆放，认为靠入口处摆放的讲台更易受到教室外因素的干扰，同时也与出入教室的人流存在一定的冲突。

投影屏是当前较重要的教学演示设备，65.22％学生认为投影屏应居中设置，形成均好性。投影屏居中布置的实验组样本（A、B 样本）获得 24 分。

而靠一侧布置的投影屏均得到负面评价。这与远端听课者视线受限制有关。投影屏靠内侧布置的控制组样本（样本 C、E、F、G）得分为-2，靠入口侧布置的控制组样本（样本 D）得分为—12。这与入口侧更易受到外界干扰有关。

关于讲台位置和投影屏位置的研究结论与本章第 7.5.3.5 节的使用倾向调查结论一致。

7）灯具布置（表 7-15）

关于灯具的喜好倾向评价结果 表 7-15

样本型号	频数		综合得分
	喜欢	不喜欢	
A 型	34	0	34
B 型	0	38	—38
C 型	0	38	—38
D 型	14	4	10
E 型	34	0	34
F 型	0	42	—42
G 型	34	0	34

73.91％的学生喜欢实验组的灯具布置方式，如 A、E、G 样本（综合得分均为 34 分）。受访者认为这种灯盘与顶棚整合布置的方式更为简洁。控制组的 D 样本也采用灯盘的方式布置灯具，但只是简单地安装在楼板下而没有采用嵌入的方式，顶棚界面的整体感不如实验组强，因此只得 10 分。控制组的 B、C 和 F 样本是传统的悬挂式灯管。受访者反映此种灯具布置方式存在光线不足、空间凌乱、设备简陋等不足，因此，该方式受到一面倒的负面评价。

在访谈过程中，受访者反映使用中存在的投影、黑板及书本的光线冲突问题，验证了研究者在使用倾向研究中的调查结论（见 7.5.4 节）。

8）热舒适调节（表 7-16）

调查所及，目前教室主要采用三种设施调节教室的室内热舒适状况：一是采用柜式或分体式空调，二是采用集中供冷空调（多见于大学城校区），三是采用电扇。频数分析显示，第一种热舒适调节手段较受欢迎，A、E、G 样本分别获得 22 分、16 分、14 分。集中供冷空调缺乏自主性，使用较不方便，对 D 样本的正面和负面评价大体相当。需要指出的是，不适应空调环境的学生往往通过打开窗户的方式改善自己的热舒适状况。在实际使用中，教学楼中打开窗户同时使用空调的现象较为普遍，造成显著的能源损耗。教室内采用空调设施 C、F、B 样本采用的是吊扇或摇头电扇，综合得分均为负值。其原因主要与电扇的风速不均匀有关，靠近电扇的学生感到风速过大，而远离电扇的学生又感觉到效果不明显。当中，摇头电扇的送风效果好于吊扇，因此 C、F 样本获得的评价略高于 B 样本。

关于热舒适调节喜好倾向评价结果　　　　　表 7-16

样本型号	频数（热舒适）		综合得分
	喜欢	不喜欢	
A 型	24	2	22
B 型	2	30	−28
C 型	6	28	−22
D 型	10	10	0
E 型	20	4	16
F 型	6	28	−22
G 型	20	6	14

9）开窗方式及窗帘形式（表 7-17）

关于窗户的喜好倾向评价结果　　　　　表 7-17

样本型号	频数（开窗方式）		综合得分	频数（窗帘形式）		综合得分
	喜欢	不喜欢		喜欢	不喜欢	
A 型	6	18	−12	18	10	8
B 型	10	8	2	16	12	4
C 型	22	10	12	16	12	4
D 型	8	4	4	16	12	4
E 型	16	10	6	24	12	12
F 型	10	8	2	24	12	12
G 型	16	4	12	16	12	4

C、G 样本的双侧墙均设推拉窗，得分最高（12 分）。D 样本的窗户是上悬开启方式，E 样本在靠走道侧开启百叶低窗，F 样本在靠走道侧开启高窗。这三种开窗方式或不便于控制，或不利于同时控制光线和通风，受访者并不认同。A 样本采用的是平开窗，学生对平开窗的设置意见不同，部分学生认为平开窗可以扩大视野，另一些学生则认为靠近走廊的平开窗会影响交通。总体而言，便于控制通风与采光，并具有开阔视野的开窗方式更受使用者欢迎。

在窗帘形式的选择上，52.17% 的学生偏好布艺窗帘，因此，样本 E、F 的综合得分较高。大部分学生反映布艺窗帘虽然易脏，但拆洗方便且整体效果较好。相比之下，百叶窗帘（样本 A）和卷轴式窗帘（样本 B、C、D、G）虽更易调节，但使用者普遍反映这两种窗帘难以清洁且易于损坏，不适合在教室内使用。

10) 侧墙界面形式（表7-18）

频数分析显示，开窗面积是被试者最关注的侧墙界面形式因素。使用者反映样本C、D、G的墙面处理较为务实，而认为样本A、B、E和F为了人文展示而预留墙面，尽管能够改善教室空间的人文气息和学术气氛，但为此而牺牲开窗率是不值得的。更为主流的意见是，把人文展示置于教室的后侧墙，留出教室后侧的横向过道，可使问题得到兼顾。

关于侧墙的喜好倾向评价结果 表 7-18

样本型号	频数（侧墙界面）		综合得分
	喜欢	不喜欢	
A 型	8	10	−2
B 型	14	16	−2
C 型	10	2	8
D 型	22	2	20
E 型	14	14	0
F 型	4	26	−22
G 型	16	4	12
D' 型	16	6	10
E' 型	10	16	−6

为了了解使用者对教室内结构柱突出侧墙阻碍纵向过道的看法，研究者以D、E样本为蓝本分别增设D'、E'样本作实验对照。追踪访谈结果表明，结构柱突出侧墙对被试者的主观判断产生影响，但并不十分显著。受访者普遍认为，突出的侧墙确实影响纵向交通，但可以接受。

11) 顶棚形式（表7-19）

关于顶棚的喜好倾向评价结果 表 7-19

样本型号	频数		综合得分
	喜欢	不喜欢	
A 型	30	6	24
B 型	6	18	−12
C 型	4	26	−22
D 型	12	10	2
E 型	28	6	22
F 型	4	12	−8
G 型	10	26	−16

随着教室规模的增大，空间高度成为设计师不得不面对的问题。教室顶棚的处理方式是解决这一问题的关键。为此，研究者以满堂吊顶、局部吊顶、井字梁、单向梁等作为自变量，测量使用者的主观偏好。频数分析表明，尽管A型和E型教室的顶棚经过吊顶处理后空间高度有所降低，但简

洁平整的顶棚界面仍然得到广泛认同。17.39%的受访学生反映 D 样本的局部吊顶方式影响了空间质量。F、C、B 的顶棚采用井字梁或单向梁方式，梁、灯具和风扇使教室的顶棚界面略显凌乱。相比之下，受访者认为井字梁空间更有秩序感。G 型样本是经过精装修的复合式顶棚，空间形式及色彩均较为复杂，被试者普遍对这种空间界面形式感到不适应。这在一定程度上反映出，简洁的顶棚形式获得较为一致的喜好。

需要指出的，被试者对顶棚形式的综合评分与对教室空间感的综合评分密切相关。

7.6.4.3　喜爱倾向排序分析

我们要求被试者根据自己的喜爱程度对 7 个测试样本依次排序。根据被试者所作的排序，笔者为 7 个评价样本赋值，依据被试者喜爱程度从最喜欢到最不喜欢依次赋值 7、6、5、4、3、2、1 分。累加各样本的得分值得到评价样本的喜爱倾向排序为：

A＞D＞E＞G＞B＞F＞C。

为了检验上述排序的可靠性，笔者把各评价样本在喜爱倾向单项分析阶段（见 7.6.4.2 节）的得分进行累加，得到各样本的等级得分和，见表 7-20 所列。

排序及等级测量结果　　　　　　　　　　表 7-20

得分 ＼ 样本	A 型	B 型	C 型	D 型	E 型	F 型	G 型
S1：排序得分和	132	73	57	116	108	70	87
S2：等级得分和	218	−52	−142	102	106	−24	38

为了把 S1 和 S2 的分值加以比对，分别对两组数据作归一化处理，得到两组数据的得分折线图（图 7-4）。由折线图可知，S1 和 S2 两组数据的一致性较高，喜爱倾向排序结论及各单项分析结论较为可靠。

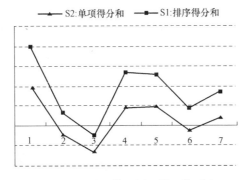

图 7-4　排序及等级测量结果的对比

7.7　本章小结

1）本章围绕"主观倾向"及"教室空间"两个关键要素展开文献研究工作。前者侧重于西方主观倾向影响要素和评价体系，并对国内的相关研究作出回顾；后者则涉及国内外教室空间研究动态和最新进展。

2）通过半结构问卷访谈，10 所高校的实地观察和 9 所高校 29 幢教学建筑的图纸分析，完成关于教室空间主观倾向评价的前期准备工作，确立研究框架。

3）借助调查问卷了解评价主体关于教室空间的使用倾向，得出如下结论：

（1）当前高校教学建筑在教室使用方面存在若干共性问题：一是教室规模普遍偏大，造成教学中的视听困扰；二是对声音环境缺乏有效控制，造成不必要的噪声干扰；三是室内光线缺乏有序的组织，给教学行为带来不便。

（2）学生对教室学习环境的使用心理需求可以从其对自习教室的自主选择作出推断。调查表明，学习环境与行为环境因素、物理环境条件、心理环境因素及装饰环境因素等有关。

（3）教室规模是影响教室使用的重要因素之一。该因素强调三方面的合理性：一是教室的大小，二是上课人数与教室规模的匹配，三是各类规模教室的比例。

（4）人的因素是影响学生在教室使用中较为突出的主观倾向性因素。学生在上课时习惯于建立对环境的选择性与控制感，选择靠近熟悉的同学就座。教室内的人气也会影响学生对自习环境的选择，大多数学生认为在上座率较高的教室中更能感受到学习的氛围。

（5）在岭南高校教室空间的具体环境要素方面，使用者具有以下倾向：

a. 多媒体教学已成为被广为接受的教学手段之一，而电声又是普遍困扰使用者的环境噪声源。

b. 在风扇下方、空调出风口附近容易受到较强气流的干扰，坐在教室出入口附近容易受到进出人员的干扰。学生在选择座位时倾向于回避上述影响学习专注力的干扰因素。

c. 教师与学生均偏爱简洁、实用的教室环境。

d. 以讲台为中心的簇拥式座位排列方式是广为接受的教室布局形式。

4）借助教室模拟场景对教室空间喜好倾向作准实验研究，得出如下结论（图 7-5）：

（1）教室空间感主要与两个方面的具象环境因素有关：一是空间的视野

图 7-5　教室模拟场景图片示例

感和采光条件（开窗率），这个因素与教室的开窗率和开窗方式关系较为密切。二是空间界面的简洁性与秩序感。顶棚是主要界面之一，简洁的顶棚形式更受到欢迎；教室的桌椅是比地面更直接的空间限定元素，整齐划一的桌面有助于建立使用者的空间"完形"感。

（2）使用者重视课桌椅摆放与走道设置的整体感与秩序感。纵向过道的设置决定桌椅横向排列的分组方式。

（3）较之于利用左、右侧墙作人文展示装饰布置。学生更倾向于在左、右侧墙开窗，以满足采光、通风和视野感需求，而宁可把人文展示置于教室后侧墙。

（4）教室空间管线及设备种类较多，应对灯具、空调出风口等作整合布置。较之于装饰感较强的精装修教室空间样本及不作装修处理的教室空间样本，经过简洁、务实装修的教室环境格调得到绝大多数学生的认同。

（5）课桌椅的工作面和抽屉容量、投影屏、讲台的位置关系、开窗方式及窗帘形式、黑板的颜色及造型等教室设施特点是使用者较为关注的环境喜好倾向要素。

5）排序得分、单项得分及分值比对结果表明，准实验研究结论较为可靠。经过对准实验研究样本的喜爱倾向排序分析，A样本是最受欢迎的教室空间场景。设计者和决策者可根据各单项分析结论对教室的具象环境要素作出取舍。

第8章 岭南高校教学建筑空间模式及设计导则

　　建筑环境的使用后评价根据行为、心理研究结果来探讨环境设计方法和导则。科学的研究程序、充分的数据论证以及实证检验，使评价结论具有权威性和可靠性。前述各章在评价旨趣、评价方法、评价深度、评价信度及效度等方面存在若干差异，形成不同研究层面和不同深度层次的评价结论。本章提出综合评价指标模型及空间模式，对前述评价结论加以归纳、总结、提炼、升华，使之成为可推广的设计技术导则，实现评价的设计理论研究功能。

8.1 研究概述

　　综合评价是建成环境主观评价中一个重要的研究分支。其特点是评价内容覆盖面广，有较强的可操作性。综合评价强调多学科研究技术的结合，以构建评价因子及确定权重为核心，形成多级评价指标框架。

　　"模式"（Pattern）又译为"范式"，一般指可以作为范本或模本的式样。建筑学领域的设计模式既强调建筑环境储存在记忆中的有组织的心理图像，又强调环境信息的加工过程或环境的有组织结构。同时，作为研究建筑环境现象的理论图式或解释方案，模式也代表一种思想体系和思维方式。

　　设计导则（Design Guidelines）是为保证物质环境设计质量，对环境和设计元素提出的指导性综合设计要求。导则大多针对普遍性的问题提出工作的重点和方向，具有建议性和引导性。同时，导则为设计和决策判断提供标准，具有可操作性。

　　总体而言，本章是在建筑法规、规范、条例的"刚性"原则下，探讨建筑有效率和有趣味使用等具有弹性和灵活性的命题。其中，空间模式研究关注的是建筑环境与具体使用行为与方式的结合，偏重于设计方法学层面的研究结论；而对设计导则的研究则强调环境的合理性，偏重于认识层面和经验技术层面的结论。

8.2 岭南高校教学建筑综合评价指标模型

第 3、4 章已从不同角度进行了岭南高校教学建筑的综合评价研究。其中，满意度研究偏重于关注教学环境作为物质性实体环境的使用绩效，舒适性研究则偏向于探讨使用者在教学环境中的精神体验或心理感受。两方面的工作是互补的，可以较全面地反映使用者对教学建筑的整体使用感受。

在对满意度和舒适性作分类研究的基础上，评价者应如何综合把握两者在评价中的角色和分量，仍然是不能回避的话题；同时，现阶段的评价研究成果，作为综合性评价的工具，仍然不够简练。再者，对两者的研究仍存在一定的重叠或交叉，有待于作进一步简化和修正。为了获得更加全面完备及更具可操作性的综合评价指标模型，有必要对前述阶段性成果作进一步整合，对原有评价指标作合理的压缩和提炼。

8.2.1 一级评价指标

本章首先对综合评价模型的一级指标作出调整。其依据为：

1）满意度和舒适性评价阶段所建立的评价模型以及结合层次分析法所求得的因子权重值；

2）利用因子分析法所求得的因子荷载矩阵及相应的方差贡献率；

3）焦点评价阶段的研究结论；

4）研究者的经验。

据此，本章确定教学空间质量、环境物理性能、教学设施设备、环境视觉心理、环境维护管理和教学行为组织等六个维度作为综合评价模型的一级指标。各一级指标的含义如下：

"教学空间质量"——涉及建筑空间构成、空间布局和空间性能等方面。建筑的空间质量直接影响建筑功能完备程度和使用方式。

"环境物理性能"——侧重于使用者所感受到的声、光、热、通风、空气质量等物理环境感受。

"教学设施设备"——与建筑功能关系较为密切的教学性和生活性设施设备，如电教设备、讲台桌椅、饮水机、电梯等。

"环境视觉心理"——涉及使用者所感受到的有形和无形环境美的因素，如环境景观、视野感、环境氛围、室内装修等。

"环境维护管理"——使用者所感受到的建筑使用方面的有组织性和对使用者的关怀，涉及开放时间、保安管理、日常维护等方面。

"教学行为组织"——与建筑的流畅及合理使用有关的建筑要素，涉及交通路径、指向性和方位感等方面。

8.2.2 二级评价指标

根据一级评价指标的构成，本章进一步对汇总所得的 49 个二级评价指标作出整合。原则如下：

1）根据一级指标的划分方式对评价要素加以调整，对个别评价因素的表述作出修正；

2）对于在满意度和舒适性评价中评价因素相近或重叠的情况，对二级指标进行必要的合并，保留其中权重较大的评价因素；

3）剔除累计方差贡献率较低的公共因子所涉及的评价因素；

4）根据量化的评价指标模型，淘汰权重值较低的评价要素。

经过剔除和合并，本章最终提出 27 个评价因素。精简后的评价因素集力图兼顾满意度和舒适性评价要点，较为完整地描述高校教学建筑的使用绩效。

8.2.3 评价因素权重计算

本章将沿用上述两个阶段研究所得到的原始数据，根据整合后得到的评价指标体系，再次运用层次分析法计算指标权重。

由于在舒适性阶段业已根据满意度阶段的评价效果对研究对象作过取舍，因此本章将沿用舒适性评价阶段的样本（即满意度和舒适性研究共用的研究对象）作为评价客体。同时，两个阶段还安排同一批使用者作为评价主体。满意度和舒适性研究的评价主体、评价客体、评价方法和数据分析方法较为统一，使综合评价指标模型的建立更为切实可行，在程序和方法层面避免评价尺度的分歧，使研究结果更加具有可比性。权重计算结果见表 8-1 所列。

岭南高校教学建筑综合评价指标体系　　　　　　　表 8-1

一级指标	二级指标	权重	一级指标	二级指标	权重
教学行为组织 (0.1251)	交通联系的顺畅	0.1694	环境视觉—心理 (0.1695)	室内装修效果	0.1082
	出入口设置	0.2524		建筑外观效果	0.1383
	教室数量及大小搭配	0.2753		视野的开阔性	0.1476
	与相关建筑的关系	0.1376		绿化及人文景观	0.1234
	方位感及标识性	0.1653		学习气氛	0.1538
教学空间质量 (0.152)	建筑规模及布局	0.2035	环境维护管理 (0.1432)	整体环境感受	0.2164
	空间感	0.2199		人文气息	0.1123
	辅助配套空间	0.1211		保安及教学管理	0.3327
	空间的联系与转换	0.2133		开放时间	0.4449
	空间的实用性	0.2422		设备的更新维修	0.2224
教学设施设备 (0.1026)	家具及设施的适用性	0.4484	环境物理性能 (0.3077)	采光及照明	0.4225
	生活性设施的配备	0.1495		声环境	0.3663
	电器设备的配备	0.1965		空气质量及通风	0.2112
	教学设备的先进完备	0.2056			

8.3 岭南高校教学建筑空间设计模式

8.3.1 空间模式文献研究

克里斯托弗·亚历山大最早在理论研究中系统地引入模式语言研究方法，并以大量实践为基础，精心提炼出 253 种模式语言。其中，模式 18、43、83、85 及 151 等直接涉及对教学行为及空间模式的探讨。

我国学者对建筑设计模式的研究大多集中在中观环境领域，如居住小区的空间结构模式、居住区外环境的行为模式等；在微观领域，仅以住宅和医院护理单元的空间模式研究居多。

近年来关于高校环境设计模式的研究有所增多，主要涉及空间形态与规划模式形态方面，如：陈识丰对大学教学区空间形态的专题研究[D19]、隋郁对大学校园规划的专题研究[D25]、林师弘对大学新建校园空间生长模式的探讨[D26]、李皓超对大学校园广场与校园总体规划及建筑单体之关系的专题研究[D27]等，均提出相应的设计模式结论，具体见表 8-2 所列。这些成果大多是基于实践的设计经验总结，虽具有一定的指导意义和推广价值，但与真正意义上的"模式研究"尚存在差距。

国内关于高校环境设计模式的研究举例 表 8-2

模式范畴	模式形态	模式类型
大学教学区空间形态[D19]	总体结构级空间形态	控制性结构脉络、学科群、共享生态区、中心区广场、公共步行轴、预留发展用地
	教学组团级空间形态	群体性空间、低层空间、特征性空间单元、偏南北朝向、完整性外部空间、连续性空间
	教学组单体级空间形态	内部庭院、底层架空
大学校园规划发展[D25]	校园总体形态	网络型、立体型、多中心型、簇群型
	规划设计导则的引入	空间体系(秩序性和层次性、轴线法)
		建筑语言(围合空间、建筑高度、体量、风格、色彩、材质)
		道路与景观、环境设施
新建校园可持续生长模式[D26]	生态开放空间	单核生长、次核生长、双(多)主核生长
	群体空间	线性、网络形、组团式、放射形、综合运用式
	道路系统	机动车交通、自行车交通
	周边空间	共享模式、校园建设转换模式、周边城市区域功能管制模式
大学校园广场[D27]	与校园总体规划关系	串联式、组团式、环绕式、均质式、单一式、因地制宜式
	与建筑单体之关系	建筑自身围合形成广场、建筑群围合形成广场

8.3.2 空间模式研究途径及内容选择

本研究的目的是根据使用后评价结果，以空间为叙述载体，提炼相关的设计模式语言，作为亚历山大的建筑模式语言理论体系在岭南高校教学建筑领域的扩展。本研究遵照《建筑模式语言》[M26]一书的研究和表述逻辑，使研究结论提炼成为模式。

对教学建筑空间模式的研究主要遵循以下途径：第一，研究者在先导性研究阶段对大量研究客体进行实地走访和现场调研，对现有建筑的空间组织方式及实际使用状况作出分析，据此提出基于社会及实际建成环境的空间模式要素；第二，研究者根据自身对高校教学建筑的工程设计实践及使用后状况的回访，提出基于设计者经验的空间模式要素；第三，研究者通过对相关专论和文章的阅读、研究及对社会性背景信息和资料的收集、分析，吸收、提取其中切合实际的合理见解和建设性的主张，进而提出基于理论研究成果的空间模式要素；第四，研究者通过对具有代表性的教学建筑进行较为全面的使用后评价研究，特别是对空间使用方式、主观使用倾向等焦点性的评价研究，比较准确地掌握教学建筑使用者行为方式与建筑空间之间的显性关系，推测使用者的隐性需求，从而提出基于系统评价研究（POE）的空间模式要素。

在模式内容的选择上，研究者主要把握两个方面的要素：一是与当前的教学活动直接相关，有助于发掘研究对象的建筑原型；二是教学空间与特定教学行为存在较为稳定的对应关系，能体现空间式样的可重复性和空间事件本质性的内容。在模式关系的设置上，研究者强调模式作为建筑语言所具有的层次关系（序列）。即每一种模式的存在都在某种程度上为其他模式所支持；每一种模式又都包含在较大的模式之中，由大小相同的模式环绕在它的周围，而较小的模式又为它所包含。各模式以相对松散的方式贯穿起来，并与亚历山大所提出的模式建立联系，从而提高模式应用时的可操作性。设计者可通过重叠、压缩等语法使用模式语言，借助模式之间的联系创造出超越模式本身的更丰富的内容。

8.3.3 空间设计模式

8.3.3.1 模式 A——"共享核心"

教学建筑是众人在一起学习的场所，因此建筑中应有汇集人群的场合。"共享核心"就是这样一个吸引学习者集中前往的向心空间，使置身其中的人充分感受到其他同学的学习生活，体验到求知的氛围。人的汇集可以取得活跃空间的效果，借助多种活动模式的相互支持可以增加场所的生气感。

教学建筑的整体氛围是学习者集体行为的累积，"共享核心"容纳个体的信息交流、社会交往和社会认同的需求，通过共同参与来激发学习热情，使教学成果最优化。这种共享性的核心空间应该体现以下的特点：一是环境信息量，即能够同时容纳较多的使用者，又能够同时容纳多种行为方式与内容。同时通过强度、新奇性和复杂性程度适中的环境信息，形成适度的环境刺激；二是通达性，通过交通路径的组织使"共享核心"易于到达并可以穿行，维持共享行为发生的有效场景人数；三是空间的可交往程度，即空间的形式应利于交流与交往，可接触到其他的人、活动、资源、服务、信息和场所；四是使用者应感受到进入和退出的选择自由度。

教学建筑的"共享核心"往往不是孤立存在的，而是呈现出有中心、有从属的星状模式。对于规模较大的教学建筑（如排列式和并置式），可以是多"共享核心"的方式。根据现状调查可知，中心级的"共享核心"主要有教学广场、绿化庭院等。其中，教学广场（模式 I）是可以提供仪式性活动的场合；柔性场地（模式 H）则是学习者亲近自然，诗意求知的场景。

8.3.3.2 模式 B——"教室边缘"

教室的边缘如同书边的空白，可作眉批，也可留白，显得随便和从容。

课前和课间是等候上课的时间。等候时段常常需要间杂进行其他活动。如果能为这一时段的活动提供良好的气氛，则主要作为休息、调整的这一时段也可以是学生进行主动交流和思考的时段。在这个时段内，个体的情绪和思绪也往往处于一种次投入状态，具有交流和思考的主动性；同时学习者处于聚集状态，能够很自然地形成交流圈。每个个体在这个时段内是选择与他人交往、走动、谈话或独处，大都是根据其自身的意愿自由地进行。研究显示，如果在教室周边地带只考虑人流的通过需求而没有考虑使用者的停留，容易造成通过与停留行为的相互干扰，从而抑制了个体本能和直觉的发挥，迫使学习者宁愿留在座位上休息。

因此，设计者应把握学习者在这个时段的行为特点，把教室边缘地带的聚集、交流与供驻足凝思的功能独立出来加以考虑，通过有意识地组织、引导，鼓励随意的交流和忘我的凝思。"教室边缘"模式强调的是空间行为与教室的关联性，因此"教室边缘"首先应与教室有较为直接的空间衔接关系；其次应把握该时段与上课时段的行为反差，通过行为方式的转换实现调整、休息的目的。因此，以站立为主的交流、较远距离的自然景观、相对独立的区域和不同的人际尺度是建立这一模式的要素。

在具象形式上，"教室边缘"可以是教室的附属部分，如与教室相连的阳台、休息室等等；也可以是教室外部与交通空间的结合，如走廊、连廊；或作为交通空间的延伸和扩展，如走廊涡流区（模式 O）和交往平台（模式 G）等。

8.3.3.3 模式C——"学术氛围"

作为规划与建筑的衔接与过渡，教学建筑与其所处基地的诸要素共同形成教学建筑的场所环境。场所的生命力体现于其在校园学习生活中的作用。因此，应力求使空间、景观、场地等要素均具有适用性。场所环境强调从校园形态的视角下观照环境美学关系和视觉感受，通过建筑之间，建筑与基地环境之间，建筑与校园之间恰当地相互协调，形成统一协调的环境有机体。因此，应同时从有形的物质感受和无形的精神体验两个方面，传达教学建筑与校园环境的整体和谐感。

场所的意义则取决于认同感和归属感。应建立可识别（易辨认、易熟悉）的环境，传达清晰的环境意象，以便使用者能够理解他们所处的环境。在影响教学场所的空间形态诸要素中，建筑实体环境的围合形式是对场所空间特性与风格影响较显著的因素。应重视建筑的布局，通过设计拓宽场所开放空间范围，使得使用者对教学场所的介入具备一定的自由度，而不应过多地受到开放时间、设备等管理性因素的制约。同时，应鼓励建筑内的教学行为向校园自然延伸，以提升教学场所的整体学术氛围。

8.3.3.4 模式D——"屏蔽停车"

自行车停放空间应被看作在教学建筑中美观而重要的区域，如图8-1所示。现场调查表明，缺乏自行车停放场地的教学建筑在实际使用中，往往不得不把开阔的庭院和广场转换为自行车停放场地，影响空间秩序，并造成管

围蔽停车　　　　　　　底层架空停车　　　　随意放置在教学建筑四周

在绿化草坪集中停车　　　　中庭停车　　　　在校园人行道停车

图8-1　几种自行车停放方式的比较

理难度。

自行车停放场所应相对集中，以便管理；停放场所应为室内或半室内空间，具有遮风挡雨的条件。此外，自行车停放场所还应选择与教学建筑及外围道路有方便交通联系的位置，并与步行入口接近，方便学生结伴同行。

即使自行车摆放井然有序，对教学环境氛围的影响依然是负面的，人们不大乐意看见它们或从它们旁边经过。因此，停放在架空层的自行车应尽量避开教学建筑共享区的视线范围。如果教学建筑的首层同时又是主要的步行活动区域，则应该通过绿化或墙体将之与自行车停放空间作适当隔离，并形成停放场地与步行区域的高差，防止自行车对教学建筑内部的穿越。

8.3.3.5　模式 E——"方位提示"

找不到考场的情节出现在很多求学者的噩梦中，教室的寻址与学习压力似乎具有天然的联系，教学建筑的方位提示应以教室为原点。

一个完整的建筑意象由场所空间和相互间的位置关系组成。当前的大学校园普遍对教室采取开放式管理模式，学生和教室之间没有固定的方位关系，需要根据教学内容转换上课教室；高校教学建筑常常被用作面向社会的各类考试场所，陌生使用者往往需要辨识考场的位置。寻址的需求决定了教学建筑应具有清晰明确的指向特点。方位提示模式就是立足于以环境拓扑的方式告知使用者容易寻址的方法，形成教学建筑的空间趣味性及多元化内容，使学习者在环境的差异中体验到发现的乐趣所在。

调研发现，形式重复而空间雷同的教学建筑在使用中容易产生空间定向方面的困扰。该问题在规模较大的整体式建筑中尤其突出，而建立空间差异性是解决方位感问题的有效途径。最有效的方位参照是校园的景观。当建筑与校园建立了视野的联系通道，使用者在行进中感受到自身与校园参照系的方位关系，可以轻松辨识方向。也可以通过建立同类空间的视觉差异，使空间具有独特性而产生方位感和标识性，如采用不同的装饰风格，对活跃的建筑要素（如楼梯、阶梯大教室）作差异性的设计，在课外空间设置雕塑、绘画等公共艺术品，乃至树木的分布及选择等等均有助于使用者建立清晰的"图式"系统。

建筑内部的主干交通路径的层次关系应相对清晰，采用直线、辐射线、开敞环路等简单线型强化主要路线。心理学理论指出，"通道布局的杂乱无章，对熟悉建筑的人所产生的影响几乎同对陌生人的影响一样严重[M26]"。尽量少用封闭环路、多重环路、连环套、网格路径等复杂路线形式。行进道路上的标志物（模式120），可以使人在行走时交谈、思考、遐想而无需时时想着自己的方向和路径。而清晰的内部交通领域（模式98）层次是使用者把握空间布局关系，建立相对正确的心理认知地图的关键。

在教学建筑的环境认知中，仍需要借助于系统的关于单体、楼层和教室的定向编号标识及指向地图进行教室的方位组织和管理。

8.3.3.6 模式 F——"开敞楼梯"

根据调研，绝大多数教学建筑都是五、六层高的多层建筑（见第 2.3.3 节）。出于安全疏散的考虑，五层以上多层的室内疏散梯应设置封闭的楼梯间。现场的观察却看到，目前对封闭楼梯间存在较普遍的不当使用情况，如图 8-2 所示。大量教学建筑为方便大量性人流的通过而把应处于自动关闭状态的封闭楼梯间出入口改变为常开状态，使隔火及防烟功能失效；部分教学建筑的特定楼层出于独立管理的需要而把该楼层的疏散楼梯出入口擅自封闭，使疏散通道失效。研究者认为，此类具有普遍性的不当使用与不当设计有关，应通过设计改变使用中产生的安全隐患状况。

图 8-2 对楼梯的不当使用

教学建筑的集散人流量较大，当封闭楼梯间作为主要的垂直交通部件时，门的自动关闭不但会带来使用中的极大不便，也会导致不和谐的环境噪声，存在着较明显的不合理性。"开敞楼梯"模式是区别于封闭楼梯而提出的垂直交通方式，提倡在符合消防法规的前提下，尽量避免采用封闭楼梯间或尽量减少使用封闭楼梯间。

开敞楼梯可以是纯粹的室内交通楼梯，它处于交通最为便利的方位，具有舞台的视觉吸引力（模式133），吸引主要的使用人群。在非火灾的状态下，室内开敞楼梯负责主要人流的垂直集散。在火灾的状态下，室内开敞楼梯的宽度不计入疏散宽度，不作为疏散出入口。也就是说，在建立完整的疏散楼梯体系的前提下，通过设置交通性、交流性和景观性良好的垂直交通部件改善安全疏散楼梯的使用状态。

开敞楼梯可以是室外楼梯（模式158），以非封闭的方式同时实现垂直交通与安全疏散功能。

开敞楼梯可以有封闭状态可变的楼梯间，其疏散出入口处于常闭状态，其交通出入口处于常开状态。平时，主要使用人流通过交通出入口上下楼梯，发生火灾时，交通出入口通过消防联动的防火卷闸自动关闭，疏散人流通过带有闭门器的防火门进入封闭楼梯间。

开敞楼梯不仅仅是一个安全疏散的概念，更是一个兼顾舒适性和交往性的交通模式，如图8-3所示。

图8-3 开敞楼梯

8.3.3.7 模式G——"景观平台"

对景和借景有助于建筑与校园的有机结合，对于宏观环境区域内的意象中心，教学建筑应力求在体型和空间细节方面作出呼应。景观平台是凭栏远眺的空中楼阁，也为使用者就近提供了交往场地，如图 8-4 所示。

图 8-4　景观平台

看风景、看公共艺术和看其他人的活动是对环境的被动参与，自然环境、人工环境和社会环境是吸引使用者的基本要素。在课外空间直接接触到或看到自然元素（如树木、绿化、水面等）有助于人的放松。休闲座椅、交往平台、庭院空间、视觉艺术作品则是吸引学习者聚集的场合，欣赏的情境，提供给学习者进入安静和凝思的环境条件。

开阔的视野会把人的注意引向远景和重要标志而忽略近处的细节，使人得到放松。除了应有良好的朝向和景观条件，平台还应通过各种建筑的手段增进人们近距离的交往可能，如设置一定数量的座椅以吸引人作较长时间的停留，或通过不同楼层平台的退台关系促成视线的沟通。景观平台可以设在教室与教室之间，也可以把走廊宽度局部扩大成平台。根据有关学者的研究，使用者更倾向于使用凹式的平台，因此设计时可考虑使交往平台至少局部向建筑物凹进，产生部分围合的空间效果。

8.3.3.8　模式 H——"柔性场地"

较之于硬质铺地的广场，阴影、草坪、树木和水体是场地中"柔性"元素，学习者更愿意在这样的场地中逗留，如图 8-5 所示。

图 8-5　教学建筑的几种场地环境

覆土和植被为主导界面形式并不适于集体活动，场地的使用往往是以个体或小群为单位的，这与自我思考或小组讨论的学习方式十分契合。同时，静态景观也促使空间行为趋于静态性和内敛。一方面，树影和树木易于形成的领域，吸引学习者就近置身其中；另一方面，自然、多变、生态的形式也吸引学习者远距离地欣赏。绿化的景观性赋予此模式以环境的张力，使学习者得以轻松、惬意的方式接近自然，并以自然为媒介接近其他学习者。观察显示，缺少树木点缀的草坪也难以吸引使用者作较长时间的停留，人们喜爱真切的自然景观。水体则是更能体会到自然造化的场地环境。临水时，人往往能感受到一种旷达、出世的情怀，并产生出各种诗意的联想。

足够的人口密度常常被认为是场所具有活力的前提条件，也是场所能被混合使用的先决条件。混合使用把"柔度"不同的场地界面，可以实现行为在时空上的适当集中，构成更有活力的场所氛围。

8.3.3.9　模式 I——"教学广场"

硬质的场地更适于作流动性的场所，教学广场所容纳的行为具有动态性和室外性。室外教学广场有利于在其中营造绿化、喷泉、水体等人工景观。观察显示，使用者乐于在教学广场中享受日光、轻松地交流或学习。教学广场有供人流集散及开展仪式性活动的场地功能。当教学建筑或建筑群规模较大或使用人群较为集中时，适合采用此模式。

由于空间的开放性和外向性，与教学活动无关的人群（老人、儿童、借道者）及与教学无关的行为（溜旱冰、打球、玩耍）容易被吸引到教学广场内。因此，选择此模式应注意使该空间具备抗干扰性能。

8.3.3.10　模式 K——"户外坐席"

根据观察，户外场地的学习与交流更多地发生在可以产生坐姿的场景中，"户外坐席"设施应是教学建筑中较重要的户外环境模式之一，如图 8-6 所示。"户外坐席"不应仅限于通过设置休闲性座椅（模式 241）得以实现，设计者应该把有着适度高差的场地环境设施均理解为潜在的就座场景道具。较为常见的花坛壁、石头、树桩、台阶（模式 125）、步级、柱础、草坡乃至路缘石等均属于这类模式的范畴。坐席提供给学习者以舒适性与领域性，可以使人们保持较长时间的学习、交流或等候状态。即便是原地站立或来回踱步的诵读者，也总愿意把书包等学习用具置于类似座椅的区域内。

图 8-6　户外的坐席

坐席设施的使用方式在较大程度上取决于其存在状态。成组的或向心围合的座位圈（模式 185）与零星散布的坐席设施会吸引不同人数的使用者，而就座环境对外界干扰的回避也往往影响了使用行为的选择。研究者的建议

210

是：户外的坐席应与教室内的座椅有所区别，通过各种座椅（模式251）把轻松的心境和随意的特性体现出来；尽量把坐席设施设于视野良好和解决自然景观的环境当中，为处于其中者营造一种惬意感；注重环境的微气候条件，使光线和风速均适于阅读；我们注意到，不设靠背的坐席可以提供给使用者背对或面向其他人就座的选择，从而可以容纳更多样的行为。

8.3.3.11 模式 L——"底层架空"

进深较大的架空空间往往使光线的进入受到影响，对完成阅读或社团活动有排斥性。因此，应注意控制架空空间的进深，改善光线条件。考试日或下雨天，在架空层中驻足的人群会显著增加，表明底层架空空间适宜作为教学建筑内大量性人群的等候空间。

舞蹈、武术等校园社团往往选择底层架空空间作为排练场所。这是由于底层架空空间具有以下方面的使用特点：一是底层架空空间是半室外的开放活动空间，与校园结合较为紧密，交通可达性和景观条件往往较好；二是底层架空空间自身有较好的环境条件（面积、铺地、卫生、通风等）；三是能够适应天气条件的变化；四是底层架空空间的平面位置或竖向高度与主要交通路径分离，可避免受到围观或干扰，如图8-7所示。

运动场地　　　　　　社团活动

自行车停放　　　　　　休闲空间

图8-7 教学建筑架空层的应用方式

8.3.3.12 模式 M——"社交区"

对学生而言，教学建筑是相对正式的社会性交往场所，如图8-8所示。

图8-8 社交区域的小群生态

通过从简单的、无拘束的接触到复杂的、积极参与的交往，学习者融入到同学圈之中，体会社会关系，调整自身的行为，这是对紧张学习生活的一种缓解。

社会交往的方式和层面有赖于环境条件，社交区模式所强调的就是为使用者提供合适的交往时间、交往空间乃至交往主题，促成社会性的使用行为。从这种意义上说，社交区应是吸引使用者逗留的场合。具体的实现方式主要应关注以下几点：一是位置的选择应有利于使用者之间被动接触，其他人的存在使交流得以发生。临近使用者的必要性行为（如上课、等候、交通等）或自发性行为（如自学、散步、欣赏等）的发生区域，使人们不期然汇集到同一空间内。二是通过空间尺度控制社交程度。领域受到干扰的小尺度空间难以形成交流，大而无当的空间则使人们在时空上被分隔开来，社交区空间应满足交往所需的人际距离。在教学建筑中设置存在差异的社交区域，可以使不同程度和方式的社会接触与交往各得其所，从而形成高质量的课外空间行为内容。三是场景的形式应激发起参与者共同的兴趣，形成自发的参与主题。较为典型的，如景观平台往往会吸引环境欣赏者，镜面玻璃会吸引练舞者，展览场所会吸引参观者等。

社交是对环境的主动参与过程，人们在舒适环境下更容易产生放松状态，从而更自由地表达自己。环境舒适是社交区模式的关键要素。

8.3.3.13　模式N——"学习容器"

传统意义上，教室以讲坛为中心的形制类似于观众厅、教堂或道场等"坐席"类空间，是强调专注的场所。需要指出的是，教室的意义不仅仅限于专注，其形成专注氛围的方式和手段也是不一样的。教室是视、听、说同步的双向互动交流空间，鼓励思想自由与平等的沟通——教室是具有一定唤醒能力的场合。

教室环境的学术性和氛围感有利于激发学习热情、增加主动性。教室内的主要环境刺激应使人们感受到学习的氛围感。这一方面来自教室的"类型"要素，如讲坛的焦点中心、课桌椅的整齐有序、与学习或学术相关的视觉内容等；另一方面也来自其他学习者的影响。

作为讲授知识和传播道理的地方，教室的使用绩效更多地取决于交流者自身，教室的作用应使参与者更便于且更愿意表达自己。舒适顺畅的交流环境能使学习者不受到来自外界的视听干扰，也没有关于教室使用方面的困扰。关于使用倾向的调查显示，目前我国在教室空间使用方面存在若干误区。其中，教室规模不合理，滥用电声教学手段，缺乏有效的光线组织，上课人数和教室规模匹配度不足等方面的问题应引起设计者的重视。对喜好倾向的准实验研究也表明，教室的开窗率、开窗方式和空间界面的简洁性与条理性较为明显地影响使用者的空间感受。使用者偏爱视觉简洁、条理有序的教室空间环境，重视课桌椅的摆放方式所建立的秩序感和教学情境，并对特定的物质环境要素表现出偏爱。

空间环境要素影响着感知者的情绪和内在品质的塑造，并对环境行为产生激励或抑制效应。在这种机制作用下，使用者往往不自觉地把内在的基础性乃至超越性的需求融合于对所处环境的判断和选择上。这种审美心理既是由客观的刺激物的性质所激发的"审美兴趣"，也可以看作是一种期望性经验模式的展示。

8.3.3.14 模式 O——"长廊短停"

这种模式的实质是通过建筑设计处理在走廊中划分出休憩区。在开阔处独处和聚首不受干扰，走廊和过道也不再单一作为交通空间。涡流区使停留人群和通过人群分离，一般应有可供三五人聚合的停留空间。

内走廊的涡流区难以回避交通人流的干扰，因此空间尺度上应略大，使涡流区尽量像可供短暂停留的房间，形成"穿越空间（模式131）"。外走廊的涡流区设置可与外观同时考虑，在走廊外设置凸出的小阳台。观察显示，使用者习惯于利用柱子的遮挡效果形成领域。因此涡流区的设置可与结构布置相结合，以柱间区域作为分区或以柱列作为分区界限，也可用花卉点缀走廊（参见模式245——"高花台"），或通过采用视觉艺术装饰物等方式建立领域标志。

8.3.3.15 模式 P——"教室链"

教学建筑布局可以从"教室链"模式入手。"教室链"是最常见的教室组织模式，在交通组织、交流组织和教学组织方面具有合理性。"教室链"

是通过走廊（道）把若干教室串联而形成的相对独立的功能模块（A空间＋B空间）。这种模块的规模宜适中，具有专门的水平或垂直交通部件，有利于人流组织、消防疏散及有秩序管理。

"教室链"的长度是设计者首先应当加以控制的因素。过长的教室链会造成人员的过分集中，造成长走廊空间沉闷，并影响室外庭院核心的长宽比。按照教室和走廊的结合方式，教室链主要有两种子模式：

1）内走廊：内走廊模式的空间效率较高，适于形成较为紧凑的建筑空间。这种模式中的内走廊交通性较强，但往往由于空间较封闭、光线条件不足，而限制了交流和景观等休闲性行为的发生。采用这种模式的"教室链"，可在教室之间设外扩的交往平台。交往平台应朝向校园景观，一方面实现走廊有意境的借景（参见模式134——"禅宗观景"），并使走廊光线"明暗交织"（模式135）；另一方面也可避免交通人流对自习和交流人群产生干扰。

2）外走廊：向外敞开的走廊空间具有极佳的光线和景观条件，并且使教室空间同时有"两个方向的采光"（模式159）。观察表明，外廊提供给学生以阅读所需的光线。学生背对走廊朝向庭院或校园，可以欣赏景观，同时回避走廊人流的干扰。与内走廊相比，学生显然更愿意在外廊停留。外廊是教室空间的遮阳板。采用这种模式时最好把走廊置于南侧，形成"朝南的户外空间"（模式105）。

8.3.3.16 模式Q——"踱步路径"

步行是体验环境的核心，是产生生活和活动的一个重要因素。步行活动包括出发点、目的地和路径三个要素。在步行过程中，有些路径比其他路径更容易产生交流。空间形态、空间功能、视觉渗透性等都会影响到这种步行交流发生的可能。在路径设计时，应首先考虑人的步行活动与场所的关联性。联系良好的场所能鼓励步行活动，并起到促进环境活力的作用。

楼梯、走廊、过道与庭院、广场是教学建筑中主要步行活动空间。一般认为，应使步行者所走的路径距离最短，无意义地延长路径会使人因耗费时间和精力而感到烦恼。但教学建筑中的步行路径设计有其特殊性。学习者在长时间伏案学习后需要走动和变换视野，这些踱步人群希望有趣味性的较长的步行环境。研究表明，把步行路径设计成为环路（或回廊），以及为主要的出发点和目的地提供路程不同的步行路径，能兼顾有目的和无目的的步行需求，有利于营造高质量的教学建筑步行环境。同时，由于教学建筑的人流在特定时段内具有较为明显的方向性，逆人流行走易产生交通拥挤感。因此，采用回廊的形式将有效地改善步行空间。

8.3.3.17 模式R——"出入口空间"

大学校园里，教与学无处不在。学生的学习生活并不孤立于教学建筑的内部，而是从教室到其他教学单元（如图书馆、实验楼等），从教学建筑到校园的连续过程。教学建筑通过出入口空间与校园衔接和沟通，强调在校园尺度下对各功能单元（特别是教学单元）的整合使用。在这种意义上，教学建筑的出入口应不仅仅具有交通标识性，更应鼓励功能的衔接、空间的承转和行为的延续，通过开放性与停留性体现出挽留之意。

教学建筑的出入口空间应通过空间形式实现管理开放，避免严格的封闭管理。应根据交通方式、人流量和起终点的差异，在同一教学建筑的不同方位采取不同的空间形式，借助进出方式的变化带动交通线路的多元化，进一步激活对教学建筑课外空间的使用，以有利于形成教学建筑与校园之间的空间层次和功能共生关系。

同时，出入口空间是正式教学活动的起止节点，是场所行为秩序的铺垫区间。出入口空间应鼓励和吸引良性的教学活动方式，并对非教学行为和非教学人群起到一定的抑制作用。如果说出入口空间在传统上是交通的枢纽空间，那么教学建筑的出入口空间则应同时强调空间的停留性，不论是展示、咨询、公告等面向公众的交流活动，还是阅读、聊天等个体的行为，均应存在伴随交通行为而同时发生的时空条件和氛围。建筑师应综合应用声音、光线、景物、空间及材料等手段构建这样的心理过渡场景。一般而言，轻松、学术的社会环境，便利、舒适的物质环境，人文、静态的心理环境更有利于激发学习者的参与感和求知欲。

与其他类型的民用建筑相似，教学建筑的出入口空间应设在醒目的位置上（模式110），应介于建筑物的内外之间（模式130），使人产生空间过渡的体验。教学建筑与校园融为一体，需要出入口空间与建筑物边缘（模式160）相结合，从而在教学建筑周边形成有体量的区域。

8.4 岭南高校教学建筑空间设计导则指引

8.4.1 设计导则文献研究

在国外大学校园建设中，制定设计导则是控制特定校园建设的重要手段，较为典型的有美国卡耐基·梅隆大学和哈佛大学阿尔卑斯校区的设计导则。这种导则为可能的方案提供一个发展框架，往往涉及对城市设计方法的应用。另一种形式的导则研究则侧重于适用性更广的环境命题，如美国学者克莱尔·库珀·马库斯（Clare Cooper Marcus）和卡罗琳·弗朗西斯（Carolyn Francis）通过对斯坦福大学等四所大学的非正式观察，并参考新墨西哥大学等五所高校的专论和文章，提出针对大学校园户外空间的设计导则。此类研究采用的方法包括观察法、现场访谈、问卷调查、认知地图等[M20]。

文献研究显示，我国设计导则研究主要集中在城市设计领域。近年来，建筑设计导则类研究成果逐步增多，特别是建设部制定的关于居住区环境景观、老年人住宅、小康住宅等方面的设计导则陆续出台，反映了设计导则已经成为设计研究和建设控制的重要媒介和手段。目前针对高校环境的设计导则研究并不多见，已经取得的成果主要有李科对新建大学校园规划设计导则编制方法的研究和隋郁在大学校园整体式设计研究中提出的规划设计导则[D25]。

8.4.2 导则特点

8.4.2.1 地域性

设计导则以特定地域条件下的社会背景、经济基础和人文条件作为价值判断标准。在岭南地域人文环境存在并获得认同的背景下，结合对岭南地区高校教学建筑的实证研究和该地域使用人群的实态调查，本设计导则在研究内容和研究目标上，以如何对岭南地域气候和自然环境特点加以可持续利用作为评价侧重点。

8.4.2.2 时效性

设计导则是在特定的社会背景、时代背景及学术背景下提出的。导则研究有各种不同的方法和途径。任何导则都有其时效性，社会的发展与变化，学术的进步，都会在不同程度上影响导则的适用时效。本设计导则是对岭南地区已建成的高校教学环境进行实态调查，观照特定时代使用人群的心理需求和行为方式，借助使用后评价而提出的。研究背景、研究对象、研究人群和研究方法等共同影响了本导则的时效性。因此，本导则所提出的设计建议都是实验性的，在新的经验和新的观察研究的推动下，导则会自由地向前发展。

8.4.2.3 可操作性

一方面，本设计导则是在对建成环境作实态研究的基础上提出的。细则中所涉及的建筑范畴在当前高校教学建筑环境中具有一定的典型性。评价判断也是建立在对设计者、使用者、专家及参观者等不同人群的问卷调查的基础之上，具有一定的代表性。另一方面，研究者通过比较充分的文献研究，结合必要的施工图纸分析，在研究对象及研究命题的选择上，是以不影响建筑设计理论及建筑设计实践的复合、开放及多样发展作为指导思想的。这些都有助于使本导则具有一定的可操作性。

8.4.2.4 心理及行为关联性

本设计导则借助社会科学研究的方法，围绕不同使用人群在教学建筑环境中的主观需求，旨在通过对使用人群在教学环境中行为的观察和总结，提出有利于激发良性环境心理及场所行为的设计指引。与环境心理与行为的关联性是本导则的特点之一。

8.4.2.5 指引性

尽管本导则是在广泛阅读国内外已有文献，并对岭南高校教学建筑加以实证研究的基础上，经过数理统计分析而得出，但由于导则条文序列和网络关系，尚未能够在模式语言语法体系的层面上指导设计。因此在深度和广度上具有局限性，只是在设计片断上提供具有指引性的建议。

8.5 岭南高校教学建筑指引性空间设计导则

8.5.1 总则

以满足高校教学建筑使用者的基本需求，激发高校教学建筑内良性的教与学行为，同时体现岭南地域人文与自然条件特点为总体目标建立本导则，旨在为岭南高校教学建筑空间组织及空间塑造提供指引性的设计建议，使空间设计与行为及需求产生关联。

本导则提倡七要点：

1）以总体满意和使用舒适为目的；

2）体现校园总体规划，利用自然环境资源；

3）满足高校学生行为需求的空间与场所；

4）契合实际需求与教学模式的教学环境；

5）通过建筑对地理条件、气候条件及地域文化的合理利用，体现地域性；

6）提供私密性——公共性结合的空间环境，能够形成行为秩序，提供不同的人际距离，适度的环境复杂性，获得适度的环境唤醒水平，从而获得更高的教学绩效；

7）寻求易识别性和环境复杂性相平衡的环境。

8.5.2 平面布局模式建议

8.5.2.1 布局思路

教学建筑与基地环境的关系首先涉及布局问题。一方面，教学建筑的布局应自由灵活、不拘程式。另一方面，基于朝向、基地条件和建筑类型等设计约束和关键评价要素，建筑布局在思路层面上应具有章法。根据研究实践的检验，本书所采用的建筑类型划分方式可以推广为教学建筑平面布局子模式语言，作为对建筑功能、空间、规模加以抽象的概念化模式语言。设计者可运用各子模式作为辅助设计构思的简化"原型"，其分类方式及图解原型见本文第 2.3.4 节。

1）单线式：单线式建筑以交通轴为脊形成线性空间。这是一种有效率的平面模式。线式建筑平面易于为使用者提供良好的视野，有利于充分利用校园的自然景观资源，但线性的空间较易失之单调，缺乏参与感，可通过与相邻教学单体的组合、门厅的设置等手段形成共享性核心。

2）单核式：单核式建筑围绕庭院或中庭为中心建立"共享核"，具有较强的向心性特点。该类型建筑规模适中，易于空间组织和使用管理，且每一"教室链模块"可同时朝向校园和共享核心，具有较强的环境适应性。

3）排列式：排列式建筑的优势在于以树形交通组织方式建立空间的层次性和条理性，并在较大型的建筑中均衡布置核心空间。在采用排列式布局时应避免空间的简单重复而产生的单一感，并注意解决由于单体遮挡导致景观视野受限。

4）并置式：并置式建筑不论在使用满意度还是心理舒适性方面，均获得使用者较为一致的好评。"教室链模块"以并置方式沿横向伸展，使建筑在外观效果、景观条件和视野方面具有优势，并易于形成良好的通风与采光条件。核心空间沿横向串行组织，交通组织清晰，但共享核心的领域范围往往产生重叠，难免影响到使用者的空间层次体验。因此应重视内部方位感和标识性问题的解决。

8.5.2.2 具体建议

1）明确教学建筑的空间逻辑。典型的普通教学建筑主要由教室空间（包括普通教室和阶梯大教室等）、课外空间（包括交通空间和交往空间等）、教学配套空间（包括教师办公室、教师休息室、储物间）、辅助空间（包括卫生间、开水间、储物间、停车场）和管理空间（值班室、物管部、设备用房等）构成。

2）建筑平面布局较显著地影响建成环境的使用绩效，建议设计者以"教室链"为功能模块，以并置式、排列式、单核式和单线式为原型进行建筑布局。

3）建筑布局应结合地形、朝向、规划、交通、景观等场地环境要素作多方案比较，争取实现环境绩效的最优化。

4）就校园的视角来看，建筑布局的合理化分析应以是否有效地表现校园规划（宏观），是否有效地融入校园环境（中观），以及是否与周边建筑在空间和功能方面有效地结合（微观）为判断标准。

5）就教学建筑自身而言，建筑布局的合理化分析应以是否充分利用校园景观资源，是否获得较佳的物理环境条件（重点是 A 空间），以及是否有利于形成具有可塑潜力的教学空间（重点是 C 空间）为判断标准。

6）建筑布局应具有形式感，通过形式感体现校园规划理念，通过形式感优化建筑外观及提升室内外空间品质。

7）日照、阴影、雨、风及噪声等都影响使用者的体验和使用环境质量，建筑布局应充分考虑其对建筑物理环境的影响。

8）课外空间应侧重于满足学习者的五种需求：舒适，放松，对环境的被动参与，对环境的主动参与，发现。

8.5.3 关于使用者

1）在设计前期的建筑策划阶段，为了使设计定位更切合实际，设计者有必要对教学建筑使用人群的组成、行为习惯和规律有所了解。

2）对高校教学建筑而言，教师和学生是主要的使用人群。由于教师和学生对教学环境的评价尺度较为统一，不存在环境使用上的分歧与冲突，因此设计者可将之视为统一的使用人群来创造环境。

3）教师和学生对环境均表现出多方面及多层次的使用需求，设计应力求环境完整。同时，也应看到两者因角色的差异而对环境的需求各有侧重。其中，与教学环境的使用效率及教学多样化相关的环境因素更受到学生的青睐，而教学功能的完备程度则更为教师所关注，设计时应分别考虑并予以兼顾。

4）良好的教学管理和先进的教学技术手段有助于提升教学效能。交流场所、展示空间、活动场地等环境要素的有序配合可以起到丰富教学手段和内容，鼓励学生自发性学习及社会性交往的作用。

5）使用者对教学环境在心理上的总体舒适评价与物质上的使用满意评价具有关联性。设计者应从环境的物质完整性出发，结合舒适性环境因素，创造宜人的氛围。

6）除了物质环境的完整性，设计者还应着力从物理环境（如通风、采光、照明、声音）、视觉环境（如建筑外观、装饰效果、视野感、景观组织）和心理环境（如学习气氛、人文气息）等方面建立教学环境意象。

7）在持续使用一段较长的时间后，对环境的适应易让人感到乏味和单调。课外空间的新奇感能够激发使用者的发现情绪。适度复杂的环境形式将使空间更耐人寻味，使人们在发现中获得较长时间的审美愉悦。

8.5.4 各主要空间的具体建议

8.5.4.1 关于场地环境

1）应鼓励场地环境的混合使用，使场地功能富于变化并提供多种选择，使之能够因应活动方式的变化而转换功能。

2）独特性有助于教学环境场所精神的表达。形态明确的教学建筑体量和有条理的界面形式更受使用者欢迎。

3）把设计落实到人的尺度，鼓励自由步行。场地的形态与空间肌理应符合使用者显在和潜在的行为模式。

4）场地设计时应区别对待行人、自行车及机动车的交通流线。

5）教学建筑与校园的结合应开放和自由，弱化建筑与校园的分界，使建筑内的学术气氛自然延伸到校园，同时校园的生机和活力也渗透入建筑内部。

6）教学场地的草坪较之于建筑内中庭的绿化，其空间明显度较低，更为自由，置身其中较少感受到"视觉淋浴"，往往能吸引更多的使用者作较长时间的逗留。逗留者习惯于以植物甚至是植物的阴影为领域标志物，围坐聊天或学习。

8.5.4.2 关于教室空间

1）顶棚、桌面及四侧墙体是体验教室空间感的基本界面。

2）教室空间应避免封闭和沉闷，可通过侧墙开窗改善采光，获得良好的视野感。两侧墙同时开窗的教室更受使用者欢迎。

3）平整、简洁的顶棚受使用者的偏爱，由于教室顶棚的管线较为繁杂，条件允许时建议对教室作吊顶处理。

4）教室的开窗方式决定了其对光线和通风条件的控制。高窗、固定的百叶窗、上悬窗等不便于操作，因而推拉窗和平开窗是较受欢迎的开窗方式。布艺窗帘易于清洁且不易损坏，是较佳的选择。

5）建议在教室后侧留出横向过道，并在教室后侧墙布置具人文主题的展示内容，改善教室软环境。

6）教室的大小应与上课人数相契合。大多数使用者倾向选择在规模较小的教室上课，过于空旷的教室空间影响教学效果。

7）合班上课的阶梯大教室在平面形式、桌椅排列和空间构成上宜与普通教室形成差异。教室的平面形式应力求简洁。

8）教室的出入口宜与坐席区保持距离，以免往来人流对上课者造成干扰。

9）教室的环境格调应以简洁、实用为主。

10）教室的课桌椅大多是固定于地面的成品，使教室显得井然有序。然而，这样的桌椅往往限制了对教室空间的多样使用。能够灵活移动的课桌椅有助于教学行为的多元化，如图 8-9 所示。

图 8-9　课桌椅可搬移有利于教室空间的多样使用

8.5.4.3　关于共享空间

1）共享空间应包含较为丰富、多样和独特的环境信息，既要防止空间显得单调、无聊，又要不至于由于环境信息的超载而产生厌烦。

2）共享场景需要一定的活动人数作支持，应通过交通组织和景观组织吸引人们穿行或汇集于此。

3）共享空间应具有一定的环境容量，能同时容纳多种活动模式。使用者应易于接触到其他人，易于参与其中的活动，易于共享资源、服务、信息和场所。宜通过多种活动模式的相互支持增加场所环境生气感。

4）教学建筑共享空间中的环境信息一般包括：校园远景、公共艺术（如雕塑、书画、建筑、人工景观）、自然元素（如绿化、水体、飞鸟、鱼虫）、文字信息（如教学信息、书报栏、标语），以及其他人的活动等。整体而言，共享空间中的各类环境信息应适度简洁并相对均衡，使人们易于把握和捕捉。

5）教学建筑共享空间的风格可考虑与校园景观形成互补。

6）"共享"是对环境和资源的分享，也是对信息和活动的共享。共享空间应提供看与被看、围观与独处的场景。

7）活动人数、活动模式、空间特征、自然要素是使共享空间获得生气感的因素。

8）共享空间的周边，可设置一系列大小不等、穿行人流较少的小空间，为独处学习者的静处和凝思提供行为场景，包括可踱步的空间，暂放书本的条件，有领域感和抗干扰的依靠物。

9）应把动态使用人群（如交通人流）和静态使用人群（如静坐、驻足人群）在空间或时间上实现分离，避免相互干扰。

10）结合使用者抄近路的行为习性设置捷径是吸引人流的有效方法。

11）应根据空间的功能及性质，预测人流量，据此确定空间尺度。

12）应运用各种自然和人工素材隔绝尘器，缓解环境应激，创造有助于安静和凝思的场景。

8.5.4.4　关于底层架空空间

1）底层架空空间应具有一定的面积，以满足社团活动的需求。但进深过大的架空空间往往不利于自然采光，应控制架空空间的进深或设置采光天井以改善光线条件。

2）底层架空空间适宜作为教学建筑内大量性人群的等候空间。

3）应注意底层架空空间与室外环境的相互渗透，实现良好的交通可达性并提供景观视野条件。

4）环境过于简陋或空间内容过于单一的底层架空空间往往会被使用者弃用或作非正常使用。应改善该类空间的物质环境条件，通过环境装饰、布置设施等手段体现该空间的室内性。

5）架空层不应单一追求空旷，应适当设置分隔（如墙体、绿篱、庭院等），改善空间效果。

6）应使部分底层架空空间在平面位置或竖向高度上与教学建筑的主要交通路径适当分离，回避主要交通人流。

8.5.4.5　关于出入口空间

1）应根据教学建筑外围的交通关系及相邻建筑的功能关系确定出入口的方位，并结合特定环境和使用特点选择空间形式，使建筑与校园空间相互渗透、融为一体。

2）出入口空间是出入教学建筑的标志，应具有较为清晰的标识性。

3）出入口空间是教学建筑交通组织的枢纽空间，内部交通路线应清晰合理，并注意使步行人流和自行车流在空间上适当分离，避免造成交通高峰期的相互干扰。

4）教学建筑的出入口空间应重视开放性，而不应过分强调一般民用建筑的封闭式管理。应通过设计实现开放使用和封闭管理之间的均衡关系。

5）应重视营造空间的整体氛围，实现使用心理的过渡。

6）教学建筑的出入口空间应具有停留性，成为可供学生聚集的场合，应注意协调通过人流与停留人群的空间组织。同时，应通过设计优化出入口空间的微气候条件，并妥善安排自然景观资源及人工环境设施，以宜人的场所吸引使用者。

8.5.4.6　关于走廊空间

1）走廊宽度应与长度相协调，并且每隔一段距离应有宽度上的变化。通常净宽应在 2.5m 以上。

2）建议控制走廊的长度，并考虑把长走廊理解为几段短走廊来处理，每隔 15m 左右应有光线明暗和空间形态的变化。

3）研究发现，在岭南地区多雨季节，受风雨侵扰的外廊的可供停留性很低。因此，教室外廊的设计应考虑遮风挡雨措施，并采用防湿止滑的地面材料。

4）教学建筑在特定时段涌现方向性人流，建议可能时采用回廊形式，减少逆向步行发生的几率。

5）外廊的柱子是结构构件，也是停留者的依靠物，有助于回避人流和视线干扰。

6）教学建筑的走廊往往同时是交谈、学习和凝思的场所，应划分站立者和步行者的行为区间，使之不互相干扰。

8.5.4.7　关于辅助空间

1）教室阳台：为教室独立设置阳台的做法较为多见。实际观察发现此类做法的空间利用率不高，往往少数学生占用阳台之后，其他学生就不再进入该领域。研究同时表明，课间休息时的自由交流是与自由交通相联系的。没有交通性的"教室边缘"空间虽然干扰小，却难以形成参与感。

2）教师休息室：调查显示，当教室空间在课前未能被即时使用或课后不能继续使用时，教师需要利用休息室完成必要的教学行为。因此，设计者可以把教师休息室理解为教师临时使用的课前等候、课间休息及课后交流空间。教师休息室是位于教室附近的辅助空间，室内往往需要布置少量的座椅，放置备用的教具，并具有必要的储物和饮水条件。

3）自行车停放场地与建筑内的步行区域应以步级形成高差，避免自行车在建筑内的穿行。

8.5.5　细部设计建议

1）建议分别按点状布置和围合布置的方式设置课外空间的休闲座椅，分别满足独处与交往的行为需求。

2）建议课外休闲座椅采用无靠背方式，学习者可以自由选择背对人群或面向人群。

3）在景观条件好，干扰人流少的地方，步级、台阶、路缘石、草坡、花池、水堤等形成的高差都可能吸引学生落座，应结合人的尺度和行为习惯作出设计。

4）块状材料（如白麻石，广场砖）对于耐候、防滑、排水、清洁较为有利，并易于拼出广场图案，较水泥批荡的做法为佳。

5）栏杆（或栏板）、高花台等可视为简易书桌，其高度和宽度应考虑人站姿的舒适尺度和便于放置书本。

6）布艺窗帘易于清洁且不易损坏，是较好的选择。

8.5.6　设施设备

8.5.6.1　教室设备

1）教室应尽量采用自然声授课，因规模较大而必须采用电声教学时，应采取隔声措施。

2）教室内宜配备幻灯、投影等多媒体教学设施，采光照明设计应能灵活控制，同时满足多种教学媒体对光线的不同要求。

3）实态调研发现，教室使用者对教室内电扇、空调气流较为敏感，风扇及出风口的选择与布置应尽量避免直吹使用者。

4）岭南地区夏季炎热，设计者应以综合化的措施，采取空调、通风、风扇、遮阳等手段改善教室的热舒适状况。

5）应对教室内的管线及设备作综合布局。灯具、空调出风口等应与顶棚整合布置，保持空间的简洁性与完整性。

8.5.6.2　教学设施

1）选择黑板形式应兼顾书写的方便和视觉的舒适，绿色的上下推拉活动式黑板较受欢迎。

2）讲台应与投影屏错开布置，避免讲课者对视线的遮挡，靠内侧布置更易于避免来自室外的干扰。投影屏宜居中设置，使视觉均好。

3）课桌椅应具有较大的工作面和独立的储物空间。木质暖色调的课桌椅更受使用者欢迎。

4）教室座位排列应以讲台为中心，使大多数学生能就近面对讲课者。应注意控制横向分组的座位数，尽量采用短排列方式，避免横向走动时造成相互干扰。

5）应注意课桌椅摆放的整体感与秩序感。整齐划一的桌椅布置有助于形成良好的教室空间体验，建议控制教室内座椅靠背的高度，避免破坏桌面作为空间界面形成的视觉整体感。

6）课桌椅避免贴近侧墙，使两侧墙边留有纵向过道。较之长排布列的课桌椅，短排式可减少横向走动时的互相干扰，受到使用者的欢迎。

7）固定的课桌椅有利于营造空间的整体秩序感是较好的选择，可移动的课桌椅有利于空间使用方式的多样化。

8）可移动课桌椅和自动弹叠座椅容易产生噪声，应对地面材质或课桌椅作防噪声选择。

8.5.6.3 生活性设施

1）教学建筑中，取用饮用水的时段较为集中，人数也较多，应提供必要的饮水用房面积。取用开水的路径应力求独立和通畅，避免人流冲突。

2）使用者在教学建筑中有购买饮料和文具的需求，在公共空间设置自动售货机有利于改善使用便利性。

3）公共信息的公告栏应布置在多层共享出入口空间的显著位置，使较多的学习者可以同时观看及边走边看，避免因围观而影响交通。

4）在出入口空间设置教室信息查询系统可为学生寻找自学教室及教室管理带来便利。

5）在教室外的公共空间应适当设置休闲座椅，休闲座椅的形式应较为休闲，与课桌椅形成反差。

8.6 本章小结

在本章，以建筑师的视角，依据前面相关各章的研究成果，作归纳性、选择性或建言性的阐述，主要解决了以下命题：

1）提出关于岭南高校教学建筑的综合性指标集；

2）提出关于岭南高校教学建筑的空间设计模式；

3）提出关于岭南高校教学建筑的设计导则。

第9章　结论

从《走向新建筑》到《建筑的复杂性与矛盾性》再到《建筑的永恒之道》，建筑环境的价值诉求经历了从功能性、合理性向故事性、哲理性再向事件性、人性的转变，建筑设计理论研究如何在方法学的层面适应这一转变，是摆在每一个研究者面前的新课题。笔者认为，建筑环境评价学对人的关注、对新技术的"融贯"的研究策略，使建筑设计理论得以与现代建筑技术学科步调一致、整合发展。实践证明，其研究路线、取向和方法是有效、可行的，也是适合于我国当前的国情和学术环境的。

1）通过对岭南高校教学建筑的使用后评价和设计模式研究，本书得到如下成果：

（1）岭南高校教学建筑综合评价指标模型；

（2）岭南高校教学建筑的空间设计模式；

（3）岭南高校教学建筑的设计导则。

2）在设计理论研究过程中，得到了下列关于评价方法学的应用经验：

（1）研究应从建筑学专业的理论视角出发，一方面通过深入细致的文献分析，把握研究对象的类型特点、理论现状和思潮流变，使评价研究充分与已有的建筑学理论成果相接轨。另一方面，应根据建筑学的学科特点调整和修正交叉学科的应用技术，增加研究效率和可靠性。

（2）应根据研究对象的实际状况和使用者的真实状态，提出切中肯綮的研究旨趣和务实的研究思路，避免仅根据研究者经验或少数使用者经验而作出的先入为主的理论假设。在具体操作上，要对真实环境进行实地的观察和亲身的体验；要密切联系使用人群，对使用人群进行完整全面地分析，与使用者群体作面对面的接触或交流，了解他们的真实意图。

（3）在强调评价程序标准化的同时，注重研究针对性和灵活性，达到评价结果的最优化。应根据研究对象和评价主体的特点，进行必要的评价技术改良或创新；应注重实体场景的感知，又通过多种媒体手段和技术拓展评价主体的体验维度。

（4）研究应遵循严密、系统的评价运作程序，以过程的完整与合理避免研究的缺憾和偏见，确保结果的准确性和科学性。在研究程序上，应包括文献研究、先导性研究、研究设计、研究实施、研究分析等关键环节；在研究技术上，应注重共时性研究和历时性研究的结合，综合性评价和焦点性评价的结合，量化和质化研究的结合以及多种评价技术的优势互补，从而实现多元方法的复合应用。

（5）为了便于作横向的比较，可考虑以建筑的类型作为统计分析的自变量因素。因此，有必要从空间特点、行为方式、功能组成等方面建立研究对象的类型划分标准。分类应以不妨碍具体的建筑形式的开放和多样可能性为原则，力求敏锐地体现出环境绩效的差异性。

3）本研究的创新点：

（1）作为对高校教学建筑的设计理论研究，本书首次以多种角度、多种研究方法较为全面地研究了岭南高校教学建筑，填补了国内关于高校教学建筑使用后评价研究领域的空白，并据此提出较为完整的综合评价指标集、模式语言和设计导则。

（2）作为对建成环境主观评价理论（SEBE）的应用研究，本书首次同时从多种尺度对特定的建筑类型实施了较为完整、系统的评价研究。所创建的研究思路、研究方法和研究框架体系，是对建成环境主观评价体系的理论验证和补充。

（3）作为使用后评价的技术研究，本书通过计算机模拟现实场景，实现对教室环境使用倾向的准实验评价研究；借助航拍图实施场所环境质量的评价研究；并编写出层次分析辅助程序代码，有效实现层次分析过程的优化。这些评价设计与实践是对评价技术的创新与拓展。

4）有以下相关方向的课题有待进一步的研究

（1）把数理统计学的分析方法应用到社会学课题的研究技术已广为接受并较为成熟，但建筑环境评价研究与社会学研究有所区别，某些基于社会学的数理统计评价标准不应简单移植到建筑环境评价学的结论判断上。这是一个值得作出深入探讨的方法学细节问题。

（2）本书仅仅以高校教学建筑为样本探讨了建成环境主观评价方法如何与特定建筑类型相结合的问题。如何基于建筑的类型特质提出一种或几种理论适用面较广的评价模型，使评价成为定制化的过程，是对评价技术的补充和完善，也是对环境评价学的推动。

（3）把计算机虚拟现实技术应用于高校教学建筑的主观评价研究，特别是教室的使用倾向评价等以室内环境体验有关的评价研究，应是有发展前景的新技术运用。

（4）教学建筑的物理环境因素，尤其是教学声环境因素（包括声音清晰度、环境噪声等）有待作出实测，通过量化对比寻求更深入的研究结论。

附录

附录1　岭南高校普通教学建筑环境评价先导性研究问卷

附录1.1　岭南高校普通教学建筑环境评价探索性研究问卷（一）No：____

学校：　　　　　　　　调查时间：　　　　　　　　调查员：

指导语：

　　亲爱的同学，您好！我们想了解您在学校里的日常生活状况以及对教学楼的使用情况，从中了解您对教学环境的切身感受。您的意见将是从事教学建筑研究的第一手资料，有助于今后教学楼的设计和使用更契合需求。

　　我们特向您提出以下问题，希望得到您的帮助，谢谢！　您的情况：

1. 姓名（可匿名）：_____　2. 性别：男　女　3. 专业_____　4. 年级_____

5. E-mail：_____

　　1. 就本学校的教学楼而言，您更喜欢哪幢教学楼？

　　（记录员注意记录正面与负面的评价词）

　　2. 您一般会选择哪里作为自习场所？

　　（记录员注意记录教学楼、图书馆和宿舍的学习环境差异）

　　3. 能否用一个形容词描述一下您的课余生活？

　　4. 如果将来要对您所处的教学楼做一些改进，您会提出什么建议？

　　（记录员注意记录正面与负面的评价词）

岭南高校普通教学建筑环境评价探索性研究问卷（二）　　　　　　No：＿＿＿

学校：　　　　　　调查时间：　　　　　　调查员：

指导语：

亲爱的同学，您好！我们想了解您在学校里的日常生活状况以及对教学楼的使用情况，从中了解您对教学环境的切身感受。您的意见将是从事教学建筑研究的第一手资料，有助于今后教学楼的设计和使用更契合需求。

我们特向您提出以下问题，希望得到您的帮助，谢谢！您的情况：

1. 姓名（可匿名）：＿＿＿＿　2. 性别：男　女　3. 专业＿＿＿＿　4. 年级＿＿＿＿

5. E-mail：＿＿＿＿

请在合适的答案上打"√"：

1. 哪些因素会影响您对自习地点的选择？

　A. 距离远近　　　　　　B. 是否容易找到座位　　　C. 学习环境是否舒适

　D. 有没有学习气氛　　　E. 开放时间长短　　　　　F. 其他

2. 您的宿舍是否有适合自己学习的空间？

　A. 有　　　B. 没有　　　C. 凑合　　　D. 其他：＿＿＿＿＿＿

3. 如果学校的跆拳道协会在教学楼的空地上训练，您觉得合适吗？

　A. 合适，我会很乐意看到　　　　　B. 不合适，教学楼应该是读书的地方

　C. 无所谓　　　　　　　　　　　　D. 其他：

4. 哪些形容词能代表您对心目中教学环境的定位？（可多选）

　A. 学术的　B. 公共的　C. 安静的　D. 活跃的　　E. 交流的　F. 严谨的

　G. 轻松的　H. 优美的　I. 先进的　　J. 趣味性的　　K. 其他

5. 您平时的学习生活忙碌吗？

　A. 很忙　　　B. 较忙　　　C. 一般　　　D. 较清闲　　　E. 很清闲

6. 您是否认为与人交流有助于舒缓学习压力？

　A. 是　　　B. 否　　　C. 不一定　　D. 其他：＿＿＿＿＿＿

7. 当学习中遇到问题时，您倾向于哪种解决方式？

　A. 和同学讨论　　B. 向老师请教　　C. 自己查资料　　D. 其他：＿＿＿＿＿

8. 在学习疲倦或学习遇到困难时，您是否觉得到室外走一走会有好处？

　A. 是的，我时常这样做　　　　　B. 可能是，但我没有这个习惯

　C. 否　　　　　　　　　　　　　D. 其他：＿＿＿＿＿＿

9. 您是否觉得在室外的公共区域学习很惬意？

　A. 是的，我时常这样做　　　　　B. 可能是，但我没有这个习惯

　C. 否，我只在进考场前这么做　　D. 其他：＿＿＿＿＿

10. 晚自习的时候，您觉得在教学楼的公共区域说话需要压低声音吗？

　A. 是的，我时常这样做　　　　　B. 没必要，不要大声喧哗就行了

　C. 不一定，我经过教室门前会安静　　D. 其他：

230

岭南高校普通教学建筑环境评价探索性研究问卷（三）   No：＿＿＿

学校：　　　　　　　调查时间：　　　　　　　调查员：

指导语：

　　亲爱的同学，您好！我们想了解您在学校里的日常生活状况以及对教学楼的使用情况，从中了解您对教学环境的切身感受。您的意见将是从事教学建筑研究的第一手资料，有助于今后教学楼的设计和使用更契合需求。

　　我们特向您提出以下问题，希望得到您的帮助，谢谢！您的情况：

1. 姓名（可匿名）：＿＿＿＿　　2. 性别：男　女　3. 专业＿＿＿＿　　4. 年级＿＿＿＿

5. E-mail：＿＿＿＿

1. 提起你们学校的教学建筑，您首先会想到的什么样的场景？

2. 您的普通一天如何度过？（根据您的实际情况，可适当涂改下表，表达清楚就可以）

	时间	行为内容	行为发生地点
上午	(1)07：00～08：00		
	(2)08：00～09：00		
	(3)09：00～10：00		
	(4)10：00～11：00		
	(5)11：00～12：00		
中午	(6)01：00～02：00		
下午	(7)02：00～03：00		
	(8)03：00～04：00		
	(9)05：00～06：00		
晚上	(10)06：00～07：00		
	(11)07：00～08：00		
	(12)08：00～09：00		
	(13)09：00～10：00		
	(14)10：00～11：00		
	(15)11：00～12：00		
深夜	(16)12：00 以后		

3. 您在每周的普通休息日，通常如何度过？（以半天为单位，填写 2 种可能）

	早晨	上午	中午	下午	晚上
1					
2					

附录 1.2 岭南高校普通教学建筑舒适度评价——影响因素先导性调查（学生问卷）

亲爱的同学：您好！下面的调查表，目的是了解您对所处教学建筑室内环境的主观感受。答案无所谓对与错，我们只是想了解您的真实想法，以使今后教学楼设计更契合使用者的需求。谢谢您的合作与参与！

您的基本情况：1. 性别：_____ 2. 年龄：_____ 3. 专业：_____ 4. 您评价的教学楼：_____

一、您认为您所处的教学建筑的室内环境舒适吗？

　　A. 很舒适　　B. 较舒适　　C. 一般　　D. 不舒适　　E. 很不舒适

二、下列因素是否影响了您对教学建筑室内环境的舒适感觉？（请打钩选择）

序号	室内环境的舒适感觉的影响因素	您的评语		
1	教学楼内的家具、设施是否合用	有影响	无所谓	没有影响
2	教学楼内的空气质量是否好	有影响	无所谓	没有影响
3	上课时是否存在声音干扰	有影响	无所谓	没有影响
4	学习时的照明亮度是否合适	有影响	无所谓	没有影响
5	教学楼内的遮雨设施是否足够	有影响	无所谓	没有影响
6	楼梯、走道等是否拥挤	有影响	无所谓	没有影响
7	公共空间是否嘈杂	有影响	无所谓	没有影响
8	卫生间使用是否方便	有影响	无所谓	没有影响
9	课间是否获得满意的休息及交流场所	有影响	无所谓	没有影响
10	教学楼内的绿化景观是否充分	有影响	无所谓	没有影响
11	楼层及教室的位置是否清晰	有影响	无所谓	没有影响
12	地面是否湿滑	有影响	无所谓	没有影响
13	到顶层教室上课是否感到方便	有影响	无所谓	没有影响
14	建筑遮阳设施是否周全	有影响	无所谓	没有影响
15	提供残疾人的设施是否完备	有影响	无所谓	没有影响
16	建筑装修是否精美	有影响	无所谓	没有影响
17	教室的开放时间是否合理	有影响	无所谓	没有影响
18	教学楼内是否整洁	有影响	无所谓	没有影响
19	是否存在着设施、设备长期失修的现象	有影响	无所谓	没有影响
20	建筑的楼层高度是否合适	有影响	无所谓	没有影响
21	饮水设施的布置是否方便合理	有影响	无所谓	没有影响
22	自行车停放是否安全、方便	有影响	无所谓	没有影响
23	教师休息空间是否便利	有影响	无所谓	没有影响
24	环境视野是否开阔、怡人	有影响	无所谓	没有影响
25	教学楼造型是否美观	有影响	无所谓	没有影响
26	墙和地面的材料的质感是否怡人	有影响	无所谓	没有影响
27	教室内的温度是否舒适	有影响	无所谓	没有影响
28	坐席与讲台之间的视线是否通畅	有影响	无所谓	没有影响
29	教室的大小是否合宜	有影响	无所谓	没有影响
30	教学楼的交通是否方便	有影响	无所谓	没有影响
31	教学楼室内空间的色彩是否合适	有影响	无所谓	没有影响

其他（请自由发挥）：

附录 1.3 岭南高校普通教学建筑场地环境质量主观评价研究——开放式问卷先导性调研

您的情况：**1. 姓名：** _____ **2. 性别：男 女；3. 年级** _____ **4. 专业：** _____ **（学生）**

1. 性别： 男 女 2. 单位： _____ **3. 职业：** _____ **（专家）**

结合你自己的体验和你对高校环境的心理预期，请用文字描述一下，你对目前高校教学建筑设计的一些个人看法（内容应包括教学楼设计中的建筑形式、选址、气氛、交通、功能、景观、绿化、配套设施等方面的见解和心理感受）。

附录 1.4 岭南高校普通教学建筑课外空间行为先导性调查表

调查时间：2008 年____月____日 _____学校_____号楼

亲爱的同学，您好！我们想了解您对学校教学建筑课外空间的使用情况，从而有助于我们了解和推测学生在课外空间使用方面的倾向和隐性需求。答案无所谓对与错，我们只是想了解您的真实想法，您的意见将成为提高教学环境质量所需的第一手资料。我们特向您提出以下问题，希望得到您的帮助，谢谢！您的情况：

1. 姓名（可匿名）：_____ 2. 性别：男 女 3. 专业_____ 4. 年级_____

5. E-mail：_____

请您在认为合适的答案上打"√"，可以多选：

1. 圈选您认为比较能反映教学建筑的课外空间环境特点的语句：

(1) 首层以上提供了课外休闲的舒适环境 (2) 空间环境的整体效果令人喜爱

(3) 路面行走起来比较舒服 (4) 有学习气氛的

(5) 有足够的地方供坐下学习 (6) 生活性的设施设备齐全

(7) 绿化点缀令人满意 (8) 提供了方便进行群体活动的舒适空间

(9) 地面铺装体现出了空间差异 (10) 交通简洁顺畅

(11) 空间较为宽敞 (12) 有生活气息的

(13) 设计风格有特色 (14) 我乐意来此休闲

(15) 色彩和谐的 (16) 方便上下楼层

(17) 空间有趣味的 (18) 空间的利用率较高

(19) 夜间的照明合适 (20) 中庭空间的设计有特点

(21) 方便停放自行车 (22) 教学辅助性空间较完备

2. 圈选您认为该教学建筑在课外空间的使用中，有哪些不足之处：

(1) 视线干扰 (2) 声音干扰 (3) 日照干扰 (4) 设施不舒适

(5) 卫生条件 (6) 蚊叮虫咬 (7) 照明不足 (8) 风速过大

(9) 遮雨不足 (10) 可达性不足 (11) 人气不足 (12) 管理不善

3. 您对该教学建筑课外空间环境中的哪一方面最为满意？

答：

4. 如果将来要改进该幢教学楼的课外空间环境，您会提出什么建议？

答：

附录1.5　岭南高校普通教学建筑教室使用倾向先导性调查表

调查时间：<u>2008</u> 年＿＿＿月＿＿＿日　＿＿＿＿＿＿号楼＿＿＿＿＿＿教室

指导语：

亲爱的同学，您好！

我们想了解您对学校教室的使用情况，从而有助于我们了解和推测学生在教室使用方面的倾向和隐性需求。答案无所谓对与错，我们只是想了解您的真实想法，您的意见将成为提高教学环境质量所需的第一手资料。

我们特向您提出以下问题，希望得到您的帮助，谢谢！您的情况：

1. 姓名（可匿名）：＿＿＿＿＿＿　2. 性别：男　女　3. 专业＿＿＿＿　4. 年级＿＿＿＿

5. E-mail：＿＿＿＿＿

请在合适的答案上打"√"：

1. 目前高校普遍采用开放模式管理教室，学生基本上无固定的班级教室和座位。作为使用者，您的看法是：＿＿＿＿＿＿

　　A. 开放式管理灵活方便，符合使用者需求

　　B. 无固定的教室与座位，缺乏归宿感，不利于同学间的交流

　　C. 无所谓　　　　　　　　　　　D. 我有其他意见：＿＿＿＿＿＿＿

2. 您会如何形容学生上课时的良好状态，请在以下描述中选择：（可多选）

　　A. 互动　　　B. 交流　　　C. 专注　　　　D. 活跃　　　E. 创造力

　　F. 投入　　　G. 积极　　　H. 受到启发　　I. 感兴趣　　J. 严肃

　　K. 放松　　　L. 思考　　　M. 紧张　　　　N. 其他：＿＿＿＿＿＿

3. 您是否认同"良好的教室物质环境条件会对课堂学习绩效产生正面影响"的观点？

　　A. 认同，感觉很明显　B. 基本认同，但感觉不太明显　C. 不确定　D. 不认同

4. 您喜欢的学生与老师课堂互动的方式是：

　　A. 自由举手向老师提问　　　　B. 学生听课做笔记　　　　C 老师指定学生回答问题

　　D. 老师向全体同学提出问题　E. 自己边听课边看书　　　F. 其他：＿＿＿＿＿＿

5. 高校学生时常需要因应上课内容的不同而转换教室，除了教室规模之外，您感觉到这些教室的空间、桌椅及设备是为特定的课程内容而专门设计的吗？

　　A. 是　　　B. 大同小异，没啥区别　　　C. 不确定

6. 在您使用教室的切身体会中，您遇到了哪些不适或不便，您认为应该从哪些方面加以改善？

答：＿＿＿＿＿＿＿＿＿＿＿＿＿＿＿＿＿＿＿＿＿＿＿＿＿＿＿＿＿＿＿＿＿＿＿＿

＿＿＿＿＿＿＿＿＿＿＿＿＿＿＿＿＿＿＿＿＿＿＿＿＿＿＿＿＿＿＿＿＿＿＿＿＿＿

＿＿＿＿＿＿＿＿＿＿＿＿＿＿＿＿＿＿＿＿＿＿＿＿＿＿＿＿＿＿＿＿＿＿＿＿＿＿

＿＿＿＿＿＿＿＿＿＿＿＿＿＿＿＿＿＿＿＿＿＿＿＿＿＿＿＿＿＿＿＿＿＿＿＿＿＿

附录2 岭南高校普通教学建筑使用后评价调查表（量化调查表）

附录2.1 岭南高校普通教学建筑满意度评价调查表（第一阶段）

调查时间：2008年____月____日 _____号楼_____教室

亲爱的同学，您好！岭南高校普通教学建筑的环境评价研究属于建成环境评价的范畴，是中国科学院院士吴硕贤教授领导下的研究课题。我们想了解您对该校教学楼的使用情况，以及您对教学环境的自身看法。

请您在认为合适的评价等级上打"√"，并在表格的最后填写要素等级的排序。您也可在"备注"栏发表相应的看法或提出改进措施。答案无所谓对与错，我们只是想了解您的真实想法，您的意见将使今后教学楼设计更契合使用者的需求。谢谢您的合作与参与！

您的情况：**1. 姓名：** _____ **2. 性别：男 女；3. 年级** _____ **4. 专业：** _____

因素项目	具体评价因素	您的评价等级					备注
		很满意	较满意	一般	较不满意	很不满意	
A 管理因素	1. 教学楼的安全管理是否足够						
	2. 教学楼的开放时间是否合适						
	3. 设施设备维护是否及时						
	4. 卫生清洁的状况						
B 功能因素	5. 教室形状大小是否适于上课						
	6. 是否配备了教师休息、值班、储物、展览等辅助性空间						
	7. 楼梯和电梯的使用情况						
	8. 自行车的停放情况						
	9. 使用卫生间的方便性						
C 适性因素	10. 绿化、人文装饰景观是否丰富						
	11. 教学楼视野的开阔性						
	12. 教学楼空间的整体效果						
	13. 你对教学楼造型和色彩的评价						
	14. 物理环境感受（如通风、隔热、隔声、光线）						
	15. 与宿舍、图书馆、食堂的交通距离						
D 设施设备因素	16. 教学设备的配置完备程度						
	17. 风扇、空调、灯具、插座等是否合用						
	18. 建筑材料选用的合理性						
	19. 课桌椅是否舒适						
	20. 零售、公用电话、饮水、清洁等生活设施配备						
	21. 课外空间的休闲座椅配置						
	22. 教学楼的遮阳和遮雨设施						

因素项目	具体评价因素	您的评价等级					备注
		很满意	较满意	一般	较不满意	很不满意	
E 社会因素	23. 教学楼内的学习氛围						
	24. 教室周围的闲暇交流平台						
	25. 教学楼内教学成果或教学计划的展示是否充分						
	26. 团体课外活动场地的设置						
你对该教学建筑满意度的总体评价							

A、B、C、D、E 五大因素中，请按重要程度进行排序（由高至低填写字母）：① ② ③ ④ ⑤

1~28 个因素中，请写出 6 个您认为最重要的因素（填写数字序号）：① ② ③ ④ ⑤ ⑥

附录 2.2 岭南高校普通教学建筑满意度评价调查表（第二阶段）

调查时间：<u>2008</u> 年____月____日 _____学校_____楼

指导语：

　　亲爱的老师，您好！岭南高校普通教学建筑的环境评价研究属于建成环境评价的范畴，是中国科学院院士吴硕贤教授领导下的研究课题。我们想了解您对该教学楼的使用情况，以及您对教学环境的自身看法。

　　请您在认为合适的评价等级上打"√"，并在表格的最后填写要素等级的排序。您也可在"备注"栏发表相应的看法或提出改进措施。答案无所谓对与错，我们只是想了解您的真实想法，您的意见将成为提高教学环境质量所需的第一手资料。我们特向您提出以下问题，希望得到您的帮助，谢谢！您的情况：

1. 姓名（可匿名）：_____　　2. 性别：男　女　3. 专业_____　　4. 所教年级
_____　　5. E-mail（必填）：_____

因素项目	具体评价因素	您的评价等级					备注
		很满意	较满意	一般	较不满意	很不满意	
A 管理维护	1. 教学楼的保安及教学管理						
	2. 教学楼的开放时间是否合适						
	3. 设施及设备的日常维护状况						
B 空间质量	4. 教室空间（形状、大小）是否适用						
	5. 辅助性空间（如教师休息、值班、储物、展示等）是否齐备						
	6. 教室的数量及大、中、小教室的搭配是否合理						
	7. 建筑的规模（如层数、走廊长度）及布局是否合理						
	8. 课外空间的趣味性及实用性						
C 舒适便利	9. 建筑的方向感和标识感是否清晰						
	10. 交通是否方便顺畅（如电梯开启、楼梯及走道的通畅等）						

因素项目	具体评价因素	您的评价等级					备注
		很满意	较满意	一般	较不满意	很不满意	
C 舒适便利	11. 自行车的停放情况						
	12. 出入口的设置是否方便合理						
	13. 卫生间的使用						
D 视觉心理	14. 绿化、人文装饰景观是否丰富						
	15. 教学楼的视野感(与外界的视线沟通是否开阔)						
	16. 教学楼的外观效果(造型、色彩等)						
	17. 建筑的通风、采光、声音、温度等环境状况						
	18. 建筑的选址(与宿舍、图书馆、食堂)的步行距离						
	19. 教学楼内的学习氛围						
E 设施设备	20. 教学设备是否先进、实用						
	21. 电器设备(风扇、空调、灯具、插座)等是否适用						
	22. 窗台、栏杆、步级、桌椅、讲台的适用性						
	23. 零售、公用电话、饮水、清洁等生活设施配备						
你对该教学建筑满意度的总体评价							

A、B、C、D、E 五大因素中,请按重要程度进行排序(由高至低填写字母):① ② ③ ④ ⑤

1~23 个因素中,请写出 6 个您认为最重要的因素(填写数字序号):① ② ③ ④ ⑤ ⑥

附录2.3 岭南高校普通教学建筑舒适性调查表

调查时间:2008 年____月____日 调查地点:_____学校_____楼

指导语:亲爱的老师,您好! 岭南高校普通教学建筑的环境评价研究属于建成环境评价的范畴,是中国科学院院士吴硕贤教授领导下的研究课题。我们想了解您对该教学楼的使用情况,以及您对教学环境的看法。表格中所设定的评价描述词色彩分正、反两极以表达您的主观倾向,每一极的赋值分数分别代表"很""较"两种等级程度,0 则表示适中的评价。请您在认为适当的评价等级栏内打"√",并在表格的最后填写要素等级的排序。答案无所谓对与错,我们只是想了解您的真实想法,您的意见将成为提高教学环境质量所需的第一手资料。

我们特向您提出以下问题,希望得到您的帮助,谢谢! 您的情况:

1. 姓名(可匿名):_____ 2. 性别:男 女 3. 专业_____ 4. 所教年级_____

5. E-mail(必填):_____

237

编号	因素项目	具体评价因素	评价语	2	1	0	−1	−2	评价语
1	A 环境行为感受	窗台、栏杆、楼梯步级、桌椅的适用性	安全、舒适						缺乏安全感或不舒适
2		教室内仪器设备的使用	实用的						不实用的
3		卫生间的使用便利性	方便、卫生						不方便、不卫生
4		生活性设施(如饮水机、自动售货机、果皮箱、储物柜等)的配置	满足需求的或方便的						欠缺的或不便的
5		建筑设施对人的关怀(如遮雨、遮阳、防滑等)	充分的						不充分的
6	B 环境心理感受	环境的管理与维护(清洁、新旧、修整、保安等)	周到的						不足的
7		环境的总体气氛	怡人的						不快的
8			有学习氛围						缺乏学习氛围
9		环境的人文气息(如雕塑、匾额、海报、学生作品展示等)	充分的						缺乏的
10		建筑内的方位感及楼层教室标识	清晰的						易混淆的
11	C 环境物理感受	教室的自然光线及灯光照明	适于学习的						不适于学习的
12		教室的声音环境	声音清晰						声音含混
13			无噪声干扰						受干扰的
14		室内气温	舒适的						不舒适的
15		公共空间的自然光线及灯光照明	满足需求的						欠缺的
16		空气质量及通风	舒适的						不舒适的
17	D 环境空间感受	交通空间(楼梯、走道、连廊等)的空间形式与尺度	兼顾休闲与交流						缺乏休闲与交流性
18			舒适方便						不舒适或不方便
19									
20		教室的空间感(大小、比例等)	舒适的						不舒适的
21		共享空间(如门厅、庭院、中庭等)的空间形式与尺度	实用的						不实用的
22			有趣味性						单调的
		不同空间之间的交通联系与转换	简洁、通畅						烦琐、阻塞的
23	E 环境视觉感受	室内装修效果	舒适怡人						不舒适
24		视野感(与外界的视线沟通)	开阔的						封闭的
25		景观效果(绿化、水体、雕塑等)	充足的						缺乏的
26		建筑外观效果(造型、色彩等)	悦目的						难看的

您认为该教学建筑的环境舒适吗?　　　　a. 很舒适　b. 较舒适　c. 一般　d. 不舒适　e. 很不舒适

请列出A、B、C、D、E五大因素的重要程度的排序:①　　②　　③　　④　　⑤

请选出1~26个因素中,您认为最重要的6个因素的排序(填写序号):①　　②　　③　　④　　⑤　　⑥

附录2.4 岭南高校普通教学建筑的场所环境质量主观评价研究问卷（学生问卷）

调查时间：2007 年＿＿月＿＿日　调查地址：＿＿＿＿＿＿学校＿＿＿＿＿号楼

指导语：

　　亲爱的同学，您好！我们想通过这次问卷调查，了解您对高校教学建筑场所环境品质方面的主观印象，以此获取高校学生对教学建筑场所环境质量主观评价的基础资料。表格中所设定的评价词语分五等，分别是：很好、较好、一般、较差、很差，请回答时在您认为适当的评价等级空格内打钩。答案无所谓对与错，我们只是想了解您的真实想法，您的意见将成为提高教学环境质量所需的第一手资料。

　　我们特向您提出以下问题，希望得到您的帮助，谢谢！您的情况：

1. 姓名（可匿名）：＿＿＿＿　2. 性别：男　女　3. 专业＿＿＿＿　4. 年级＿＿＿＿
5. E-mail：＿＿＿＿

因素项目	具体评价因素	评价描述词（正向趋势）	很	较	一般	较	很	评价描述词（负向趋势）	备注
A 环境行为感受	1. 场所的吸引力	强						弱	
	2. 场所的学习氛围	强						弱	
	3. 教学建筑(群)在校园中的选址	明朗、清晰						混乱	
	4. 场所的声音环境	符合						不符合	
B 场所建筑品质	5. 建筑的体量大小与所处环境是否和谐	适宜						不适宜	
	6. 建筑与场所地形、地貌的关系	和谐						不和谐	
	7. 教学建筑与周围建筑是否和谐	协调						不协调	
	8. 建筑的间距或密集程度	适宜						适宜	
C 场所景观品质	9. 场所内文化及娱乐设施的配置	丰富						单调	
	10. 场所的人工景观(池、亭、雕塑、假山、小品等)	丰富						单调	
	11. 建筑对已有景观资源(自然水体、绿化或景观标志物)的利用	充分						缺乏	
	12. 场所的绿化配置	充分						缺乏	
	13. 方位感及教学建筑的标识	是						否	
D 场所交通品质	14. 教学建筑与校园道路交通衔接	舒适						不舒适	
	15. 出入口的设置	舒适						不舒适	
	16. 教学单体之间的交通衔接	方便						不方便	
	17. 交通线路的清晰程度	清晰						不清晰	
	18. 交通距离的适宜程度	适宜						不适宜	

请列出 A、B、C、D 四大因素的重要程度的排序：① ② ③ ④

请选出 1～26 个因素中，您认为最重要的 6 个因素的排序(填写序号)：① ② ③ ④ ⑤ ⑥

附录2.5 岭南高校普通教学建筑场所环境质量主观评价研究（专家问卷）

时间：_____年_____月_____日

尊敬的专家：

您好！我们想以问卷调查的方式，借助您多年的专业积累，了解您对高校教学建筑有关场所设计和总体设计领域的主观评价尺度，以此获得专家对现有高校教学环境场所总体设计品质的评价资料。岭南高校普通教学建筑的环境评价研究属于建成环境评价的范畴，是中国科学院院士吴硕贤教授所领导的研究课题。本调查问卷是该课题研究中的一个环节，研究目的在于把设计过程中相对独立的总体设计环节作为研究切入点，获取关于场所及总体设计品质的评价因子。在此，我们的研究假设是：①假设已经建成并投入使用的样本建筑是合乎相关法规的，场地中的工程性问题（如管线综合、场地排水等）已得到妥善解决。②假设设计人员在完成场所设计后的后续设计阶段中具有行业平均的专业能力。

我们为您提供了十幢高校教学建筑的航拍图，并作了相关的标注，作为您的评价依据。希望您在同一的评价标准下，参照"评价因素的相关解释"，为每幢样本建筑填写一份评价表格。您的意见将使今后教学楼设计更契合使用者的需求。谢谢您的合作与参与！表格中所设定的评价词语分五等：很好、较好、一般、较差、很差，您回答时请在您认为适当的评价等级格子上打钩。针对个别项目有较为明确的个人意见，请在"备注"一栏中加以简要阐述。

性别： 男 女 单位：_____ 职业：_____

因素项目	具体评价因素	您的评价等级					您的补充（优点或缺点）
		很满意	较满意	一般	较不满意	很不满意	
A 平面形态	1. 样本平面形态是否适用于教学功能						
	2. 就宏观环境而言,样本平面形态与周边建筑存在的总体平面风格是否协调						
	3. 样本平面形态的形式感						
	4. 样本对校园规划设计理念的表现						
B 物理环境	5. 样本总平面是否有利于疏导自然通风						
	6. 样本总平面是否有利于获得良好的日照方式						
	7. 样本的平面布局方式或周边环境情况是否有利于获得良好的教学声环境						
C 空间形态	8. 样本对道路、用地及相邻建筑的退缩关系是否合适						
	9. 样本的体量大小的合适程度						
	10. 样本布局是否有利于形成良好的校园空间						
	11. 样本总平面是否有利于在建筑内部形成良好的教学氛围						

因素项目	具体评价因素	您的评价等级					您的补充（优点或缺点）
		很满意	较满意	一般	较不满意	很不满意	
D 交通组织	12. 总平面是否有利于在样本内部进行交通组织						
	13. 样本的出入口设置是否合理						
	14. 样本的场所形式是否适于大量人流的集散						
	15. 样本场所外围的交通组织是否合理						
	16. 样本与周围建筑和设施（图书馆、宿舍、食堂、其他教学楼、运动场）的交通是否有利于学生的生活习惯						
E 自然景观	17. 样本是否有意识地利用校区内有价值的景观元素						
	18. 样本区域的绿化配置是否合适						
	19. 样本布局是否针对基地的地形地貌情况做到因地制宜						

A、B、C、D、E 五大因素中，请按重要程度进行排序（由高至低填写字母）：①　　②　　③　　④　　⑤

1～19 个因素中，请写出 6 个您认为最重要的因素（填写数字序号）：①　　②　　③　　④　　⑤　　⑥

附录3　岭南高校普通教学建筑使用后评价调查表（质化调查表）

附录3.1　岭南高校普通教学建筑课外空间＿＿＿空间行为记录表

记录员：＿＿＿＿＿＿＿＿　　日期：＿＿＿＿＿＿＿＿

地点：＿＿＿＿＿＿＿＿　　气候：＿＿＿＿＿＿＿＿

时间：＿＿＿时＿＿＿分 至＿＿＿时＿＿＿分 持续时间：＿＿＿＿＿＿＿

指导语：

尊敬的调查员，您好！这是一份关于空间行为研究的表格记录工具。在探索性研究的基础之上，表格中的行为已经被区分为四种类型。我们试图通过行为核查的方式研究发生在岭南高校教学建筑底层架空空间的行为，了解该空间的使用方式、使用人群、使用时间等方面的信息。

对于本记录表中所涉及的各类行为，请把行为人数填入相应空格中；对于表格中未涉及到的具体行为，请把行为人数填入"其他"栏中，并登记行为发生的时间段。对于您所体会到的现场因素，以及您所观察到的异常行为或行为痕迹（包括破坏行为、误用行为等等），请在"备注"栏中加以简单陈述，这将有助于提高研究的真实性和可靠性。

本研究要求在不干扰行为正常发生的情况下进行观察，观察应以 30 分钟为标准的时间间隔进行。您的工作将为岭南高校教学建筑课外空间使用方式研究提供第一手的资料。谢谢您的参与！

行为分类／行为人数／行为时间	交通行为			学习行为				活动行为			休闲行为				
	步行通过人数	人车换行人数	其他	静坐学习人数	站立诵读人数	集体讨论人数	其他	文体活动人数	游戏活动人数	其他	静坐休息人数	驻足观看人数	散步休闲人数	结伴闲聊人数	其他
7：30～7：40															
7：40～7：50															
7：50～8：00															
8：00～8：10															
8：10～8：20															
……															
11：30～11：40															
11：40～11：50															
11：50～12：00															
12：00～12：10															
12：10～12：20															
……															
13：30～13：40															
13：40～13：50															
13：50～14：00															
14：00～14：10															
……															
16：30～16：40															
16：40～16：50															
16：50～17：00															
……															
18：30～18：40															
18：40～18：50															
18：50～19：00															

备注：_____

_____

附录3.2　教学建筑行为认知地图调查表

指导语：亲爱的同学，您好！我们希望您能快速画出您所在教学建筑的地图（草图），并提供一些该建筑的简明信息。答案无所谓对与错，我们只是想通过您画的地图了解您对该教学建筑的认知情况和主观印象，从而为今后改善教学环境提供参考意见。谢谢您的合作与参与！您的情况：

1. 姓名（可匿名）：_____ 2. 性别：男　女　3. 所在年代_____ 4. 专业

1. 要求：

作图时请根据您的亲身体验尽量发挥，不必像正规图那样精准，记住什么画什么，争取尽量表达所有主要的环境特征。图中应包含以下信息：

（1）教学建筑的平面布局、规模（如层数、大小教室分布情况等）；

（2）标注出教学建筑的主要通道、出入口及方位、楼梯/电梯位置、庭院空间、广场、重要标志物（雕塑、钟塔等）；

（3）标出您认为较有趣或较有特色，或是给您印象最深的空间区域；

（4）在图中注明您较常逗留的室外空间区域，并说明您在其间的行为内容；

（5）根据您平时进入教学建筑的路线，请画出大概的行为轨迹（如一般经过哪个出入口、走哪个楼梯等）。

2. 请参考图例（表达不清的用文字注解）：

附录3.3 课外空间观察样本的环境特征

样本编号	样本对象的空间特征		被观察空间场景的环境特征		
	空间关联性	空间布局	庭院空间	走廊空间	出入口空间
Ⅰ A(HNLG)-1 (31～34)	东西向开敞的庭院形成直接的内外空间关系。首层走廊与庭院联系紧密	建筑基本呈排列式布局，通过纵向连廊实现空间的分割	硬铺地为主，中间有规整的几何图案花圃	开敞外走廊，有绿化。走廊与庭院有方便的视觉联系	以室外广场和构架标识主入口空间＋建筑单体的楼梯间面向校园开放
Ⅱ B(HNSF)-1 (1)	通过架空层或封闭门厅等方式衔接庭院，形成空间过渡。东西楼的教室与庭院交通联系较紧密	北高南低的四面围合式布局，南北楼均有独立门厅，联系南北门厅的单层连廊把庭院划分为左右对称的内院	绿化和硬质铺地基本均等，四周有休憩的石凳	有较大及较密的柱列形成的外廊式走廊空间，走廊与庭院可形成直接的视觉联系	矩形的封闭式门厅＋底层架空的开放式入口
Ⅲ B(HNSF)-2 (1～6)	门厅与庭院无法形成交通及视觉联系。首层走廊空间与庭院联系不紧密	建筑基本呈行列式布局，庭院部分强调休闲性功能	绿化草坪＋硬质铺地，人工化设计手段较为丰富，植物种类较单一	较宽阔的封闭外走廊，部分走廊与庭院可形成直接的视觉联系	类似扇形的封闭式门厅＋建筑单体的楼梯间面向校园开放
Ⅳ E(GDWY)-3 (A～G)	建筑的架空层形成开放门廊，作为校园与建筑庭院的空间衔接与过渡，首层走廊与庭院联系紧密	以绿化庭院为中心的四合院式布局，底层架空空间与校园自由联系	绿化草坪＋硬质铺地，以绿化为主，铺地讲求图案感，有少量座椅	有"涡流区"的开敞外走廊，走廊环绕庭院，形成直接方便的视觉联系	三个方向均以架空的开放式门廊与教学区形成空间联系。门廊处有座椅

附录 3.4 岭南高校普通教学建筑教室使用倾向调查表（学生问卷）

调查时间：<u>2008</u> 年_____月_____日 _____学校

指导语：

亲爱的同学，您好！我们想了解您对学校教室的使用情况，从而有助于我们了解和推测学生在教室使用方面的倾向和隐性需求。我们特向您提出以下问题，希望得到您的帮助，谢谢！您的情况：

1. 姓名（可匿名）：_____ 2. 性别：男 女 3. 专业_____ 4. 年级_____

5. E-mail（必填）：_____

请您在认为合适的选项上面打"√"，可以多选：

项目	调查因素	选 择 项
A.空间态度	1. 你感觉在哪种教室上课效果会好些？	①小教室（不超过 40 人上课） ②中型教室（100 人左右上课） ③大型阶梯教室(200～300 人上课) ④差别不明显 ⑤其他：_____
	2. 在目前常见的阶梯大教室平面形式中，您更偏好哪种？	①多边形 ②扇形 ③矩形 ④钟形：
	3. 您更偏好的教室地面形式是哪种？	①平地板教室 ②阶梯式教室 ③斜坡式教室 ④其他：_____
	4. 您认为在教室布置时应优先满足哪类区域的面积？	①讲台区 ②两侧走道 ③中间走道 ④教室的后排走道 ⑤其他：_____
B.使用现状	5. 您会优先选择什么样的座位上课？	①靠近熟悉同学 ②靠前排 ③靠后排 ④不眩光的位置 ⑤出入方便的位置 ⑥靠近门口 ⑦居中就座 ⑧与风扇距离合适 ⑨靠近窗户 ⑩老师的正前方 ⑪其他：_____
	6. 哪些因素会影响您对自习教室的选择？	①桌椅的舒适 ②教室的"人气" ③交通方便,就近 ④自己熟悉的 ⑤光线条件 ⑥教室的开放时间 ⑦教室大小 ⑧教室的设施设备 ⑨是否有声音干扰 ⑩周边的环境是否有吸引力 ⑪教室的新旧情况 ⑫其他：_____
	7. 在现实使用中,哪些是干扰您听课的常见问题？	①座位不舒适 ②声音不够清晰 ③空置座位多, 没气氛 ④太密集, 拥挤 ⑤光线不舒适 ⑥室温不舒适 ⑦看不清楚黑板或投影屏 ⑧教室外的噪声干扰 ⑨其他：_____
C.情趣爱好	8. 你更倾向于通过何种方式增加教室内的人文气氛？	①学生作业和作品的展示 ②科学家的画像 ③名言警句 ④学生的墙报栏 ⑤倾向于不要任何室内装饰 ⑥其他：_____
	9. 您喜欢哪种教室环境格调？	①现代的 ②古典的 ③其他：_____ ①冷色调的 ②暖色调的 ③其他：_____ ①视觉丰富的 ②视觉简洁的 ③其他：_____

244

项目	调查因素	选择项
D.设施设备	10. 你偏好的教学设备使用方式是哪种？	①通过幻灯、投影仪放映　②通过电视机放映　③传统的黑板书写　④其他：_____
		①通过电扇调节室温　②通过空调调节室温　③自然通风　④其他：_____
		①自然声授课　②使用麦克风等扩音设备　③其他：_____
	11. 教室内需添加的设施是什么？	①储物柜　②留言板　③电源插座　④上网设备　⑤其他：_____
	12. 您认为教室里选用哪种课桌椅形式更为合理？	①与地面固定的桌椅更为整齐　②可搬动的桌椅更为灵活方便　③其他：_____
		①塑料的　②木质的　③金属的　④布艺的　⑤其他：_____
	13. 您认为舒适的黑板形式是哪种？	①白板的　②黑色的　③绿色的　④其他：_____
		①上下推拉式的　②左右推拉式的　③固定的　④其他：_____
	14. 您认为合适的讲台区域布置方式是哪种？	①讲台居中，投影屏偏向一侧　②投影屏和讲台均居中布置　③投影屏居中，讲台偏向一侧　④其他：_____

附录3.5　岭南高校普通教学建筑教室使用倾向调查表（教师问卷）

调查时间：2008 年_____月_____日

指导语：

亲爱的老师，您好！我们想了解您对学校教室的使用情况，从而有助于我们了解和推测老师在教室使用方面的倾向和隐性需求。我们特向您提出以下问题，希望得到您的帮助，谢谢！您的情况：

1. 姓名（可匿名）：_____　2. 性别：男　女　3. 专业_____　4. 所教年级_____

5. E-mail（必填）：_____

请您在认为合适的选项上面打"√"，可以多选：

项目	调查因素	选择项
A.空间态度	1. 你感觉在哪种教室上课效果会好些？	①小教室（不超过40人上课）　②中型教室（100人左右上课）　③大型阶梯教室（200～300人上课）　④差别不明显　⑤其他：_____
	2. 在目前常见的阶梯大教室平面形式中，您更偏好哪种？	①多边形　②扇形　③矩形　④钟形
	3. 您更偏好的地面形式是哪种？	①平地板教室　②阶梯式教室　③斜坡式教室　④其他：_____
	4. 在教室布置时应优先满足哪类区域面积？	①讲台区　②两侧走道　③中间走道　④教室的后排走道　⑤其他：_____

项目	调查因素	选 择 项
B. 使用现状	5. 在现实使用中,哪些是干扰您讲课的常见问题?	①讲台座椅不舒适　②没有配备教师座椅　③教室空置座位太多,没气氛　④学生太密集　⑤讲台区域光线不舒适　⑥讲台区域通风不舒适　⑦黑板或投影屏使用不便　⑧教室外的噪声干扰　⑨声音效果不清晰　⑩讲台区域的高度和面积不合适　⑪其他:_____
C. 情趣爱好	6. 你更倾向以何种方式增加教室人文气氛?	①学生作业和作品的展示　②科学家的画像　③名言警句　④学生的墙报栏　⑤倾向于不要任何室内装饰　⑥其他:_____
	7. 您喜欢哪种教室环境格调?	①现代的　②古典的　③其他:_____
		①冷色调的　②暖色调的　③其他:_____
		①视觉丰富的　②视觉简洁的　③其他:_____
	8. 您喜欢的学生与老师课堂互动的方式是哪种?	①学生自由举手向老师提问　②学生听课做笔记　③老师指定学生回答问题　④老师向全体同学提出问题　⑤学生分组自由讨论,老师参与发问　⑥其他:_____
D. 设施设备	9. 你偏好的教学设备使用方式是哪种?	①通过幻灯、投影仪放映　②通过电视机放映　③传统的黑板书写　④其他:_____
		①通过电扇调节室温　②通过空调调节室温　③自然通风　④其他:_____
		①自然声授课　②使用麦克风等扩音设备　③其他:
	10. 教室需添加的设施是什么?	①储物柜　②留言板　③电源插座　④上网设备　⑤投影幻灯设备　⑥其他:_____
	11. 您认为合适的讲台区域布置方式是哪种?	
	12. 您认为舒适的黑板形式是哪种?	①白板＋白板笔　②黑板＋粉笔　③绿板＋粉笔　④其他:_____
		①上下推拉式的　②左右推拉式的　③固定的　④其他:_____

附录 3.6　岭南高校普通教学建筑教室使用倾向调查表

调查时间:<u>2008</u> 年____月____日 _____学校_____号楼

指导语:亲爱的同学,您好!

我们想了解您对学校教室的使用情况,从而有助于我们了解和推测学生在教室使用方面的倾向和隐性需求。答案无所谓对与错,我们只是想了解您的真实想法,您的意见将成为提高教学环境质量所需的第一手资料。

我们特向您提出以下问题,希望得到您的帮助,谢谢! 您的情况:

1. 姓名（可匿名）：_____ 2. 性别：男 女 3. 专业_____ 4. 年级_____

5. E-mail：_____

一、请您在认为合适的空格内填上图片编码（可多选）：

评价项目	具体评价因素	您喜欢的图片编码	您不喜欢的图片编码	备注
A. 空间要素	1. 教室空间的舒适感			
	2. 课桌椅的摆放及走道的设置			
B. 视觉心理要素	3. 教室的环境格调			
	4. 教室内的学习氛围			
C. 设备设施要素	5. 黑板的样式			
	6. 黑板的颜色			
	7. 课桌椅的材质			
	8. 课桌椅的形式			
	9. 讲台的位置			
	10. 投影屏的设置			
	11. 灯具的布置方式			
	12. 通风设施的布置			
	13. 窗帘的设置			
D. 空间界面要素	14. 教室的开窗方式			
	15. 侧墙的利用方式			
	16. 教室顶棚的形式			

二、排序题：请您根据自己喜欢的程度在整套图片中选择 6 个依次进行排序（在空格内填上平面布置图的编码）

第 1 喜欢	第 2 喜欢	第 3 喜欢	第 4 喜欢	第 5 喜欢	第 6 喜欢	第 7 喜欢

附录 3.7 岭南高校普通教学建筑教室使用倾向建模图片说明

图片编号	顶棚	黑板	课桌椅	通风设备及灯具	走道	侧墙布置	讲台与投影屏	开窗方式及窗帘
图片A	平面吊顶,完整无分格界面	单块绿板 固定式,无推拉	固定行列式摆放 无隔板抽屉,无扶手,木质,椅背实板,椅面自动弹叠	空调通风 日光灯盘(镶在吊顶中)	四条单人走道(左、右各一条,中间二条)	开窗,无柱,无张贴画	投影屏居中,讲台位于画面对课桌椅上左侧	上(下)开启式开窗,百叶式窗帘
图片B	无吊顶(中间)有横梁	单块黑板 固定式,无推拉	固定行列式(两两一组),带隔板抽屉,有扶手,木质,椅背实板,椅面不可弹叠	吊扇(从梁上垂落) 日光灯管(从梁上垂下)	两走道(左右课桌椅靠墙,中间设置较宽走道)	无柱,靠讲台区域开窗,有张贴画	投影屏和讲台均居中布置	左右推拉式,无窗帘
图片C	无吊顶(中间)有交叉梁	双块白板 上下推拉	活动式(单独座椅),带抽屉无扶手,钢质,椅背实板,椅面可弹叠	风扇(墙壁两侧梁的交叉处) 日光灯管(从吊顶垂落)	四条纵向走道(左、右各一条,中间二条)	无柱,开窗,无张贴画	投影屏居中,讲台位于画面对课桌椅的右侧	左右推拉式开窗,卷轴式窗帘
图片D	两侧吊顶,中间有横梁	单块白板 固定式,无推拉	固定行列式摆放 有隔板抽屉,无扶手,木质,椅背实板,椅面自动弹叠	两侧空调送风 日光灯盘吊顶	三条纵向走道(左、右各一条,中间一条)	开窗,无柱,无张贴画	投影屏居于画面的右侧,讲台对课桌椅位于于左侧	上(下)开启式开窗,卷轴式窗帘
图片E	平面吊顶,界面设小块分格	单块黑板 固定式,无推拉	固定行列式(单独一组),无隔板抽屉,有扶手,木质,椅背有透风,椅面不可弹叠	吊扇(从吊顶垂落) 日光灯管(从顶棚垂下)	三条纵向走道(左、右各一条,中间一条)	一侧设落地玻璃窗,另一侧墙下方设窗,墙正中设立体张贴画,无柱	投影屏居于画面的左侧,讲台对课桌椅位于右侧	上(下)开启式开窗,布艺下垂式窗帘
图片F	无吊顶(中间)有交叉梁	四块绿板,上下及左右推拉式	固定行列式,无抽屉,下方有置物架,木质,椅背实板,椅面可弹叠	风扇(墙壁两侧梁的交叉处) 日光灯管(从顶棚垂落)	三条纵向走道(左、右各一条,中间一条)	一侧设玻璃窗,另一侧墙上方设窗,墙体中正中设立体图画,无柱	投影屏居于画面的左侧,课桌椅对讲台居中	左右推拉式开窗,布艺下垂式窗帘
图片G	平面吊顶,界面设大块分格	四块白板,上下及左右推拉式	固定行列式,无抽屉,下方有置物架,木质,椅背实板,椅面可弹叠	两侧及讲台区域吊顶空调,日光灯盘(镶在吊棚吊顶)	三条纵向走道(左、右各一条,中间一条)	两侧设大面积玻璃窗,有立柱突出	投影屏居于画面的左侧,课桌椅对讲台居中	左右推拉式开窗,卷轴式窗帘

附录4 探索性研究阶段的资料收集及整理

附录4.1 第一阶段现场走访记录列表（共2页，节选）

2005年9月～10月期间对广州市区9所建校时间较长并具有一定代表性的高校作实地走访，具体情况如下表所示：

学校名称及性质	建筑风格/建成时间	教学楼单体概况			走访观感
		单体规模/教室情况	平面类型/交通组织	空间布局环境特征/辅助设施	
DCZSDX-1（综合性全国重点）	传统风格 20世纪70年代初建	单体式（教学楼）：7层 南北尽端各设一阶梯教室，另有40多间中型教室	外廊式、庭院式	1. 门厅设有通告栏，通过步级阶梯可直接进入中庭；2. 庭院空间有碎石小径，植有树木，与两边教室相通。3. 南北两端有两大平台，视野开阔，学生可休憩与交流	1. 内庭院的绿化好，周围绿树成荫，人文、学术氛围浓郁。2. 楼梯及过道有透明玻璃作顶棚，改善采光；入口用透明玻璃作顶棚，改善采光；庭院内无休息座椅，不便学生停驻足休息交流
I（GZZYY）-1(1)（省属）	现代建筑 20世纪80年代初建	单体式（12号楼）：楼高约8层；阶梯教室2间，中型教室30多间	外廊式、庭院式 楼梯、电梯各2把，闭合式出入口	1. 庭院空间只有稀疏树木。2. 无休息平台，楼层密集，层高较低。3. 储物空间较丰富，实验室有独立洗手池	1. 层高低仰视范围小，中庭的景观较单调。2. 电梯间与楼梯间设在一起，不利于消防疏散。3. 过道是课间驻足眺望的主要场所
F（GDGY）-1（以工为主省属重点大学）	现代建筑 20世纪90年代中期	单体式（主教学楼）：8层 阶梯教室4间，中型教室50多间	外廊式、底层架空 2把电梯，3把楼梯入口大堂	1. 主教学楼位于全校区中轴线上，与入口广场相对。一层架空流通风，并设有通告栏、张贴宣传海报等。2. 大堂绿化景观，有硬铺地小径方便学生抵达凉亭等	1. 中绿化景观富有情趣性（如月亮门、花架等）。2. 中庭有开放式楼梯，方便休息平台供学生驻足。3. 厕所的布置不易空气流通，大堂内光线较弱
W（GZYX）（省属重点医科院校）	现代建筑 20世纪90年代中期	单体式（10号楼）：9层 4间阶梯教室，30多间中型教室、实验仪器室5间	封闭式外廊、底层架空 2把电梯，4把楼梯非闭合式出入口	1. 底层架空有两张乒乓球台。2. 无内庭空间，利用空调窗位植绿化点缀。3. 楼后有花架石凳，与教学楼有纵深沟壑相隔	1. 封闭式外廊有利于隔音隔尘（该校区临近马路，视野压抑，无休息平台，内景观单调。2. 建筑后院的花园景区具有独立性，但不便学生到达

学校名称及性质	教学楼单体概况				走访观感
	建筑风格/建成时间	单体规模/教室情况	平面类型/交通组织	空间布局/环境特征/辅助设施	
Q(XHYY)-1（艺术院校）	传统风格 20世纪80年代中期	单体式（旧教室楼）：5层 以小教室居多，配有琴房等	外廊式，半围合式 2个楼梯，非闭合出入	1.校区规模小，楼群密集；无休息平台。 2.中间围合出空间，自然形成广场	1.建筑建成年代较长，有历史感；周围绿化树成荫，环境幽谧；2.中间广场提供活动场所；走廊过道较窄，无景观绿化
E(GDWY)-1(2)（涉外型）	现代建筑 20世纪90年代初	单体式（二教）：4层 四间大教室与一般教室50间	外廊式，庭院式 4个楼梯，非闭合出入	1.内庭天井中有绿化景观，树下有休息凳椅。 2.入口空间设有公告栏；有休息平台	1.绿化景观较好，有休息凳椅；楼梯互通有手指示牌。2.只有两个洗手间，设在南北两端，不方便使用
A(HNLG)-2(27)（综合性，国家重点）	传统风格 20世纪70年代建	单体式（27号楼）：6层 以中、小教室居多	外廊式，庭院式 4个楼梯、入口门厅	1.内有庭院绿化，学生们可坐花圃上休息。 2.一楼有咖啡休闲厅，逐报栏；走廊上有作业展示栏	1.整体教学气氛轻松；庭院搭有花架等，有生活气息。2.走廊、楼梯较窄，周围绿树浓荫，对光线也有一定影响
C(HNNY)-1(1)（国家重点）	传统风格 20世纪70年代建	单体式（1号楼）：5层 以中、小教室居多	内廊式，一字形 2个楼梯，入口门厅	1.楼前有空地，雕塑；有停放自行车空地。 2.一楼走廊有缓坡道；光线较暗	1.建成年代较长，有历史感、学术氛围好。2.小教室多，便于学生自习
B(HNSF)-1(1)（省属重点）	现代建筑 20世纪90年代中建	单体式（主教楼）：7层 5间大教室；一般40间	内廊式，一字形；门厅 2个电梯、4个楼梯	1.楼前有广场正对主校门；入口门厅有教学指示栏。 2.通过内廊交通，无休息平台	1.环境安静，学术氛围围浓郁；入口空间舒服；内廊交通空间不利于交流，光线有影响

附录4.2 第二阶段现场走访记录列表（共2页，节选）

2005年11月~12月期间对广州大学城内10所高校的10组教学建筑作实地调研，大致情况归纳总结详见下表：

学校	教学楼单体概况					走访评论
	单体规模	交通组织	平面布局/场地规划	空间布局/环境特征	四周环境/辅助设施	
G(GZMY)-1 (A~E)	整体式（5幢建筑）：7层。以中型教室居多，有专门的工作室	内外廊混合式	各单体呈行列式	1. 各单体间有转换平台相连、内有庭院绿化、雕像小品、休息平台有座椅、过道有作品展示栏。 2. 楼内有图书馆、行政办公、活动室	正对校门；西面面湖，水；北面运动场	1. 内院的绿化景观好，有较好的休闲、交流空间。 2. 休息平台宽敞，有较好的休闲、交流空间；红褐色外墙，现代化造型独特，与该校学科特色较相符；辅助生活设施较全面，人性化浓厚。
F(GDGY)-2 (A1~A6)	整体式（5幢建筑）5层。阶梯教室多，中、小教室集中设置	外廊式；底层架空	各单体行列式；内有庭院；正对校门；位于主中轴线；底层架空	1. 各单体间有庭院空间、草地绿化。 2. 通过开放式楼梯进入，架空层停放单车；单体间以过道相连。 3. 正门有宽阔广场、宽阔草地	自动售货机、磁卡电话、走廊设遮雨设施	1. 庭院草地提供了较好的休闲、交流空间。 2. 架空层柱子间距过密，不便使用。 3. 整体建筑外观颜色较黯淡，气氛较压抑。 4. 走道空调通风设施的安置显凌乱。
B(HNSF)-2 (2~6)	整体式（2幢建筑）6层。阶梯教室多、中、小教室与多媒体教室	外廊式	蝶形平面布局，两单体围合出空间	1. 楼前有宽阔广场、楼间空地以人工湖为主，提供活动场所。 2. 楼梯过道与渡有流处形成休息平台。 3. 入口大堂有电子教学信息展示栏	临近大学城中环路，西面有湖水；北面有运动场；磁卡电话机、开水房	1. 平面造型较新颖；功能分区明确；外墙有剥落。 2. 楼前有的活动空间，但楼间较缺乏绿化，景观差。 3. 入口大堂宽敞，楼梯路线有些曲折。 4. 中庭玻璃观光楼梯增添了空间丰富感
I(GZZY)-2 (A,B)	整体式（5幢单体教室楼）；5层。底层设阶梯教室	观光电梯、楼梯；非闭合式楼体入口大堂	半圆合式，两单体围合出广场；底层架空	1. 底层架空停放自行车。 2. 内庭广场有绿化、告示栏。黑板报。 3 走廊连接A、B两幢楼、路线较长	北面各院系楼、综合行政楼；西面院系楼；开水房、走廊电子钟、课程表显示屏	1. 广场缺少休闲座椅，架空层停放单车存在监管盲点。 2. 设有通宵自习教室，便于学习。 3. 走廊线路偏长，卫生间（设在两端）不方便
E(GDWY)-3 (A~G)	组群式（7幢单体）：5层中，小型教室多、多媒体教室、语音室	外廊式；非闭合合出口前有门厅	正对校门入口处；各单体交错布局，以塔楼为轴心	1. 庭院内有草地、休闲座椅。 2. 与东面实验楼通过楼前草地相连。 3. 有钟塔观光电梯、各单体间以庭院空间相连	东面实验楼、南面入口广场、北面图书馆；休闲座椅、活动设施	1. 内庭院布局，入口处空间设有休闲座椅，视野光线不受影响，学习氛围好。 2. 各单体周围草地、湖水、景观好。 3. 建筑周围绿地、湖水、景观好。 4. 卫生间的设置有所不同显窄。

教学楼单体概况

学校	单体规模	交通组织	平面布局/场地规划	空间布局/环境特征	四周环境/辅助设施	走访评论
A(HNLG)-5 (A1~A5)	组群式（5单体）；5层；阶梯教室;多媒体教室	外廊式；楼梯、电梯;非闭合出入;门厅	庭院式，由大台阶通过架空层进入内庭院；各单体展开位于中轴东	1.底层有绿化，提供活动场所；2.楼梯、电梯口有宽敞的等候空间；3.由后门大台阶可直接通向内庭院	东南面图书馆，与其他院系楼湖水小桥相隔；磁卡电话、自动售货机	1.内有活动空间，缺少休闲座椅；2.前后入口空间舒服，也便于交通疏散；3.走廊中无休息平台、电梯前有等候空间
R(GDYX)-3 (3个分区):4层以阶梯教室多	整体式（3个分区）；4层以阶梯教室多;多媒体	外廊式；楼梯、电梯;非闭合出入;门厅	内有庭院，底层架空；各单体沿湖顺势排列，位校园中轴左侧	1.内有庭院绿化，架空层做活动场所；2.楼层呈缓坡连接各单体；3.门口停放自行车，可由中间楼梯进入	北通过小桥与图书馆连，东面湖水、行政楼；磁卡电话、自动售货机	1.沿湖而建，庭院有绿化，景致较好；2.楼梯坡度较缓，单体间走廊连接直接跨度大；3.底层架空可提供活动场所
D(ZSDX)-2 (A~E)	组群式（5单体）；5层；阶梯教室;多媒体教室	外廊式；楼梯、电梯;入口门厅	回字形，单体间以庭院相隔；竖排，位中轴线右侧	1.庭院绿化较单调，停放自行车；2.电梯前有等候空间作休息，光线平台合用；各单体以连廊相连，视野好	南面图书馆，西有入口广场；北面绿地；磁卡电话、电子显示屏	1.走廊光线线较差，各单体交通方便；2.自行车停放在内庭院，空间显缓乱；只有一个疏散口疏通车流
P(GZDX)-1 (A~E)	组群式（5单体）；5层；阶梯教室、多媒体教室、实验室	外廊式；底层架空	半围合式；弧形地块，东以入口广场为轴心	1.各单体间有庭院绿化，楼前有广阔绿地，石铺小径延伸至各单体；2.楼前有长走廊连接各单体	北面运动场，东有绿化广场、湖水；磁卡电话、自动售货机	1.周围绿化景致好，广场交通方便，广场宽阔提供活动场所；2.走廊连接各单体交通方便，但路线偏长，交通指示性不够；有开放式楼梯，进出方便
Q(XHYY)-2 5层	组群式 4单体；5层；有专门的琴房	外廊式、非闭合出入；电梯楼梯	半围合式，底层架空；扇形地块，位于中轴	1.底层架空设有公告栏，活动设施；2.楼间的绿化景观较好，有宽阔广场	东面图书馆，北面与琴房、练功房房以绿地相隔	1.周围绿化景致好，有合适的驻足观赏空间；2.架空层高度较低，感觉不适

附录4.3 样本图纸资料信息（共8页，节选）

建筑编号及单体名称	单体规模				交通模式					空间组织					标准层配套设施		建筑背景
	层数	总建筑面积（m²）	基底面积（m²）	标准层教室规模及数量（m）	与相邻建筑的交通方式	内部交通	楼梯	电梯	出入口	平面类型	中庭景观	眺望平台/架空层（m²）	走廊	洗手间	其他	教师休息室	
理科教学楼A-a	地上:6 地下:0	11034	2247	19.8m×9m(2间) 15m×8m(1间) 19.8m×12.3m(1间)	南面与A-b平台以连廊相连	平台连廊	4	1	入口门厅	庭院式	内庭绿化	1553 有	外走廊	2个，分设于教学区及办公区	1间饮水房	1间准备室	B（HNSF） 省属国家重点师范大学，主教学楼建于2004年底
理科教学楼A-b	地上:6 地下:0	12264	2501	8m×8m(6间) 12m×9m(3间) 9m×4m(4间) 12m×8m(2间)	北、南面分别与A-a、A-c通过连廊相连	平台连廊	4	1	入口门厅	庭院式	内庭绿化	1396 有	外走廊	2个，分别设在南北走廊末端	1间饮水房，南走廊末端梯旁	2,3层有4间教授工作室；逐层均有2～4间准备室	
理科教学楼A-c	地上:6 地下:0	9044	2182	8m×4m(4间) 8m×3m(1间) 8m×8m(5间) 12m×8m(2间)	北面以连廊连接A-b楼	平台走廊	4	1	入口门厅	庭院式	内庭绿化	896 有	外走廊	2个，分别设在南北走廊末端	1间直饮水水房	2,3层设有4间教授工作室	
……																	
公共教学楼（西楼）	地上:3 地下:1	34382	15225	16.2m×13.2m (16间)	北面以过道连接学术中心；东面以共享平台与中楼相连	过道走廊	12	2	无大堂	庭院式	4个绿化区域	1561 有	外走廊	2个，靠近楼梯及走廊末端之间	配准备室、杂物室等	4个，3个靠近楼梯口，1个走廊末端	F（GDGY） 是以工科为主综合性的省属重点大学，其公共教学楼群建于2004年9月
主教学院（理科综合楼）	地上:7 地下:0	25910	6145	16.2m×9.6m(3间) 12.0m×9.6m(10间) 8.4m×9.6m(10间)	北面由过道连接中心楼，西面平台连接计算机学院楼	平台走廊	3	2	有门厅	庭院式	2个内院绿化区	2158 有	外走廊	2个，靠近楼梯及走廊末端之间	配准备室、杂物室等	1-2层为办公教室；5～7层普遍为教师工作室	
信息学院综合楼	地上:7 地下:1	35859	9403	24.2m×9.6m(3间) 16.2m×9.6m(6间)	北面过道连接机电学院，东面平台与实验楼相连南楼	平台走廊	3	2	有门厅	庭院式	有	3295 有	外走廊	2个，靠近楼梯、走廊末端	无	2～4层平均每层2个楼梯口	

建筑编号及单体名称	单体规模				交通模式						空间组织				标准层配套设施			建筑背景
	层数	总建筑面积(m²)	基底面积(m²)	标准层教室数量及数量	与相邻建筑的交通方式	内部交通组织	楼梯	电梯	出入口	平面类型	中庭景观	眺望平台	走廊	架空层(m²)	洗手间	其他	教师休息室	
……																		

小结：

规模		层数		交通模式				空间组织				配套设施
建筑面积	基底	层数		楼梯	电梯	出入口	平面类型	中庭景观	眺望平台	走廊	架空层	
30000m² 以上:5幢	10000m² 以上:2幢	<5层:4幢		4个以上:18幢	2个以上:6幢	无门厅:13幢	走廊式:5幢	无:3幢	基本上都有平台	外走廊:38幢	无首层架空:7幢	洗手间:大部分为2~4个,设于楼梯口附近
20000~30000m²:11幢	5000~10000m²:15幢	5~7层:54幢		4个及其以下:41幢	2个及以下:41幢	其余有入口大厅	单元式:11幢	大部分都有		内走廊:5幢	其余均首层架空	部分教学楼配有仪器器储备室,准备室等
10000m²~20000m²:24幢	5000m² 以下:27幢	>7层:1幢			无:12幢		庭院式:42幢			内外走廊结合:15幢		饮水设施:34幢教学单体有设置(1~2个),多安靠近楼梯间附近或设于卫生间附近
10000m²以下:7幢		有地下层:13幢										教师休息室:37幢单体有设置。一般教学建筑标准层设置1~2个,多靠近教学标准层楼梯间或卫生间

附录 4.4 样本抽样框

序号及学校		编号	教学楼号	资料采集方式
A 华南理工大学	五山校本部	A(HNLG)-1(31~34)	31~34号楼	现场勘察/图纸资料/线人提供
		A(HNLG)-2(27)	27号楼	
		A(HNLG)-3(1)	1号楼	
		A(HNLG)-4(22)	22号楼	
	大学城校区	A(HNLG)-5(A1~A5)	A1~A5	
		A(HNLG)-6	信息院系教学楼	
		A(HNLG)-7	新传院系教学楼	
B 华南师范大学	石牌校本部	B(HNSF)-1(1)	第1教学楼	现场勘察/线人提供
	大学城校区	B(HNSF)-2(2~6)	2~6幢教学主楼	现场勘察/图纸资料/线人提供
		B(HNSF)-3(LK)	理科楼	
		B(HNSF)-4(WK)	文科楼	
	南海学院	B(HNSF)-5(NH)	综合教学楼	网上资料
C 华南农业大学		C(HNNY)-1(1)	第1教学楼	现场勘察/图纸资料/线人提供
		C(HNNY)-2(2)	第2教学楼	
		C(HNNY)-3(3)	第3教学楼	
D 中山大学	校本部	D(ZSDX)-1	第1教学楼	现场勘察
		D(ZSDX)-2(A~E)	(A~E)主教学楼	
	大学城校区	D(ZSDX)-3	生命科学实验大楼	现场勘察/图纸资料
	珠海校区	D(ZSDX)-4	微纳尺度教学大楼	
		D(ZSDX)-5	公共教学楼	现场勘察/网上资料
E 广东外语外贸大学	机场路	E(GDWY)-1(2)	第2教学楼	现场勘察
	校本部	E(GDWY)-2(6)	第6教学楼	
	大学城校区	E(GDWY)-3(A~G)	A~G幢	现场勘察/图纸资料
F 广东工业大学	东风路校区	F(GDGY)-1	主教学楼	现场勘察
	大学城校区	F(GDGY)-2(A1~A6)	A1~A6幢	现场勘察/图纸资料
G 广州美术学院大学城学院		G(GZMY)-1(A~E)	A~E幢	现场勘察/图纸资料
H 广州体育学院		H(GZTY)	公共教学楼	现场勘察
I 暨南大学	校本部	J(JNDX)-1(LG)	理工楼	现场勘察
	华文学院	J(JNDX)-2	公共教学楼	现场勘察/网上资料
	珠海校区	J(JNDX)-3	公共教学楼	现场勘察/线人提供
J 南方医科大学		K(NFYK)	主教学楼	网上资料
K 汕头大学	校本部	L(STDX)-(2~7)	2~7幢教学楼	现场勘察/图纸资料
L 广州中医药大学	大学城校区	I(GZZY)-1(1)	第1教学楼	现场勘察/图纸资料
		I(GZZY)-2(A,B)	A,B教室楼	

序号及学校		编　号	教学楼号	资料采集方式
L 广州中医药大学	大学城校区	I(GZZY)-3(JC)	基础楼	现场勘察/图纸资料
		I(GZZY)-4(ZH)	综合楼	
		I(GZZY)-5(HL)	护理院系教学楼	
		I(GZZY)-6(JG)	经管楼	
		I(GZZY)-7(ZJ)	临床专业公共教学楼	
		I(GZZY)-8(YK)	针灸专业公共教学楼	
		I(GZZY)-9(RW)	人文楼	
M 仲恺农业技术学院		M(ZKNY)	主教学楼	网上资料/线人提供
N 五邑大学		N(WYDX)	主教学楼	网上资料
O 深圳大学		O(SZDX)	主教学楼	现场勘察/网上资料
P 广州大学	大学城校区	P(GZDX)-1(A～E)	A～E幢教学楼	现场勘察/图纸资料/线人提供
		P(GZDX)-2	生化院系教学楼	
		P(GZDX)-3	电子信息院系教学楼	
		P(GZDX)-4	工程设计教学楼	
		P(GZDX)-5	计算机教学楼	
Q 星海音乐学院	校本部	Q(XHYY)-1	主教室楼	现场勘察
	大学城校区	Q(XHYY)-2	公共课教室楼	现场勘察/图纸资料
R 广东药学院 大学城校区		R(GDYX)-1	教学楼及管理楼	现场勘察/线人提供
		R(GDYX)-2	科技楼	现场勘察/图纸资料
		R(GDYX)-3	主教学楼	现场勘察/线人提供
S 广东医学院东莞校区		S(YXDG)	主教学楼群	现场勘察/图纸资料
T 北京师范大学 珠海校区		T(BSZH)-1(LY)	励耘楼	现场勘察/线人提供/照片资料
		T(BSZH)-2(LZ)	丽泽楼	
		T(BSZH)-3(LY)	乐育楼	
U 嘉应大学		U(JYDX)-1(GY)	工业大楼	现场勘察/线人提供/照片资料
		U(JYDX)-2(TJBSF)	田家炳师范大楼	
		U(JYDX)-3(XCKJ)	锡昌科技大楼	
		U(JYDX)-4(XZ)	宪梓教学楼	
V 广州医学院		V(DGLG)	主教学楼群	现场勘察
W 广州医学院		W(GZYX)	公共教学楼	现场勘察

* 共22所高校，64栋教学楼。其中广州市区49幢，广东省内其他地城市15幢，实地现场走访59幢。样本以资料收集的先后顺序排列编号。

附录 5 为层次分析法编写的计算程序源代码

```
P=xlsread('book1. xls','sheet1');        %P 为判断矩阵
[Y,D]=eig(P);                            %Y 为 P 矩阵的特征概,D 为 P 矩阵
                                           的特征向量

m=size(P);                               %为判断矩阵 P 的阶数
[r,w]=max(max(D));                        %r 为最大特征根,w 为最大特征根
                                           所在的列

disp('一致性指标值:')
CI=(r-n)/(n-1);                          %CI 为一致性指标值
U=Y(:,w);                                %U 为最大特征根对应的特征向量
U1=U/sum(U);                              %对特征向量 U 作归一化处理,得
                                           标准化后的特征向量

U1
if ((n<3)|(n>9))
    error('矩阵阶数溢出')
elseif n==3
        RI=0.58;
elseif n==4
    RI=0.90;
elseif  n==5
    RI=1.12;
elseif n==6
    RI=1.24;
elseif n==7
    RI=1.32;
elseif n==8
    RI= 1.41;
else
RI=1.45                                  %RI 为平均一致性指标值
end
disp('(1)最大特征根:')
r
disp('(2)最大特征根对应的特征向量:')
```

257

```
U1
disp('(3)平均一致性指标值:')
RI
disp('(4)一致性指标值:')
CI
disp('(5)随机一致性比率:')
CR=CI/RI                        %CR 为随机一致性比率
if CR<0.1
    disp('(6)矩阵的一致性检验:CR<0.1,结果满意');
else
    disp('(6)矩阵的一致性检验:CR>=0.1,结果不满意');
end
```

附录6 样本相关图片信息

样本C

1.与研究对象有关的校园规划

样本D

1.与研究对象有关的校园规划

图例：

▲ 被评价的样本教学楼

- - - - - - - 行人专用道路
- - - - - - 人车混行道路
- · - · - · - 校园规划墙纸

◉ 学生宿舍
◉ 运动场地
◉ 院系楼
◉ 办公楼
◉ 图书楼
◉ 食　堂
◉ 教学楼
◉ 校工宿舍

图例：

▲ 被评价的样本教学楼

- - - - - - - 行人专用道路
- - - - - - 人车混行道路
- · - · - · - 校园规划墙纸

◉ 学生宿舍
◉ 运动场地
◉ 院系楼
◉ 办公楼
◉ 图书楼
◉ 食　堂
◉ 教学楼
◉ 校工宿舍

样本C

2.样本对象的总体航柏图

样本D

2.样本对象的总体航柏图

3.样本对象的建成环境

3.样本对象的建成环境

样本E

1.与研究对象有关的校园规划

图例:

▲　被评价的样本教学楼

－－－－－　行人专用道路

人车混行道路

校园规划墙纸

●　学生宿舍

●　运动场地

●　院系楼

●　办公楼

●　图书楼

●　食　堂

●　教学楼

●　校工宿舍

样本E

2.样本对象的总体航柏图

3.样本对象的建成环境

样本F

1.与研究对象有关的校园规划

图例:

▲　被评价的样本教学楼

－－－－－　行人专用道路

人车混行道路

校园规划墙纸

●　学生宿舍

●　运动场地

●　院系楼

●　办公楼

●　图书楼

●　食　堂

●　教学楼

●　校工宿舍

样本F

2.样本对象的总体航柏图

3.样本对象的建成环境

样本G

1. 与研究对象有关的校园规划

图例：

▲　被评价的样本教学楼

------- 行人专用道路
人车混行道路
校园规划墙纸

学生宿舍
运动场地
院系楼
办公楼
图书楼
食　堂
教学楼
校工宿舍

样本G

2. 样本对象的总体航柏图

3. 样本对象的建成环境

样本H

1. 与研究对象有关的校园规划

图例：

▲　被评价的样本教学楼

------- 行人专用道路
人车混行道路
校园规划墙纸

学生宿舍
运动场地
院系楼
办公楼
图书楼
食　堂
教学楼
校工宿舍

样本H

2. 样本对象的总体航柏图

3. 样本对象的建成环境

262

样本I

1.与研究对象有关的校园规划

图例:

	学生宿舍
	运动场地
	院系楼
▲ 被评价的样本教学楼	办公楼
	图书楼
— — — — — 行人专用道路	食 堂
人车混行道路	教学楼
校园规划墙纸	校工宿舍

样本J

1.与研究对象有关的校园规划

图例:

	学生宿舍
	运动场地
	院系楼
▲ 被评价的样本教学楼	办公楼
	图书楼
— — — — — 行人专用道路	食 堂
人车混行道路	教学楼
校园规划墙纸	校工宿舍

样本I

2.样本对象的总体航柏图

3.样本对象的建成环境

样本J

2.样本对象的总体航柏图

3.样本对象的建成环境

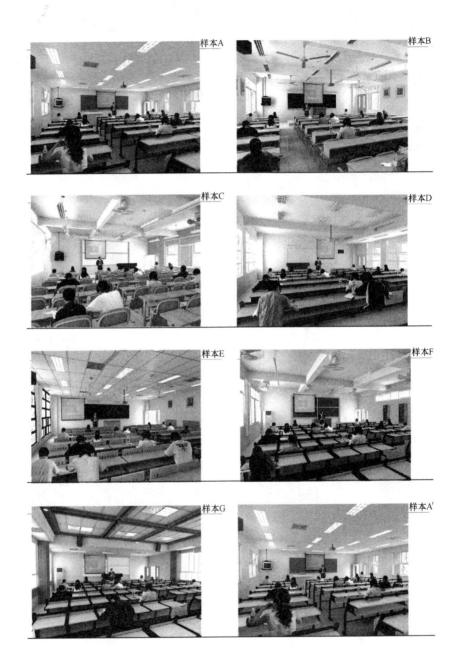

样本A 样本B

样本C 样本D

样本E 样本F

样本G 样本A'

样本B'

样本A

样本B

样本C

样本D

样本E

样本F

样本G

样本A'

样本B'

样本E

样本D'

样本D'

参 考 文 献

D. 学位论文

[D1] 陈健. 国内高校教学楼组群的两种典型模式比较研究 [D]. 杭州：浙江大学，2004.

[D2] 张力. 当代高校整体式教学楼群空间形态设计初探 [D]. 西安：西安建筑科技大学，2005.

[D3] 蔡捷. 现代高校教学建筑设计模式及其发展趋势研究 [D]. 武汉：武汉理工大学，2003.

[D4] 徐磊青. 场所评价理论和实践 [D]. 上海：同济大学建筑与城市规划学院，1995.

[D5] 朱小雷. 建成环境主观评价方法研究 [D]. 广州：华南理工大学，2003.

[D6] 黄鑫. 现代高校整体式教学楼利用率研究 [D]. 西安：西安建筑科技大学，2006.

[D7] 郭钦恩. 大学集群式公共教学楼的设计模式 [D]. 广州：华南理工大学，2004.

[D8] 尹朝晖. 珠三角地区基本居住单元使用后评价及空间设计模式研究 [D]. 广州：华南理工大学，2006.

[D9] 龚波. 教学楼风环境和自然通风教学数值模拟研究 [D]. 成都：西南交通大学，2002.

[D10] 赵蓓. 武汉地区中庭建筑的通风和热舒适度模拟研究 [D]. 武汉：华中科技大学，2004.

[D11] 杜婷. 北京市环境舒适度度量及环保对策研究 [D]. 北京：北京林业大学，2006.

[D12] 龚岳. 大学校园道路系统的研究 [D]. 广州：华南理工大学，2002.

[D13] 黄伟华. 大学校园评估方法 [D]. 北京：清华大学，1996.

[D14] 王暐. 研究型高校自习行为模式及空间的属性研究 [D]. 北京：清华大学，2004.

[D15] 申浩. 高层教学楼内部公共交往空间 [D]. 北京：同济大学，2006.

[D16] 刘文佳. 现代教学建筑空间与开放式教学 [D]. 郑州：郑州大学，2003.

[D17] 齐靖. 当代高校教学区的交往空间研究 [D]. 长沙：湖南大学，2004.

[D18] 陆超. 大学教学楼交往空间设计的量化研究 [D]. 广州：华南理工大学，2006.

[D19] 陈识丰. 大学教学区空间形态浅析 [D]. 广州：华南理工大学，2003.

[D20] 施凤娟. 景观偏好知觉与景观生态美质模式之探讨 [D]. 台北：国立中华工学院土木研究所，1995.

[D21] 陈威威. 北方地区高校教室内空气品质研究 [D]. 哈尔滨：哈尔滨工程大学，2007.

[D22] 王洪光. 西安地区高校教室室内热环境研究 [D]. 西安：西安建筑科技大学，2005.

[D23] 葛蔓蔓. 部属综合性大学现状数据分析与适宜规模研究 [D]. 杭州：浙江大学，2006.

[D24] 彭春辉. 论教室价值气氛 [D]. 长沙：湖南师大教育科学学院，1997.

[D25] 隋郁. 从城市设计的角度研究大学校园整体式设计 [D]. 广州：华南理工大学，2003.

[D26] 林师弘. 大学新建校园的持续生长研究 [D]. 广州：华南理工大学，2003.

[D27] 李皓超. 大学校园广场设计初探 [D]. 广州：华南理工大学，2003

J. 学术期刊文献

[J1] 杨公侠. 环境心理学的理论模型和研究方法 [J]. 建筑师，1993 (55).

[J2] 饶小军. 国外环境设计评价实例介评 [J]. 新建筑，1989 (4).

[J3] 林玉莲. 东湖风景区认知地图研究 [J]. 新建筑，1995 (1).

[J4] 林玉莲. 武汉市城市意象的研究 [J]. 新建筑，1999 (1).

[J5] 杨公侠、徐磊青. 上海居住环境评价 [J]. 同济大学学报，1996 (5).

[J6] 吴硕贤，李劲鹏，霍云等. 居住区生活与环境质量影响因素的多元统计分析与评价 [J]. 环

境科学学报，1995，15（3）：354～362.

[J7]　陈青慧等. 城市生活居住环境质量评价方法初探［J］. 城市规划，1987（5）.

[J8]　A Fradman & K. Zimring. 环境设计评估的结构—过程方法［J］. 薄曦，韩冬青译. 新建筑，1990（2）.

[J9]　张晨光，吴泽宁. 层次分析法（AHP）比例标度的分析与改进［J］. 郑州工业大学学报，2000，21（2）.

[J10]　D. Canter. The Purposive Evaluation of Place A Facet Approach. Environment and Behavior，1983（15）：659～698.

[J11]　G. Francescato，et al. Residents' Satisfaction in HUD——Assistated Housing：Design and Management Factors［R］. Department of Housing and Urban Development，Washington，D. C. ，1979.

[J12]　Robert B. ，Bechtel，Robert W. ，Marans，William M. Michelson. Methods in Environmental and Behavioral Research［M］. New York：Van Nostrand Reinhold，1987.

[J13]　赵国杰，史小明. 对大学生高校教育期望质量测度的初步研究［J］. 西北农林科技大学学报（社会科学版），2003（2）.

[J14]　林飞宇，李晓轩. 中美高校学生满意度测量方法的比较研究［J］. 华中师范大学学报（人文社会科学版），2006（S1）

[J15]　刘武，杨雪. 中国高等教育顾客满意度指数（CHE-CSI）模型的初步研究. 高教发展与评估，2008，24（4）.

[J16]　常亚平，姚慧平，刘艳阳. 独立学院与国立大学学生满意度影响因子的差异研究［J］. 高教探索，2008（1）.

[J17]　王嘉毅，赵志纯. 大学生校园生活满意度的实证研究［J］. 大学（研究与评价），2007（11）.

[J18]　李媛琴. 深圳大学中心广场环境和使用行为调查［J］. 深圳大学学报（理工版），2003（3）.

[J19]　刘婷婕，吕旺盛，许亮文等. 杭州市高教园区大学生对环境的满意度分析［J］. 中国学校卫生，2006（8）.

[J20]　张卓文，冯小虎，许晖，徐娟. 华中农业大学校园环境质量两级模糊综合评价［J］. 中南林学院学报，2004（2）.

[J21]　张颀，安春啸，聂云，王浩. 天津大学建筑馆改造用后满意度研究［J］. 建筑学报，2006（1）.

[J22]　Michael A. Humphreys. Quantifying occupant comfort：Are combined indices of the indoor environment practicable? Source：Building Research and Information，2005，33（4）：317-325.

[J23]　Nick Baker. Influence of thermal comfort and user control on the design of a passive solar school building-locksheath primary school. Source：Energy and Buildings，1981，5（2）：135-145.

[J24]　Kong Fanhua，Yin Haiwei，Nakagoshi Nobukazu. ，Using GIS and landscape metrics in the hedonic price modeling of the amenity value of urban green space：A case study in Jinan City［J］. Landscape and Urban Planning，2007，79（34）：240-252

[J25]　DCCK Kowaltowski；SAMG Pina；R. C，Ruschel，et al. Environmental comfort and school buildings：The case of Campinas，SP，brazil，Conference Information［C］. 17th Conference of the International-Association-for-People-Environment-Studies，A Coruna SPAIN，2002.

［J26］ G. F. Menzies，J. R. Wherrett. Windows in the workplace：Examining issues of environmental sustainability and occupant comfort in the selection of multi-glazed windows ［J］. Energy and Buildings，2005，37（6）：623-630.

［J27］ Valeria Azzi Collet；da Graca，Doris Catharine Cornelie Knatz；Kowaltowski，Joao Roberto Diego Petreche. An evaluation method for school building design at the preliminary phase with optimisation of aspects of environmental comfort for the school system of the State Sao Paulo in Brazil ［J］. Building and Environment，2007，42（2）：984-999.

［J28］ 杨薇，张国强. 湖南某大学校园建筑环境热舒适调查研究［J］. 暖通空调，2006（9）.

［J29］ 任彬彬，李建华，刘瑞杰. 浅析影响居住空间环境舒适度的因素［J］. 山西建筑，2005（17）.

［J30］ 张宽权. 舒适度指标的模糊分析［J］. 四川建筑科学研究，2002（1）.

［J31］ 英涛. 特殊人群生活环境舒适度研究. 农业与技术，2006，26（3）.

［J32］ 郭海燕，朱杰勇. 城市人居环境舒适度评价指标体系的建立及人居环境评价——以泰安市为例［J］. 云南地理环境研究，2005（4）.

［J33］ 朱小雷. 指数评价法的应用——深圳市建设银行营业厅内环境综合评价［J］. 重庆建筑大学学报，2005（4）.

［J34］ 朱小雷，吴硕贤. 大学校园环境主观质量的多级模糊综合评价［J］. 城市规划，2002（10）.

［J35］ 江燕涛，杨昌智. 大型商业中心空气质量和环境质量的主观调查［J］. 暖通空调，2005，35（12）.

［J36］ 闰靓，陈克安. 环境声质量分类评价体系的实验研究. 应用声学，2004（6）.

［J37］ 温小乐，林征峰. 模糊矩阵法在校园声环境质量评价中的应用. 环境保护科学，2006（4）.

［J38］ 吴硕贤. 厅堂音质设计新趋势［J］. 建筑学报，1997（8）.

［J39］ 吴硕贤，张三明，霍云，李劲鹏. 居住区生活与环境质量影响因素的多元统计分析与评价［J］. 环境科学学报，1995，15（3）：354-362.

［J40］ 乐音，朱嵘，马烨，张旭. 营造商业环境魅力的节点——关于上海南京路步行街世纪广场空间行为的调研分析［J］. 新建筑，2001（3）.

［J41］ 尹朝晖，朱小雷，吴硕贤. 银行营业厅使用后评价研究——中国建设银行深圳市分行营业网点评价分析［J］. 四川建筑科学研究，2004，30（4）.

［J42］ 杨滔，姜娓娓. 清华大学理学院北院落环境行为调查. 华中建筑［J］，2001（4）.

［J43］ 白雪. 北京大学百年纪念堂广场建成环境研究［J］. 新建筑，2001（4）.

［J44］ 张文忠，刘旺，李业锦. 北京城市内部居住空间分布与居民居住区位偏好［J］. 地理研究，2003，22（6）.

［J45］ 伍俊辉，杨永春，宋国锋. 兰州市居民居住偏好研究［J］. 干旱区地理，2007（3）.

［J46］ 黄美均，高宏静. 南京市中等收入水平家庭住宅偏好研究［J］. 城市开发，2001（6）.

［J47］ 尹朝晖，吴硕贤. 居住单元室内空间的使用倾向性研究——以深圳为例. 新建筑，2005（2）.

［J48］ 肖亮，张立明，王剑. 城市森林游憩者行为偏好研究以武汉市马鞍山森林公园为例［J］. 桂林旅游高等专科学校学报，2006，17（4）.

［J49］ 陈云文，胡江，王辉. 景观偏好及栽植空间景观偏好研究回顾［J］. 山东林业科技，2004

(4).

[J50]　章锦瑜，辛佩甄. 景观元素影响景观偏好与复杂度认知之研究——以集集铁道沿线景观为例 [J]. 东海学报，2007 (10).

[J51]　Arianna；Astolfi, V. Corrado, M. Filippi. Classroom acoustic assessment：A procedure for field analysis [J]. Acta Acustica (Stuttgart)，2003，89 (5-6)：S13.

[J52]　Nicola；Cardinale, Francesco. Piccinini, The influence of the shape on the acoustical performance of classrooms [J]. Acta Acustica (Stuttgart)，2003，89 (5-6)：S15.

[J53]　Stefano Paolo；Corgnati, Marco；Filippi, Sara. Viazzo, Perception of the thermal environment in high school and university classrooms：Subjective preferences and thermal comfort [J]. Building and Environment，2007，42 (2)：951-959

[J54]　Georgia；Panagiotopoulou, Kosmas；Christoulas, Anthoula；Papanckolaou, Konstantinos. Mandroukas. Classroom furniture dimensions and anthropometric measures in primary school [J]. Applied Ergonomics，2004，35 (2)：121-128.

[J55]　Pawel；Wargocki, David P. Wyon. The effects of moderately raised classroom temperatures and classroom ventilation rate on the performance of schoolwork by children (RP-1257) [J]. HVAC and R Research，2007，13 (2)：193-220.

[J56]　Karen H. Bartlett, Susan M. Kennedy, Michael；Brauer, Chris；Van Netten, Barbara. Dill. Evaluation and a predictive model of airborne fungal concentrations in school classrooms [J]. Annals of Occupational Hygiene，2004，48 (6)：547-554.

[J57]　K. H. Bartlett, S. M. Kennedy, M. Brauer, et al. Evaluation and determinants of airborne bacterial concentrations in school classrooms [J]. Journal of occupational and environmental hygiene，2004，1 (10)：639-647.

[J58]　Y. Tsuchiya，T. Fukuyama, K. Inoue, et al. Actual condition survey and evaluation on acoustic environment of open type classroom [C]. 8th International Congress on Acoustics，2004：4.

[J59]　王剑，王昭俊. 哈尔滨高校教室热舒适现场研究 [J]. 低温建筑技术，2007 (6).

[J60]　何瑞玲，孙福祥. 通辽市高校教室及校园环境的噪声调查及卫生评价 [J]. 中国初级卫生保健，2003 (7).

[J61]　孙凌凌，高淑英，韦俊萍，张莹，司海军. 对某高校教室夜间人工照明状况调查 [J]. 河南预防医学杂志，1998 (4).

[J62]　王勤，刘林. 高校教室照明节能工作中应注意的几个问题 [J]. 高校后勤研究，2007 (6).

[J63]　高友智，费佳，祝丹. 关于高校教室资源管理的研究 [J]. 中国电力教育，2007 (9).

[J64]　郭辉. 关于高校教室容量指标的思考 [J]. 福建教育学院学报，2007 (1).

[J65]　郑宇，陆觉民. 试论多媒体教室的设计原则 [J]. 上海高校图书情报工作研究，2006 (2).

[J66]　高洪源. 国外教室设计的趋势 [J]. 早期教育，2003 (9).

[J67]　于欣，潘屹东. 教学楼八边形教室的设计 [J]. 鸡西大学学报，2002 (2).

[J68]　李涛，孙霞. 课堂教学质量模糊综合评价方法应用研究 [J]. 山东理工大学学报（自然科学版），2003，17 (5).

[J69]　周令，张福良，孟晓燕. 用模糊数学法评价课堂教学质量 [J]. 中国高等医学教育，2001 (5).

[J70]　丁家玲，叶金华. 层次分析法和模糊综合评判在教师课堂教学质量评价中的应用 [J]. 武汉

大学学报（社会科学版），2003，56（2）．

[J71] 彭银祥. 略论广东省中心城市高等学校的发展 [J]. 高等教育研究，1999（4）．

M. 学术著作

[M1] 常怀生. 环境心理学与室内设计 [M]. 北京：中国建筑工业出版社，2000．

[M2] 常怀生. 环境心理学 [M]. 北京：中国建筑工业出版社，1984．

[M3] 杨公侠编著. 视觉与视觉环境 [M]. 上海：同济大学出版社，1985．

[M4] 林玉莲，胡正凡. 环境心理学 [M]. 北京：中国建筑工业出版社，2000．

[M5] 俞国良，王青兰，杨治良. 环境心理学 [M]. 北京：人民教育出版社，2000．

[M6] 汤国华. 岭南湿热气候与传统建筑 [M]. 北京：中国建筑工业出版社，2006．

[M7] 中国大百科全书（建筑·园林·城市规划部分）[M]. 北京，上海：中国大百科全书出版社，1988．

[M8] 建筑设计资料集第3集"中小学校"部分及第10集"学校、图书馆及商业"部分 [M]. 第2版. 北京：中国建筑工业出版社，1998．

[M9] 庄惟敏. 建筑策划导论 [M]. 北京：中国水利水电出版社，2000．

[M10] [美] 凯文·林奇. 总体设计 [M]. 北京：中国建筑工业出版社，2006．

[M11] Robert Gifford.，Environmental Psychology—Principles and Practice [M]. Boston：Allyn and Bacon，Inc，1987．

[M12] Daniel Stokols，Irwin Altman. Handbook of Environment Psychology [M]. New York：Wiley，1987．

[M13] Rapoport Amos，Human Aspects of Urban Form [M]. New York：Pergamon Press，1977．

[M14] D. Canter. Understanding，Assessing，and Acting in places：Is an Integrative Framework Possible? [M]. New York：Oxford University Process，1993．

[M15] 杨贵庆. 城市社会心理学 [M]. 上海：同济大学出版社，2000．

[M16] （美）C·亚历山大. 建筑的永恒之道 [M]. 北京：知识产权出版社，2002．

[M17] （日）浅见泰司编著. 居住环境评价方法与理论 [M]. 高晓路等译. 北京：清华大学出版社，2006．

[M18] （美）Earl Babbie 著. 社会研究方法 [M]. 邱泽奇译. 第8版. 北京：华夏出版社，2000．

[M19] 周兼. 心理科学方法学 [M]. 北京：中国科学技术出版社，1994．

[M20] （美）克莱尔·库珀·马库斯，卡罗琳·弗朗西斯编著. 人性场所——城市开放空间设计导则 [M]. 俞孔坚，孙鹏，王志芳等译. 北京：中国建筑工业出版社，2001．

[M21] （美）C·亚历山大，M·西尔佛斯坦，S·安吉尔，D·阿布拉姆斯著. 俄勒冈实验 [M]. 赵兵，刘小虎译. 北京：知识产权出版社，2002．

[M22] Richard. P. Dober. Campus Architecture-Building in the Groves of Academe [M]. New York：McGraw-Hiu Companies，Inc.，1996．

[M23] Richard P. Dober. Campus Landscape-Function，Forms，Features [M]. Hokoken：John Wiley & Sons，Inc.，2000．

[M24] 城市规划原理 [M]. 北京：中国计划出版社，2008．

[M25] Jane Jacobs. Life and Death of Great American Cities [M]. New York：Vintage Books，1992．

[M26] （美）C·亚历山大，S·伊希卡娃，M·西尔佛斯坦，M·雅各布逊，Z·菲克斯达尔-金，S·安吉尔著. 建筑模式语言（城镇·建筑·构造）[M]. 王听度，周序鸿译. 北京：知识

产权出版社，2002.

[M27]　（丹麦）扬·盖尔著. 交往与空间 ［M］. 第 4 版. 何人可译. 北京：中国建筑工业出版社，2002.

[M28]　Zube Ervinh. Environmental Evaluation：Perception and Public Policy ［M］. New York：Cambridge University Press，1984.

[M29]　（美）阿摩斯·拉普卜特著. 建筑环境的意义——非言语表达方法 ［M］. 黄兰谷等译. 北京：中国建筑工业出版社，2003.

[M30]　Wolfgang F. E. Preiser，Harvey Z. Rabinowitz，Edward T. White. Post-Occupancy Evaluation ［M］. New York：Van Nostrand Reinhold Company，1988.

[M31]　［美］戴维·纽曼著. 学院与大学建筑. 薛力，孙世界译. 北京：中国建筑工业出版社，2007.

[M32]　徐南荣，仲伟俊. 科学决策理论与方法 ［M］. 南京：东南大学出版社，1995.

[M33]　周逸湖，宋泽方. 高等学校建筑·规划与环境设计 ［M］. 北京：中国建筑工业出版社，1994.

[M34]　张泽蕙，曹丹庭，张荔. 中小学校建筑设计手册 ［M］. 北京：中国建筑工业出版社，2001.

[M35]　中华人民共和国教育部. 城市普通中小学学校校舍建设标准 ［M］. 北京：高等教育出版社，2002.

[M36]　［美］琳达·格鲁特，大卫·王著. 建筑学研究方法. 王晓梅译. 北京：机械工业出版社，2004.

[M37]　（美）戴维·迈尔斯著. 社会心理学 ［M］. 第 8 版. 张智勇，乐国安，侯玉波译. 北京：人民邮电出版社，2006.

[M38]　M. W. 艾森克，M. T. 基恩著. 认知心理学 ［M］. 第 4 版. 高定国，肖晓云译. 上海：华东师范大学出版社，2004.

[M39]　徐磊青，杨公侠. 环境心理学——环境、知觉和行为 ［M］. 上海：中国建筑工业出版社，2002.

[M40]　李道增. 环境行为心理学 ［M］. 北京：清华大学出版社，1999.

[M41]　陈雍森. 环境评价 ［M］. 第 2 版. 上海：同济大学出版社，1999.

[M42]　王苏斌，郑海涛，邵谦谦等. SPSS 统计分析 ［M］. 北京. 机械工业出版社，2003.

[M43]　薛薇. 基于 SPSS 的数据分析 ［M］. 北京. 中国人民大学出版社，2006.

[M44]　车宏生，王爱平，下冉. 心理与社会研究统计方法 ［M］. 北京：北京师范大学出版社，2006.

[M45]　Robert G. Hershberger. Architectural Programming and Predesign manger ［M］. New York：Van Nostrand Reinhold Company，1999.

[M46]　Cliff Moughtin，Rafael Cuesta，Christine Sarris and Paola Signoretta. Urban Design：Method and Techniques ［M］. London：Architectural Press，2003.

[M47]　David Meister. Behavioral Analysis and Measurement Methods ［M］. Michigan：John Wiley & Sons，Inc，1985.

[M48]　Tony Cassidy. Environment Psychology：Behavior and Experience in context ［M］. Hove，East Sussex：Psychdogy Press，1997.

[M49]　Michael Quinn Patton. Qualitative Evaluation and Research Methods ［M］. Newbury Park，

London，New Delhi：Sage Publications，1990.

［M50］　Donna P. Duerk. Architecture Programming—Information Management for Desing ［M］. New York：Van Nostrand Reinhold Company，1993.

［M51］　John Zeisel，Inquiry by Design：Tools for Environment-Behavior Research ［M］. New York：Cambridge University Press Bibliography：P，Creative Design Decisions，New York：Cambridge University Press，1988.

［M52］　Royce A. Singleton，Jr，Bruce C. Straits. Approaches to Social Research ［M］. New York：Oxford University Press，1999.

［M53］　Forrest Wilson. A Graphic survey of Perception and Behavior for the Design Profession ［M］. New York：Van Nostrand Reinhold Company，1984.

［M54］　徐千里. 创造与评价的人文尺度——中国当代建筑文化分析与批判 ［M］. 北京：中国建筑工业出版社，2000.

［M55］　［美］凯文·林奇. 城市意象 ［M］. 方益萍，何晓军译. 北京：华夏出版社，2002.

［M56］　吴良镛. 人居环境科学导论 ［M］. 北京：中国建筑工业出版社，2003.

［M57］　张伶伶，孟浩. 场地设计 ［M］. 北京：中国建筑工业出版社，2002.

［M58］　［意］布鲁诺·赛维. 建筑空间论 ［M］. 张似赞译. 北京：中国建筑工业出版社，1985.

［M59］　［日］芦原义信著. 外部空间设计 ［M］. 尹培桐译. 北京：中国建筑工业出版社，1985.

［M60］　普通高等学校建筑规划面积指标（内部发行）［M］. 北京：高等教育出版社，1992.

［M61］　张春兴. 现代心理学 ［M］. 上海人民出版社，2003

［M62］　赵万民主著. 山地大学校园规划理论与方法 ［M］. 武汉：华中科技大学出版社；2007.

［M63］　李和平，李浩编著. 城市规划社会调查方法 ［M］. 北京：中国建筑工业出版社，2004.

［M64］　刘先觉. 现代建筑理论. 北京：中国建筑工业出版社，1999.

［M65］　（日）相马一郎. 建筑环境心理学 ［M］. 常怀生译. 北京：中国建筑工业出版社，1993.

［M66］　葛哲学编著. 精通 MATLAB ［M］. 北京：电子工业出版社，2008.

［M67］　刘会灯，朱飞编著. MATLAB 编程基础与典型应用 ［M］. 北京：人民邮电出版社，2008.

［M68］　俞孔坚. 景观：文化、生态与感知 ［M］. 北京：科学出版社，2005.

［M69］　周生路. 土地评价学 ［M］. 南京：东南大学出版社，2006.

［M70］　李建成，卫兆骥，王诂主编. 数字化建筑设计概论 ［M］. 北京：中国建筑工业出版社，2007.

N. 报纸文章

［N1］　郭璇. 广州大学城建设与广东高等教育改革发展 ［M］. 人民日报（海外版），2004-09-20（12）.

Z. 网络资料

［Z1］　中华人民共和国教育部（http：//moe. edu. cn/）

［Z2］　广东省教育厅（http：//gdhed. cn）

［Z3］　广州三维地图网（http：//gz. o. cn）

［Z4］　优秀硕博士学位论文数据库（http：//e44. cnki. net/kns50/Navigator. aspx? ID＝CMFD）

［Z5］　中国期刊全文数据库（http：//c56. cnki. net/kns50/Navigator. aspx? ID＝CJFD）

［Z6］　万方学位论文数据库（http：//202. 38. 232. 17/cddb/cddbft. htm）

后记

学术论文是一片自留的净土。我试图以虔诚的研究表达一种敬畏。

求学的初衷是为了领略不世出的高人，感受自我的愚钝。两位周正的文人——吴硕贤院士和赵越喆教授，以渊博、专注和自持推动了我的研究，并真切地影响了我对建筑设计和建筑技术的学科认识。如切如磋，如琢如磨，他们的建议、点拨和批注，渗透在论文的字里行间。

研究所面临的首要问题是学习和掌握建筑环境的使用后评价技术，朱小雷师兄、尹朝晖师姐的学术论文是我的教科书。没有他们的先行研究，我无法渐次实现知识上的一次次跨越。他们在关键问题上的慷慨识见，更指引我走出混沌与迷茫。求学路上，有幸与张红虎、王红卫、张剑、李鹏、袁仲伟、谢轩、何彤锋等好友结伴而行，实践了一份平实切当的同窗之谊。

研究依托于自身在建筑学的专业积淀，多年来，业师倪阳、邓孟仁对我提点良多，论文的最终完成与他们是分不开的。

在样本的资料收集及现场调研阶段，得到了珠海梁敏女士、梅州市组织部骆小锐先生、广东省中医院罗小川医师、广州罗愉姝律师、广东外语外贸大学刘睿波同学、中山大学侯雪瑞同学、广州体育学院刘培聪同学、华工图书馆黄洁老师、五邑大学钟征平老师、南方医科大学郭云波老师、广州许惠萍女士、华南理工大学林永祥总建筑师、王璐博士、王扬博士、丘劲东建筑师、蔡奕炀建筑师、郑少鹏博士，以及广州大学城指挥部李传义院长、中信华南（集团）建筑设计院何建翔建筑师、广州市规划局郭昊羽博士的技术支持。

在研究的实施阶段，以下学者直接参与了大量细致的研究工作。我深知他们的耐心与包容，这份人情义气，我怕我还不起。

1. 嘉应大学英语系陈雁老师【满意度（二个阶段）、舒适性、评价主体探索性调研（问卷）、课外空间及教室使用倾向先导性、教室使用倾向（教师、学生）】。

2. 北京师范大学珠海分校不动产学院的李鹏老师【满意度（第二阶

段）、舒适性先导性、舒适性、教室使用倾向先导性、教室使用倾向（教师、学生）】。

3. 华南师范大学行政管理学院郭世英老师【满意度（第二阶段）、舒适性、教室使用倾向（教师、学生）】。

4. 华南师范大学法学院何燕燕老师【满意度（第二阶段）、舒适性、教室使用倾向（学生）】。

5. 华南理工大学建筑系 05 级白婷同学【满意度（两个阶段）、舒适性、教室使用倾向】。

6. 华南农业大学资源环境学院 06 级陈莹同学【满意度（第二阶段）、舒适性】。

7. 广东药学院药科学院 07 级林逸玲同学【满意度（第二阶段）、舒适性、教室使用倾向（学生）】。

8. 广州大学美术与艺术设计学院艺术设计系 05 级何春梅同学【满意度（第二阶段）、舒适性】。

9. 华南理工大学新闻传播学院 08 级李韵同学【满意度（第二阶段）、舒适性、教室使用倾向（学生）】。

10. 华南农业大学黄霭明老师【场地环境主观评价（游历式评价）】。

11. 广州市规划局城乡处的麦冠球先生、廖绮晶先生、张磊先生，建管处的何樵初先生、邓玮先生、郑怀德先生、王玫先生、方隶波先生，设计处的蔡小波先生、朝鲁萌先生、吕荣先生、姚闻青先生，综合处的谢恒亮先生，华南理工大学建筑学院陆琦教授、中人工程院院长廖志博士、广州大学建筑学院董黎院长、广东工业大学建筑学系朱火保主任【场地环境主观评价（专家评价）】。

12. 广州天擎建筑设计有限公司谢轩、汤永贵、魏子文等建筑师【课外空间使用方式的系统观察】。

13. 华南理工大学建筑设计院孔祥勇建筑师、孔祥师先生【教室场景的计算机模拟】

14. 华南理工大学外语学院赵淑梅副教授【英文校对】。

15. 华南理工大学侯夏娜同学【研究助手：文献综述、各章节先导性调研、课外空间认知地图、教室空间喜爱倾向评价、问卷的收发及数据录入】。

16. 澳大利亚悉尼大学科学系心理学院的 Priscilla Danning Guo 同学【外文校对】。

本书的研究助手充当了恩格斯的角色，对本书内容享有著作权。

感谢肖大威教授对论文的指正，感谢恩师李建成副教授对研究提出的建议和意见，感谢郭有信老师对论文持续的研读与批阅，感谢父母的牵挂，他们的参与完善了我的研究。

解甲归田之际，本应一路笑谈，回望那片净土，仍不禁倒吸一口冷气。

2009 年 6 月 8 日 20:39，广州华工，孝文二言志